Analog Electronic Technology
Synchronous Training and Learning Guide

模拟电子技术
同步训练与学习指南

主　编　王亚君
副主编　李光林　关维国　吕　娓
　　　　孟丽囡　曹洪奎　富斯源

复旦大学出版社

前　言

本书是辽宁工业大学的立项教材,并由辽宁工业大学资助出版。

本书是模拟电子技术基础课程的学习指导书,为配合该课程的教学和练习而编写,从学生"学"的角度提供了全面的指导。本书对模拟电子技术基础课程的主要内容做了归纳和总结,基本覆盖了全部内容。

党的二十大报告明确指出:"实施科教兴国战略,强化现代化建设人才支撑""深入实施人才强国战略""加快建设国家战略人才力量,努力培养造就更多大师、战略科学家、一流科技领军人才和创新团队、青年科技人才、卓越工程师、大国工匠、高技能人才"。这就为我们的人才观和培养观提出了新的理念、新的格局和新的要求。模拟电子技术基础课程在教学中全面贯彻党的教育方针,落实立德树人的根本任务,夯实理论基础,加深学生对教材内容的理解,培养实践创新能力,全面提高人才自主培养质量,着力造就拔尖创新人才。

本书共分九章,每章内容包括教学要求、内容精炼、难点释疑、典型例题分析、同步训练及解析、自测题及答案解析六部分。教学要求使读者明确本章的教学重点和学习要求。内容精炼是对本章主要内容的高度总结和归纳。典型例题分析和同步训练及解析是有针对性地精选出具有代表性的例题进行解析,以便加深对课程重点、难点内容的理解,掌握解题的基本方法和技巧。最后按照教学基本要求,给出了自测题,同时附参考答案。通过自测,让学生检验自己对基本概念的掌握程度,检查学习效果。

本书第 1 章、第 2 章、第 6 章、第 7 章和第 8 章由王亚君编写;第 3 章由关维国和孟丽因编写;第 4 章由吕娓、曹洪奎编写;第 5 章由李光林、富斯源编写;第 9 章由孟丽因、吕娓编写。全书由王亚君统稿,由王亚君、李光林、吕娓完成文字校对。

本书在编写过程中,得到了辽宁工业大学电子信息工程教研室王景利、马永红、宁武、王宇、马红玉、于红利等老师的关心和指导,研究生庞哲铭、杨芳、沈亚慧、杜威、李鑫妮、李岩君,本科生刘源、李倩参与本书部分章节初稿的编写工作和电子电路制图与调试工作,在此一并表示感谢!

本书可作为全国各类高等院校电子类、电气类和自控类等专业的模拟电子技术基础辅助教材,也可作为有关教师的教学参考书。

由于编者水平有限,加之模拟电子技术基础课程的系统性和复杂性,书中错误和不妥之处在所难免,诚恳地欢迎广大读者批评指正,并将意见反馈给我们,在此谨向热情的读者致以诚挚的谢意。

编 者
2024 年 10 月

目　录

第1章

运算放大器

1.1 教学要求

集成电路运算放大器(集成运放)是模拟集成电路中应用极为广泛的一种器件,它不仅用于信号的放大、运算、处理变换、测量,信号产生和电源电路,还可用于开关电路中。

通过本章的学习,应达到以下要求:

(1) 熟练掌握比例、加减、积分电路的工作原理及运算关系;

(2) 正确理解虚短和虚断的概念;

(3) 了解微分电路的工作原理及运算关系;

(4) 熟练掌握仪用放大器的工作原理和运算关系;

(5) 能够分析各种运算电路输出与输入的运算关系。

1.2 内容精炼

本章介绍了集成运放内部的主要结构、电路模型和传输特性,理想运放的特性和电路模型。然后用线性电路理论分析由理想运放和电阻、电容等元件构成的简单应用电路,包括基本的同相放大电路、反相放大电路和由它们组成的求差(减法)、求和(加法)、积分、微分电路以及仪用放大器。

1.2.1 集成电路运算放大器

1. 集成电路运算放大器的内部组成单元

集成电路运算放大器的内部结构框图如图 1.1 所示。输入级由差分放大电路组成,利用它的电路对称性可提高整个电路的性能;中间级电压放大的主要作用是提高电压增益,它可由一级或多级放大电路组成;输出级的电压增益为 1,但能为负载提供一定的功率。

2. 运算放大器的传输特性

集成运放开环情况下的传输特性如图 1.2(a)所示。它分为两个工作区:一是饱和区(称为非线性区),运放由双电源供电时输出饱和值为 $\pm V_m$;二是线性区(又称为放大区),曲线的斜率为电压放大倍数,对于理想运放 $A_{vo} \to \infty$,在线性区时,曲线与纵坐标重合,如图 1.2(b)所示。

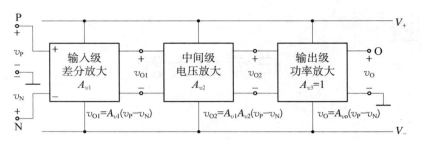

图 1.1　集成电路运算放大器的内部结构框图

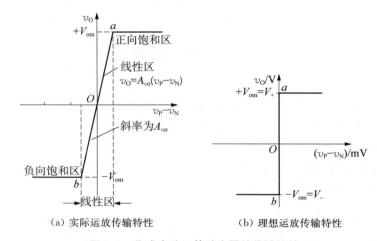

（a）实际运放传输特性　　　　　（b）理想运放传输特性

图 1.2　集成电路运算放大器的传输特性

集成电路运算放大器实现线性应用的必要条件是引入深度负反馈。此时,运放本身工作在线性区,两输入端的电压与输出电压呈线性关系,各种基本运算电路就是由集成运放加上不同的输入回路和反馈回路构成的。

1.2.2　理想运算放大器

理想运放具有如下的主要特性:

（1）v_o 的饱和极限值等于运放的电源电压 V_+ 和 V_-;

（2）开环电压增益 $A_{vo} \to \infty$;

（3）输入电阻 $r_i \approx \infty$;

（4）输出电阻 $r_o \approx 0$;

（5）开环带宽 $BW \to \infty$。

1.2.3　基本线性运放电路

1. 虚短、虚断和虚地

工作在线性区的运放都要引入深度负反馈,下述两条重要概念普遍适用。

虚短:运放两个输入端在电位上近似相等,即 $v_p \approx v_n$,说明两输入端之间的电压差近似等于零。

虚断:流入运放输入端的电流近似等于零。

当信号从反相输入端输入,且同相输入端的电位等于零时,虚短的结论可引申为反相端的虚地结论。

2. 同相放大电路

同相放大电路如图 1.3 所示。

根据虚短、虚断的概念,有 $v_p \approx v_n = v_i$, $i_p = i_n = 0$,则

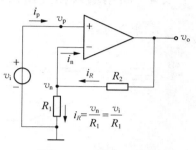

$$v_i = v_p \approx v_n = \frac{R_1}{R_1 + R_2} v_o$$

可得电压增益为

$$A_v = \frac{v_o}{v_i} = \frac{R_1 + R_2}{R_1} = 1 + \frac{R_2}{R_1}$$

图 1.3　同相放大电路

A_v 为正值,表示 v_o 与 v_i 同相,可实现同相放大。

同相放大电路的特点如下:

(1) 输入电阻很高,输出电阻很低。

(2) 由于 $v_p = v_n = v_i$,电路不存在虚地,且运放存在共模输入信号,因此要求运放有较高的共模抑制比。

3. 电压跟随器

电压跟随器如图 1.4 所示,利用虚短的概念,有

$$v_o = v_n \approx v_p = v_i$$

$$A_v = \frac{v_o}{v_i} \approx 1$$

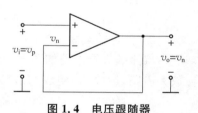

由于输出电压与输入电压大小相等、相位相同,因此该电路称为电压跟随器。其电压增益等于 1,常作为阻抗变换器(缓冲器)或功率放大器。

图 1.4　电压跟随器

4. 反相放大电路

反相放大电路如图 1.5 所示。利用虚短和虚断的概念,有 $v_n = v_p = 0$, $i_p = i_n = 0$,则

$$\frac{v_i - v_n}{R_1} = \frac{v_n - v_o}{R_2} \quad 或 \quad \frac{v_i}{R_1} = -\frac{v_o}{R_2}$$

由此得

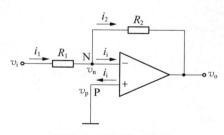

$$A_v = \frac{v_o}{v_i} = -\frac{R_2}{R_1}$$

图 1.5　反相放大电路

式中的负号表明输出电压与输入电压相位相反,故称为反相放大电路。

反相放大电路有如下特点:

(1) 运放两个输入端电压相等并等于零,故没有共模输入信号,这样对运放的共模抑制

比没有特殊要求。

(2) $v_p = v_n$,而 $v_p = 0$,反相端 N 没有真正接地,故称虚地点。

(3) 电路在深度负反馈条件下,电路的输入电阻 $R_{if} = R_1$,输出电阻 $R_{of} = 0$。

1.2.4 同相输入和反相输入放大电路的其他应用

1. 求差电路

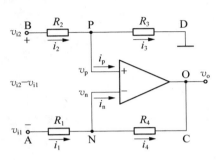

图 1.6 求差电路

求差电路如图 1.6 所示。从结构上看,它是反相输入和同相输入相结合的放大电路,又称为差分放大电路。

利用虚短和虚断的概念,

$$v_p = v_n, \quad i_p = i_n = 0$$

由于

$$i_1 = i_4,即 \frac{v_{i1} - v_n}{R_1} = \frac{v_n - v_o}{R_4}$$

$$i_2 = i_3,即 \frac{v_{i2} - v_p}{R_2} = \frac{v_p}{R_3}$$

解得

$$v_o = \left(\frac{R_1 + R_4}{R_1}\right)\left(\frac{R_3}{R_2 + R_3}\right)v_{i2} - \frac{R_4}{R_1}v_{i1}$$

若 $\dfrac{R_4}{R_1} = \dfrac{R_3}{R_2}$,则 $v_o = \dfrac{R_4}{R_1}(v_{i2} - v_{i1})$。

若 $R_1 = R_2 = R_3 = R_4$,则 $v_o = v_{i2} - v_{i1}$,实现减法运算。

2. 仪用放大器

仪用放大器电路如图 1.7 所示,由两个同相输入接法的运放 A_1、A_2 组成的第一级差分放大电路,运放 A_3 组成的第二级差分放大电路组成。

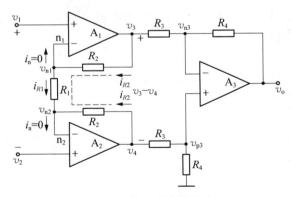

图 1.7 仪用放大器电路

利用虚短和虚断的概念,分析电路,得

$$v_3 - v_4 = \frac{2R_2 + R_1}{R_1}v_{R1} = \left(1 + \frac{2R_2}{R_1}\right)(v_1 - v_2)$$

$$v_\text{o} = -\frac{R_4}{R_3}(v_3 - v_4) = -\frac{R_4}{R_3}\left(1 + \frac{2R_2}{R_1}\right)(v_1 - v_2)$$

则电路的电压增益为

$$A_v = \frac{v_\text{o}}{v_1 - v_2} = -\frac{R_4}{R_3}\left(1 + \frac{2R_2}{R_1}\right)$$

该电路抑制干扰信号能力强,广泛用于测量系统中。

3. 求和电路

求和电路如图 1.8 所示,又称为加法电路。利用虚短的概念,

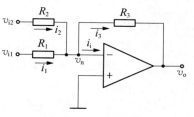

$$\begin{cases} v_\text{n} = v_\text{p} = 0 \\ \dfrac{v_\text{i1} - v_\text{n}}{R_1} + \dfrac{v_\text{i2} - v_\text{n}}{R_2} = \dfrac{v_\text{n} - v_\text{o}}{R_3} \end{cases}$$

则输出电压为

图 1.8　求和电路

$$-v_\text{o} = \frac{R_3}{R_1}v_\text{i1} + \frac{R_3}{R_2}v_\text{i2}$$

当有多路输入电压时,输出电压等于每个输入电压单独作用时各路输出电压的叠加。

4. 积分电路

积分电路如图 1.9 所示,假设电容 C 的初始电压为零,则输出电压为

$$v_\text{O} = -\frac{1}{RC}\int v_\text{I}\mathrm{d}t$$

积分电路在控制和测量系统中应用广泛,还可以用于延时和定时,同时也是各种波形发生电路的重要组成部分。

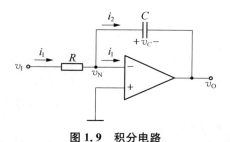

图 1.9　积分电路

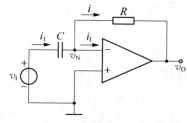

图 1.10　微分电路

5. 微分电路

微分电路如图 1.10 所示,假设电容 C 的初始电压为零,则输出电压为

$$v_\text{O} = -RC\frac{\mathrm{d}v_\text{I}}{\mathrm{d}t}$$

微分电路除了可作微分运算外,在脉冲数字电路中,常用来作波形变换,例如将矩形波变换为尖顶脉冲波。

1.3 难点释疑

1.3.1 运算放大器的理想模型

为了简化包含有运算放大器的电子电路,总是假设运算放大器是理想的,就是将集成运放的各项技术指标理想化,即:

(1) 开环增益为无穷大;

(2) 开环输入电阻为无穷大;

(3) 输入偏置电流为零;

(4) 失调电压、失调电流以及它们的温漂均为零;

(5) 输出电阻为零;

(6) 共模抑制比为无穷大;

(7) 开环带宽为无穷大;

(8) 无干扰和噪声;等等。

这样就有了虚短和虚断的概念。

虚短是指在理想情况下,两个输入端的电位相等,就好像两个输入端短接在一起,但事实上并没有短接。(注意:虚短的必要条件是运放引入深度负反馈。)

虚断是指在理想情况下,流入集成运算放大器输入端的电流为零。这是由于理想运算放大器的输入电阻为无穷大,就好像运放两个输入端之间开路,但事实上并没有开路。应当注意的是,这种简化只适用于运放工作在线性区的情况,如果运放工作在非线性区,则不存在虚短现象。一旦信号超过线性范围而进入非线性区,输出只有两种可能状态,即 $+V_{om}$ 或 $-V_{om}$。

1.3.2 积分与微分电路需注意的问题

1. 误差

积分与微分电路的运算误差取决于负反馈的深度。当工作频率升高时,由于运算放大器的开环增益下降,负反馈深度减小,运算误差增大。对于积分电路,当工作频率降低时,反馈系数减小,负反馈深度减小,运算误差增大;对于微分电路,当工作频率降低时,反馈系数增大,负反馈深度也随之增大,运算误差单调地随频率的降低而减小。

积分器的运算误差随积分时间常数的增大而减小,但积分增益也随积分时间常数的增大而减小;微分器的运算误差随微分时间常数的减小而减小,但微分增益也随微分时间常数的减小而减小。这两种运算误差和增益之间存在矛盾,设计时应仔细选择时间常数。

2. 运放的输出电压和电流极限参数

用作放大的运放,当输入信号幅度一定时,运放不至因工作频率变化而过载。对于积分器,积分增益也随频率的降低而增大,必须防止低频时放大器的过载;对于微分器,则须防止工作频率升高时造成放大器过载。

在 RC 时间常数一定时,积分器和微分器的运算误差和增益便是定值,保持 RC 乘积不变,增大 R 减小 C 或是减小 R 增大 C,不会影响积分器和微分器的运算误差和增益。但是,如果选用较大的 R 配比较小的 C,将使电阻和电容吸收的电流较小,可以减轻对运放输出电流值的要求。但电阻的值以不超过 $1\,\text{M}\Omega$ 为宜,电容以不小于 $100\,\text{pF}$ 为宜。电阻值过大其值容易受环境的影响,电容过小时电路分布电容的影响会变得显著。

1.4　典型例题分析

例 1.1　高输入电阻的电路如图 1.11 所示,说明 A_1、A_2 分别构成什么类型的放大电路,求输出电压 v_{o2} 的表达式,并说明该电路的特点。

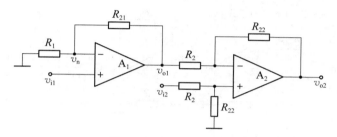

图 1.11　例 1.1 的电路

解　A_1 构成同相放大电路,A_2 构成差分放大电路。

A_1 的输出电压为

$$v_{o1} = \left(1 + \frac{R_{21}}{R_1}\right) v_{i1}$$

当 $R_{21} = R_1$ 时,$v_{o1} = 2v_{i1}$。

A_2 的输出电压为

$$v_{o2} = \frac{R_{22}}{R_2}(v_{i2} - 2v_{i1})$$

电路的特点:输入电阻为无穷大。

例 1.2　已知图 1.12 所示电路的集成运放均为理想运放。试求 v_{o1}、v_o 的表达式。

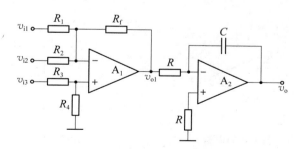

图 1.12　例 1.2 的电路

解 所示电路为求和运算电路,运算表达式为

$$v_{o1} = -R_f\left(\frac{v_{i1}}{R_1} + \frac{v_{i2}}{R_2}\right) + \left(1 + \frac{R_f}{R_1 /\!/ R_2}\right) \cdot \frac{R_4}{R_3 + R_4} \cdot v_{i3}$$

$$v_o = -\frac{1}{RC}\int v_{o1}\,\mathrm{d}t$$

例1.3 电路如图1.13所示,A_1、A_2、A_3、A_4 为理想运放,$R=500\,\text{k}\Omega$,$C=2\,\mu\text{F}$,电容的初始电压 $v(C)=0$。求:

(1) v_{o1}、v_{o2}、v_{o3};

(2) 接入信号后,使 $v_{o4}=-4\,\text{V}$ 所需要的时间。

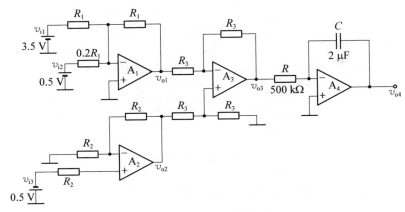

图1.13 例1.3的电路

解 (1)
$$v_{o1} = -v_{i1} - 5v_{i2} = -6\,\text{V}$$
$$v_{o2} = 2v_{i3} = -1\,\text{V}$$
$$v_{o3} = v_{o2} - v_{o1} = 5\,\text{V}$$

(2)
$$v_{o4} = -\frac{v_{o3}}{RC}t, \quad t = 0.8\,\text{s}$$

例1.4 积分电路如图1.14所示,电路中电源电压为 $\pm15\,\text{V}$,$R=10\,\text{k}\Omega$,$C=5\,\text{nF}$,输入电压 v_i 波形如图1.15所示,在 $t=0$ 时,电容 C 的初始电压 $v_C(0)=0$,试画出输出电压 v_o 的波形,并标出 v_o 的幅值。

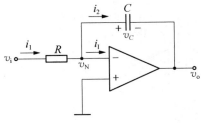

图1.14 例1.4的电路

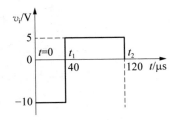

图1.15 例1.4输入电压波形

解 当 $t=0$ 时，$v_C(0)=0$。当 $t_1=40\,\mu\mathrm{s}$ 时，

$$v_\mathrm{o}(t_1)=-\frac{v_1}{RC}t_1$$

$$=-\frac{-10\times40\times10^{-6}}{10\times10^3\times5\times10^{-9}}\,\mathrm{V}=8\,\mathrm{V}$$

当 $t_2=120\,\mu\mathrm{s}$ 时，

$$v_\mathrm{o}(t_2)=v_\mathrm{o}(t_1)-\frac{v_1}{RC}(t_2-t_1)$$

$$=\left[8-\frac{5\times(120-40)\times10^{-6}}{10\times10^3\times5\times10^{-9}}\right]\mathrm{V}=0\,\mathrm{V}$$

输出电压 v_o 的波形如图1.16所示。

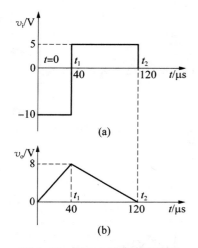

图 1.16 例 1.4 输出电压波形

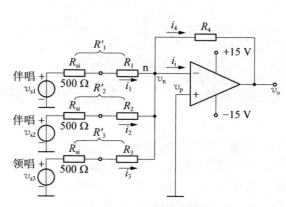

图 1.17 例 1.5 的电路

例 1.5 某歌唱小组有一个领唱和两个伴唱，各自的歌声部分输入三个话筒，各话筒的内阻 $R_{\mathrm{si}}=500\,\Omega$，接入求和电路如图1.17所示。(1)求总输出电压 v_o 的表达式；(2)当各话筒产生的电信号为 $v_s=v_{s1}=v_{s2}=v_{s3}=10\,\mathrm{mV}$ 时，$v_\mathrm{o}=2\,\mathrm{V}$，伴唱支路增益 $A_{v1}=A_{v2}$，领唱支路增益 $A_{v3}=2A_{v1}$，求各支路增益值；(3)选择电阻 R_4、R_1、R_2 和 R_3 的阻值(要求电阻小于100 kΩ)。

解 (1)利用理想运放的特性，得

$$i_1+i_2+i_3=i_4$$

$$\frac{v_{s1}}{R_{\mathrm{si}}+R_1}+\frac{v_{s2}}{R_{\mathrm{si}}+R_2}+\frac{v_{s3}}{R_{\mathrm{si}}+R_3}=\frac{-v_\mathrm{o}}{R_4}$$

由此得

$$v_\mathrm{o}=-\left(\frac{R_4}{R_{\mathrm{si}}+R_1}v_{s1}+\frac{R_4}{R_{\mathrm{si}}+R_2}v_{s2}+\frac{R_4}{R_{\mathrm{si}}+R_3}v_{s3}\right)$$

$$=-(A_{v1}v_{s1}+A_{v2}v_{s2}+A_{v3}v_{s3})$$

(2) 当 $v_s = v_{s1} = v_{s2} = v_{s3} = 10\,\text{mV}$ 时，$v_o = 2\,\text{V}$，$A_{v1} = A_{v2}$，$A_{v3} = 2A_{v1}$，可得

$$2 = -(A_{v1}v_{s1} + A_{v2}v_{s2} + A_{v3}v_{s3})$$
$$= -(A_{v1} + A_{v1} + 2A_{v1})v_s$$
$$2 = -4A_{v1} \times 10 \times 10^{-3}$$

故

$$A_{v1} = -\frac{2 \times 10^3}{4 \times 10} = -50, \quad A_{v2} = -50, \quad A_{v3} = 2A_{v1} = -100$$

(3) 选择 $R_4 = 100\,\text{k}\Omega$，

$$|A_{v2}| = |A_{v1}| = \frac{R_4}{R_{si} + R_1}$$
$$R_{si} + R_1 = \frac{R_4}{|A_{v1}|} = \frac{100\,\text{k}\Omega}{50} = 2\,\text{k}\Omega$$
$$R_1 = R_2 = (2 - 0.5)\,\text{k}\Omega = 1.5\,\text{k}\Omega$$
$$R_{si} + R_3 = \frac{R_4}{|A_{v3}|} = \frac{100\,\text{k}\Omega}{100} = 1\,\text{k}\Omega, \quad R_3 = (1 - 0.5)\,\text{k}\Omega = 0.5\,\text{k}\Omega$$

1.5　同步训练及解析

1. 电路如图 1.18 所示。(1)写出 v_o 与 v_{11}、v_{12} 的运算关系式。(2)当 R_W 的滑动端在最上端时，若 $v_{11} = 10\,\text{mV}$，$v_{12} = 20\,\text{mV}$，则 v_o 为多少？(3)若 v_o 的最大幅值为 $\pm 14\,\text{V}$，输入电压最大值 $v_{11} = 10\,\text{mV}$，$v_{12\text{max}} = 20\,\text{mV}$，为了保证集成运放工作在线性区，$R_2$ 的最大值为多少？

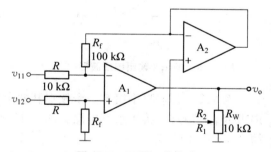

图 1.18　习题 1 的电路

解　(1) 对 A_1 而言，

$$v_{n1} = v_{P1} = \frac{R_f}{R_1 + R_f} v_{12}$$

对 A_2 而言，A_2 接成一电压跟随器，故

$$v_{n2} = v_{P2} = \frac{R_1}{R_W} v_0$$

由 KCL 定律：$\dfrac{v_{n2} - v_{n1}}{R_f} = \dfrac{v_{n1} - v_{11}}{R}$

则　　$v_{n2} = R_f\left(\dfrac{v_{n1} - v_{11}}{R} + \dfrac{v_{n1}}{R_f}\right) = R_f\left(\dfrac{R + R_f}{RR_f} \times \dfrac{R_f}{R + R_f} v_{12} - \dfrac{v_{11}}{R}\right) = -\dfrac{R_f}{R}(v_{11} - v_{12})$

$$v_o = -10(v_{11} - v_{12}) \times \frac{R_W}{R_f} = -\frac{100}{R_1}(v_{11} - v_{12}) \text{V}$$

(2) 当 $R_1 = R_W$ 时，$v_o = -10(v_{11} - v_{12}) = 10 \times (20 - 10) \text{mV} = 100 \text{mV}$

(3) $$V_{11max} = 10 \text{mV}, \; V_{12max} = 20 \text{mV}$$

则 $$(V_{12max} - V_{11max})\frac{100}{R_1} \leqslant 14, \text{即} R_1 \geqslant \frac{1}{14} \Omega$$

则 $$R_2 = R_W - R_1 \leqslant \left(10 - \frac{1}{14}\right) \Omega = \frac{139}{14} \Omega = 9.99 \Omega$$

2. 电路如图 1.19 所示，$v_s = 1 \text{V}$，$R_1 = 1 \text{k}\Omega$，$R_2 = 9 \text{k}\Omega$，$R_L = 1 \text{k}\Omega$。设运放是理想的。(1)求 i_I、i_1、i_2、v_O 和 i_L 的值；(2)求闭环电压增益 $A_v = v_O/v_s$、电流增益 $A_i = i_O/i_I$ 和功率增益 $A_p = P_O/P_i$；(3)当最大输出电压 $V_{o(max)} = 10 \text{V}$，反馈支路 R_1、R_2 的电流为 $100 \mu A$，当 $R_2 = 9R_1$ 时，求 R_1、R_2 的值。

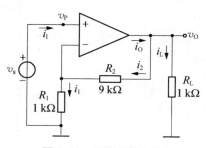

图 1.19　习题 2 的电路

解 (1) 理想运放的输入电阻 $r_i = \infty$，$i_I = i_P = i_N = 0$，由图知 $v_s = 1 \text{V}$，输出电压为

$$v_O = A_v v_s = \left(1 + \frac{R_2}{R_1}\right)v_s = \left(1 + \frac{9}{1}\right) \times 1 \text{V} = 10 \text{V}$$

$$i_I = 0, \; i_N = 0$$

$$i_1 = i_2 = v_O/(R_1 + R_2) = 10 \text{V}/(1+9)\text{k}\Omega = 1 \text{mA}$$

$$i_L = v_O/R_L = 10 \text{V}/1 \text{k}\Omega = 10 \text{mA}$$

$$i_O = i_2 + i_L = 11 \text{mA}$$

(2) 理想运放 $r_i = \infty$，$i_I = 0$，故

电压增益 $A_v = v_O/v_s = 10 \text{V}/1 \text{V} = 10$；

电流增益 $A_i = i_O/i_I = 11 \text{mA}/0 = \infty$；

功率增益 $A_p = P_L/P_i = v_O i_O/(v_s i_1) = \infty$。

说明理想运放 $r_i = \infty$，故从输入端不吸取电流，A_i、A_p 皆为无穷。

(3) 当最大输出电压 $V_{o(max)} = 10 \text{V}$，反馈支路电流 $i_1 = 100 \mu A$，$R_2 = 9R_1$，$v_O = 10 \text{V}$ 时，

$$v_O = (R_1 + R_2)i_1 = (R_1 + 9R_1) \times 100 \mu A$$

$$10 \text{V} = 10 R_1 \times 100 \mu A$$

$$10 R_1 = \frac{10 \text{V}}{100 \mu A}, \quad R_1 = 10 \text{k}\Omega, \quad R_2 = 90 \text{k}\Omega$$

3. 分别求解图 1.20 所示各电路的运算关系。

解 (a) 只考虑 v_{11} 作用时，

$$v_{O1} = -\frac{R_3 + R_4}{R_1}\left(1 + \frac{R_3 /\!/ R_4}{R_5}\right)v_{11}$$

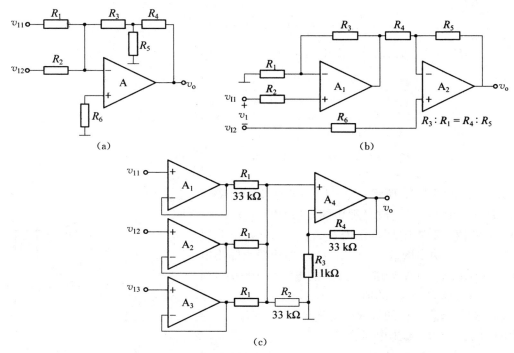

图 1.20 习题 3 的电路

只考虑 v_{12} 作用时，

$$v_{O2} = -\frac{R_3 + R_4}{R_2}\left(1 + \frac{R_3 /\!/ R_4}{R_5}\right)v_{12}$$

由叠加原理,则有

$$v_O = v_{O1} + v_{O2} = -(R_3 + R_4)\left(1 + \frac{R_3 /\!/ R_4}{R_5}\right)\left(\frac{v_{11}}{R_1} + \frac{v_{12}}{R_2}\right)$$

(b) 设输入端 $v_1 = v_{11} - v_{12}$,于是由 A_1 构成同相比例运算电路,输出 v_o：

$$v_{O1} = \left(1 + \frac{R_3}{R_1}\right)v_{11}$$

A_2 构成减法器,

$$v_{n2} = \frac{v_{O1}R_5 + v_O R_4}{R_4 + R_5}, \quad v_{p2} = v_{12}$$

于是

$$\left(1 + \frac{R_5}{R_4}\right)v_{12} = \frac{R_5}{R_4}v_{O1} + v_O = \frac{R_5}{R_4}\left(1 + \frac{R_3}{R_1}\right)v_{11} + v_O$$

则

$$v_O = \left(1 + \frac{R_5}{R_4}\right)v_{12} - \left(\frac{R_5}{R_4} + \frac{R_5 R_3}{R_4 R_1}\right)v_{11}$$

因为 $R_3 : R_1 = R_4 : R_5$，即 $R_5 R_3 = R_1 R_4$，所以

$$v_O = \left(1 + \frac{R_5}{R_4}\right)(v_{12} - v_{11}) = -\left(1 + \frac{R_5}{R_4}\right)v_1$$

（c）A_1，A_2，A_3 分别为电压跟随器，于是，它们的输出分别是

$$v_{O1} = v_{11}, \quad v_{O2} = v_{12}, \quad v_{O3} = v_{13}$$

于是，A_4 的同相端电压满足 KCL 定律：

$$\frac{v_{11} - v_{P4}}{R_1} + \frac{v_{12} - v_{P4}}{R_1} + \frac{v_{13} - v_{P4}}{R_1} = \frac{v_{P4}}{R_2}$$

即

$$\left(\frac{3}{R_1} + \frac{1}{R_2}\right)v_{P4} = \frac{1}{R_1}(v_{11} + v_{12} + v_{13})$$

对于 A_4，$v_{P4} = v_{n4}$，于是

$$v_O = \left(1 + \frac{R_4}{R_3}\right)v_{P4} = \frac{1 + \dfrac{R_4}{R_3}}{\dfrac{3}{R_1} + \dfrac{1}{R_2}} \times \frac{1}{R_1}(v_{11} + v_{12} + v_{13}) = 10(v_{11} + v_{12} + v_{13})$$

4. 电路如图 1.21 所示，已知各输入信号分别为 $v_{i1} = 0.5\,\text{V}$，$v_{i2} = -2\,\text{V}$，$v_{i3} = 1\,\text{V}$，$R_1 = 20\,\text{k}\Omega$，$R_2 = 50\,\text{k}\Omega$，$R_4 = 30\,\text{k}\Omega$，$R_5 = R_6 = 50\,\text{k}\Omega$，$R_{F1} = 100\,\text{k}\Omega$，$R_{F2} = 60\,\text{k}\Omega$，试回答下列问题：（1）图中两个运算放大器分别构成何种单元电路？（2）求出电路的输出电压 v_o。（3）试确定电阻 R_3 值。

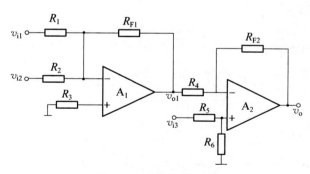

图 1.21　习题 4 的电路

解　（1）运算放大器 A_1 构成反相求和运算电路，A_2 构成差动输入比例运算电路。

（2）对于多级的运放电路，计算时可采用分级计算的方法。本题可先求出 A_1 的输出 v_{o1}。

$$v_{o1} = -\frac{R_{F1}}{R_1}v_{i1} - \frac{R_{F1}}{R_2}v_{i2} = \left(-\frac{100}{20} \times 0.5 + \frac{100}{50} \times 2\right) V = 1.5 V$$

$$v_o = -\frac{R_{F2}}{R_4}v_{o1} + \left(1 + \frac{R_{F2}}{R_4}\right)\frac{R_6}{R_5 + R_6}v_{i3} = \left(-\frac{60}{30} \times 1.5 + 3 \times \frac{1}{2} \times 1\right) V = -1.5 V$$

（3）电阻 R_3 的大小不影响计算结果，但运放的输入级是差动放大电路，所以要求两个入端电阻要相等，通常称 R_3 为平衡电阻，其阻值为

$$R_3 = R_1 /\!/ R_2 /\!/ R_{F1} = (20 /\!/ 50 /\!/ 100)k\Omega = 12.5 k\Omega$$

5. 电路如图 1.22 所示，设运放是理想的，三极管 T 的 $V_{BE} = V_B - V_E = 0.7 V$，$V_1 = +12 V$，$V_2 = +6 V$，$R_1 = 6 k\Omega$，$R_2 = 10 k\Omega$，$R_3 = 10 k\Omega$。（1）求三极管的 c、b、e 各极的电位值；（2）若电压表读数为 200 mV，试求三极管电流放大系数 $\beta = I_C/I_B$ 的值。

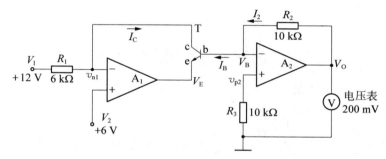

图 1.22　习题 5 的电路

解　（1）利用虚短概念，c、b、e 各极电位为

$$V_C = V_{n1} = V_{p1} = V_2 = 6 V, \quad V_B = V_{p2} = 0 V, \quad V_{BE} = V_B - V_E = 0.7 V$$
$$V_E = V_B - V_{BE} = -0.7 V$$

（2）求三极管的 β 值。

$$I_C = \frac{V_I - V_{n1}}{R_1} = \frac{12 - 6}{6 \times 10^3} A = 1 \times 10^{-3} A = 1 mA$$

$$I_2 = I_B = \frac{V_O - V_B}{R_2} = \frac{200 \times 10^{-3}}{10 \times 10^3} A = 20 \times 10^{-6} A = 20 \mu A$$

所以电流放大系数 $\beta = \dfrac{I_C}{I_B} = \dfrac{1 \times 10^{-3} A}{20 \times 10^{-6} A} = 50$。

6. 图 1.23 中 A_1、A_2 均为理想运放，$R_1 = 50 k\Omega$，$R_2 = 100 k\Omega$，$R_3 = 100 k\Omega$，$R_F = 100 k\Omega$，$C = 100 \mu F$，试回答下列问题：（1）$v_{i1} = 1 V$ 时，v_{o1} 为多少？（2）$v_{i1} = 1 V$ 时若使 $v_o = 0$，则 v_{i2} 为多少？（3）设 $t = 0$，$v_{i1} = 1V$，$v_{i2} = 0$，$v_c(0) = 0$，求 $t = 10 s$ 后，v_o 为多少？

解　（1）第一级运放构成同相比例运算电路，所以有

$$v_{o1} = \left[\left(1 + \frac{100}{50}\right) \times 1\right] V = 3 V$$

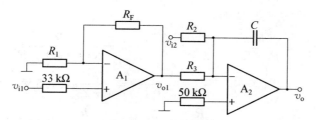

图 1.23　习题 6 的电路

(2) 第二级电路是积分求和电路，输出与输入的关系式为

$$v_o = -\frac{1}{R_2 C}\int v_{i2}\,dt - \frac{1}{R_3 C}\int v_{o1}\,dt$$

令 $v_o = 0$，得出 $v_{i2} = -v_{o1} = 3\,V$。即当 $v_{i2} = -3\,V$ 时输出为零。

(3)

$$v_o = -\frac{1}{R_3 C}\int_0^t v_{o1}\,dt = -\frac{1}{R_3 C} v_{o1} t$$

当 $t = 10\,s$ 后，

$$v_o = \left(-\frac{1}{100\times 10^3 \times 100 \times 10^{-6}} \times 3 \times 10\right)V = -3\,V$$

7. 一高输入电阻的桥式放大电路如图 1.24 所示。(1)试写出 $v_o = f(\delta)$ 的表达式($\delta = \Delta R/R$)；(2)当 $v_i = 7.5\,V$, $\delta = 0.01$ 时，求 v_A、v_B、v_{AB} 和 v_o。

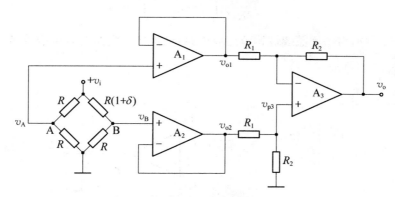

图 1.24　习题 7 的电路

解　(1) 由 A_1、A_2 为电压跟随器，有

$$v_{o1} = v_A = \frac{v_i}{2},\quad v_{o2} = v_B = \frac{R}{2R + \delta R} v_i = \frac{1}{2+\delta} v_i$$

v_{o1}、v_{o2} 为差分式运算电路 A_3 的输入信号电压，即有

$$v_o = -\frac{R_2}{R_1} v_{o1} + \left(1 + \frac{R_2}{R_1}\right)\left(\frac{R_2}{R_1 + R_2}\right) v_{o2}$$

$$= \frac{R_2}{R_1}\left(-\frac{1}{2} + \frac{1}{2+\delta}\right) v_i = \frac{R_2}{R_1}\left(\frac{-\delta}{4 + 2\delta}\right) v_i$$

(2) 当 $v_i = 7.5\,\text{V}$，$\delta = 0.01$ 时，

$$v_{o1} = v_A = \frac{R}{R+R}v_i = \frac{1}{2}v_i, \quad v_{o2} = v_B = \frac{R}{R(1+\delta)+R}v_i = \frac{1}{2+\delta}v_i$$

$$v_{AB} = v_A - v_B = \frac{1}{2}v_i - \frac{1}{1+\delta+1}v_i = \frac{\delta}{4+2\delta} \times 7.5\,\text{V} = 0.018\,66\,\text{V}$$

$$v_o = -\frac{R_2}{R_1}(v_A - v_B) = \frac{R_2}{R_1}\left(\frac{-\delta}{4+2\delta}\right)v_i = -\frac{R_2}{R_1} \times 0.018\,66\,\text{V}$$

8. 试求出图 1.25 所示电路的运算关系。

解 若设 A_2 的输出为 v_{o2}，v_C 为右正左负，R_1 和 C 上的电流，从左至右 v_C 的初始电压为零，则有

$$v_{o2} = \left(1 + \frac{R_2}{R_3}\right)v_o = 2v_o$$

又

$$\frac{v_i}{R_1} = -C\frac{\mathrm{d}v_C}{\mathrm{d}t} = -C\frac{\mathrm{d}v_{o2}}{\mathrm{d}t}$$

$$v_{o2} = -\frac{1}{R_1 C}\int_{t_1}^{t_2} v_i \mathrm{d}t$$

所以

$$v_o = -\frac{1}{2R_1 C}\int_{t_1}^{t_2} v_i \mathrm{d}t = -\int_{t_1}^{t_2} v_i \mathrm{d}t$$

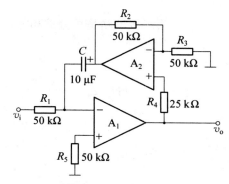

图 1.25 习题 8 的电路

9. 图 1.26 所示为一增益线性调节运放电路，试推导该电路的电压增益 $A_v = v_o/(v_{i1} - v_{i2})$ 的表达式。

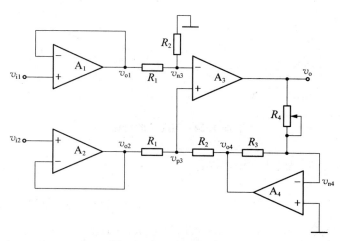

图 1.26 习题 9 的电路

解 A_1、A_2 是电压跟随器，有

$$v_{o1} = v_{i1}, \quad v_{o2} = v_{i2}$$

利用理想运放的特性,有

$$\frac{v_{o1} - v_{n3}}{R_1} = \frac{v_{n3}}{R_2}$$

$$\frac{v_{o2} - v_{p3}}{R_1} = \frac{v_{p3} - v_{o4}}{R_2}$$

$$v_{o4} = -\frac{R_3}{R_4} v_o$$

$$v_{n3} = v_{p3}$$

将上述方程组联立求解,得

$$R_2 v_{o1} - R_2 v_{o2} = -\left(\frac{R_1 R_3}{R_4}\right) v_o, \quad v_{o1} = v_{i1}, \quad v_{o2} = v_{i2}$$

故

$$A_v = \frac{v_o}{v_{i1} - v_{i2}} = -\frac{R_2 R_4}{R_1 R_3}$$

10. 求图 1.27 中 v_o 与 v_1,v_2 的关系式。

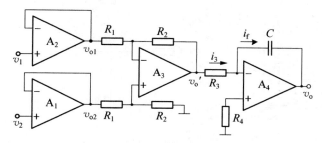

图 1.27　习题 10 的电路

解　电流、电压的方向如图 1.27 中所标注。

$$v_{o1} = v_{n1} = v_{p1} = v_1, \quad v_{o2} = v_{n2} = v_{p2} = v_2$$

采用叠加的方法分析此电路。

(1) 当只有 v_{o1} 单独作用时,$v'_{o1} = -\dfrac{R_2}{R_1} v_{o1} = -\dfrac{R_2}{R_2} v_1$。

(2) 当只有 v_{o2} 单独作用时,$v'_{o2} = \left(1 + \dfrac{R_2}{R_1}\right) v'_+ = \left(1 + \dfrac{R_2}{R_1}\right) v_2 \dfrac{R_2}{R_1 + R_2} = \dfrac{R_2}{R_1} v_2$,所以 $v'_o =$

$v'_{o1} + v'_{o2} = \dfrac{R_2}{R_1}(v_2 - v_1)$,则

$$v_o = -v_c = -\frac{1}{C} \int i_f \mathrm{d}t = -\frac{1}{C} \int i_3 \mathrm{d}t = -\frac{1}{C} \int \frac{v'_o - v_-}{R_3} \mathrm{d}t$$

$$= -\frac{1}{R_3 C} \int v'_o \mathrm{d}t = -\frac{1}{R_3 C} \int \frac{R_2}{R_1}(v_2 - v_1) \mathrm{d}t$$

$$= -\frac{R_2}{R_3 R_1 C}(v_2 - v_1)t$$

11. 如图 1.28 所示电路,试证明 I_L 与 R_L 无关。

证明 根据运放的理想条件 $V_p = V_n = 0$,所以

$$\frac{V_1 - V_n}{R_1} = \frac{-V_o}{R_f} = I_f$$

又因为 $V_o = I_2 R_2$,所以

$$\frac{V_1}{R_1} = \frac{-V_O}{I_f} = \frac{-I_2 R_2}{R_f}, \quad I_2 = -\frac{V_1 R_f}{R_1 R_2}$$

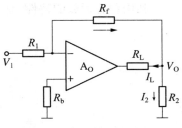

图 1.28 习题 11 的电路

又因为 $I_f = I_L + I_2$,所以

$$I_L = I_f - I_2 = \frac{V_1}{R_1} + \frac{V_1 R_f}{R_1 R_2} = \frac{V_1 (R_2 + R_f)}{R_1 R_2}$$

由上式得到结论:I_L 与 R_L 无关。

12. 电路如图 1.29 所示,设运放是理想的,$R_1 = R_2 = R_3 = R_5 = 30\,\text{k}\Omega$,$R_4 = 15\,\text{k}\Omega$,$V_1 = 3\,\text{V}$,$V_2 = 4\,\text{V}$,$V_3 = 3\,\text{V}$,试求 v_{o1}、v_{o2} 及 v_o 的值。

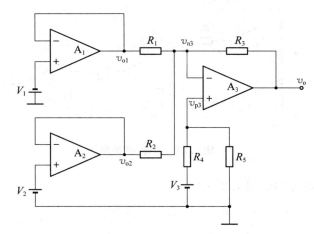

图 1.29 习题 12 的电路

解 A_1、A_2 组成电压跟随电路,

$$v_{o1} = V_1 = -3\,\text{V}, \quad v_{o2} = V_2 = 4\,\text{V}$$

A_3 组成加减电路。利用叠加原理,当 $V_3 = 0$,反相加法时,A_3 的输出电压为

$$v'_o = -\frac{R_3}{R_1} v_{o1} - \frac{R_3}{R_2} v_{o2}$$

$$= -\frac{30}{30} \times (-3)\,\text{V} - \frac{30}{30} \times 4\,\text{V} = -1\,\text{V}$$

当 $v_{o1} = 0$,$v_{o2} = 0$,$V_3 = +3\,\text{V}$ 时,A_3 的输出电压为

$$v''_o = \left(1 + \frac{R_3}{R_1 /\!/ R_2}\right) v_{p3}$$

$$v_{\mathrm{p3}} = \frac{R_5}{R_4 + R_5} V_3 = \frac{30}{15 + 30} \times 3\,\mathrm{V} = 2\,\mathrm{V}$$

$$v_{\mathrm{o}}'' = \left(1 + \frac{30}{15}\right) \times 2\,\mathrm{V} = 6\,\mathrm{V}$$

v_{o}' 与 v_{o}'' 叠加得输出电压为

$$v_{\mathrm{o}} = v_{\mathrm{o}}' + v_{\mathrm{o}}'' = (-1 + 6)\,\mathrm{V} = 5\,\mathrm{V}$$

13. 试用集成运放大器设计线性应用电路,能够完成如下功能:

(1) $v_{\mathrm{o}} = -3v_{\mathrm{i}}$; 　(2) $v_{\mathrm{o}} = 5v_{\mathrm{i}}$; 　(3) $v_{\mathrm{o}} = 2v_{\mathrm{i1}} - v_{\mathrm{i2}}$。

解　(1) 表达式中输入输出信号反相,所以选择由集成运放构成的反相输入比例运算电路。电路构成如图 1.30(a)所示,其输出与输入关系式为

$$v_{\mathrm{o}} = -\frac{R_{\mathrm{F}}}{R_1} v_{\mathrm{i}}$$

集成运放外电路的电阻取值范围一般为几千欧到上百千欧。
依照本题应有

$$\frac{R_{\mathrm{F}}}{R_1} = 3$$

可取

$$R_{\mathrm{F}} = 3R_1 = 60\,\mathrm{k\Omega}$$

$$R_1 = 20\,\mathrm{k\Omega}$$

$$R_2 = R_1 \mathbin{/\!/} R_{\mathrm{F}} = 15\,\mathrm{k\Omega}$$

(2) 表达式中输入与输出同号,首先考虑使用同相输入比例运算电路,电路形式如图 1.30(b)所示。图示电路的关系式为

$$v_{\mathrm{o}} = \left(1 + \frac{R_{\mathrm{F}}}{R_1}\right) v_{\mathrm{i}}$$

对照本题应有

$$\left(1 + \frac{R_{\mathrm{F}}}{R_1}\right) = 5$$

可取

$$R_{\mathrm{F}} = 100\,\mathrm{k\Omega}, \quad R_1 = 100\,\mathrm{k\Omega}$$

$$R_2 = R_1 \mathbin{/\!/} R_{\mathrm{F}} = 20\,\mathrm{k\Omega}$$

(3) 表达式中有两个输入信号,且符号相反,首先应考虑使用差动放大电路。差动放大电路的基本形式如图 1.30(c)所示。其输出与输入关系表达式应为

$$v_{\mathrm{o}} = \left(1 + \frac{R_{\mathrm{F}}}{R_1}\right) \frac{R_3}{R_2 + R_3} v_{\mathrm{i1}} - \frac{R_{\mathrm{F}}}{R_1} v_{\mathrm{i2}}$$

显然,v_{i2} 的系数由 R_{F} 和 R_1 确定,而 v_{i1} 的系数 $(1 + R_{\mathrm{F}}/R_1) R_3/(R_2 + R_3)$ 来确定。在此题中应满足

$$\frac{R_{\mathrm{F}}}{R_1}=1$$

$$\left(1+\frac{R_{\mathrm{F}}}{R_1}\right)\frac{R_3}{R_2+R_3}=2$$

这里取 $R_1=R_{\mathrm{F}}=50\,\mathrm{k\Omega}$，而 $R_3=\infty$，R_2 作平衡电阻应有 $R_2=R_1 /\!/ R_{\mathrm{F}}=25\,\mathrm{k\Omega}$。

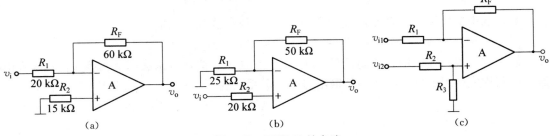

图 1.30　习题 13 的电路

14. 电路如图 1.31(a)所示。设运放是理想的,电容器 C 上的初始电压为零,即 $v_C(0)=0$, $v_{\mathrm{I1}}=-0.1\,\mathrm{V}$, v_{I2} 是幅值为 $\pm3\,\mathrm{V}$、周期 $T=2\,\mathrm{s}$ 的矩形波,$R_1=R_2=R_3=R_4=100\,\mathrm{k\Omega}$, $R_{21}=300\,\mathrm{k\Omega}$, $R_{23}=100\,\mathrm{k\Omega}$, $C=100\,\mu\mathrm{F}$。 (1)求出 v_{O1}、v_{O2} 和 v_{O} 的表达式;(2)当输入电压 v_{I1}、v_{I2} 如图 1.31(b)所示时,试画出 v_{O} 的波形。

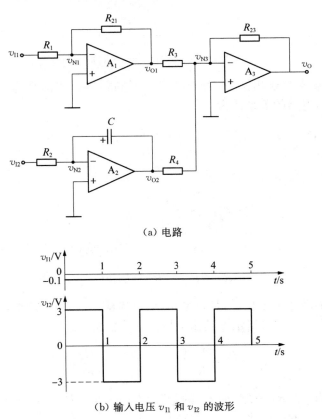

（a）电路

（b）输入电压 v_{I1} 和 v_{I2} 的波形

图 1.31　习题 14 的电路

解 (1) 由图 1.31(a)可看出，A_1、A_2、A_3 分别组成反相比例运算电路、反相积分电路和反相求和电路，因此有

$$v_{O1} = -\frac{R_{21}}{R_1}v_{I1} = -\frac{300}{100} \times (-0.1)\text{V} = +0.3\text{ V}$$

$$v_{O2} = -\frac{1}{R_2 C}\int_0^t v_{I2}\,dt$$

$$v_O = -\left(\frac{R_{23}}{R_3}v_{O1} + \frac{R_{23}}{R_4}v_{O2}\right)$$

将给定参数代入上式，得

$$\tau = R_2 C = (100 \times 10^3 \times 100 \times 10^{-6})\text{s} = 10\text{ s}$$

$$v_{O2} = -\frac{1}{10}\int_0^t v_{I2}\,dt$$

$$v_O = -\frac{100}{100}v_{O1} + \frac{1}{10}\int_0^t v_{I2}\,dt = -0.3\text{ V} + \frac{1}{10}\int_0^t v_{I2}\,dt$$

(2) 当 $t=0$ 时，$v_C(0)=0$，$v_{I1}=-0.1\text{V}$，$v_{O1}=+0.3\text{V}$，$v_{O2}=0\text{V}$，则有

$$v_O = -0.3\text{ V}$$

当 $t=1\text{s}$ 时，$v_{O1}=+0.3\text{V}$，$v_{O2}=\dfrac{-3}{10}\times 1\text{V} = -0.3\text{V}$，有

$$v_O = -0.3\text{ V} + \frac{3}{10} \times 1\text{ V} = 0\text{ V}$$

当 $t=2\text{s}$ 时，$v_{I1}=-0.1\text{V}$，v_{I2} 由 -3V 变到 $+3\text{V}$，输出电压为

$$v_O = +3v_{I1} - \left(-\frac{1}{\tau}\int_0^{1\text{s}} v_{I2}\,dt - \frac{1}{\tau}\int_{1\text{s}}^{2\text{s}} v_{I2}\,dt\right)$$

$$= \left\{-0.3 - \left[-\frac{3 \times 1}{10} - \frac{-3(2-1)}{10}\right]\right\}\text{ V}$$

$$= -0.3\text{ V}$$

由以上结果，可画出 v_O 的波形，如图 1.32 所示。

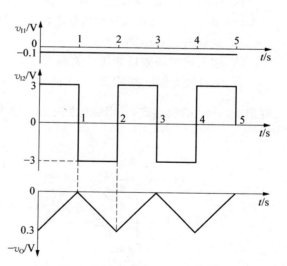

图 1.32 习题 14 中 v_{I1}、v_{I2} 和 v_O 的波形

1.6 自测题及答案解析

1.6.1 自测题

1. 选择题

(1) 理想运放构成的同相比例放大电路如图 1.33 所示，若 R_f 出现短路，则输出电压 v_O

为(　　)。

A. 0

B. v_i

C. $\pm v_{om}$

D. 不确定

（2）理想运放构成的同相比例放大电路如图 1.33 所示，v_i 为输入的正弦交流信号。若电阻 R_1 出现短路，则输出电压 v_o 应为(　　)。

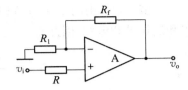

图 1.33　自测题 1 的电路

A. v_i

B. $\dfrac{R_f}{R_1}v_i$

C. $\pm v_{om}$

D. $(1+R_f/R_1)v_i$

（3）为使运放工作于线性区，通常(　　)。

A. 引入深度负反馈

B. 提高输入电阻

C. 减小器件的增益

D. 提高电源电压

（4）由运放组成的线性运算电路是指(　　)。

A. 运放处于线性工作状态

B. 输入输出函数呈线性关系

C. 输入端电压和电流呈线性关系

D. 输出端电压和电流呈线性关系

（5）由运放组成的积分和微分电路，下列说法正确的是(　　)。

A. 是线性运算电路

B. 是非线性运算电路

C. 输入输出函数呈非线性关系

D. 以上说法都不正确

2. 仪表放大器电路如图 1.34 所示，输入信号为 v_{i1}、v_{i2}。R_p 用来调节电压放大倍数，写出 v_{o3}、v_o 的表达式，并求该电路电压放大倍数 $A_v = \dfrac{v_o}{v_{i1}-v_{i2}}$ 的变化范围。

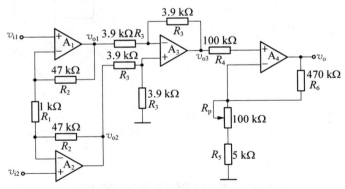

图 1.34　自测题 2 的电路

3. 电路如图 1.35 所示，A_1、A_2、A_3 为理想运放，电容 C 的初始电压 $v_C(0)=0$。$v_{i1}=1\,\text{V}$，$v_{i2}=4\,\text{V}$。试问：

（1）A_1、A_2、A_3 分别构成何种运算放大电路？

（2）求 $t=2\,\text{s}$ 时 v_{o1}、v_{o2}、v_o 的值。

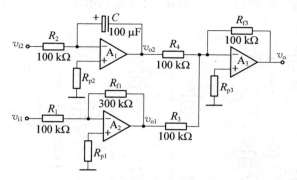

图 1.35　自测题 3 的电路

4. 电路如图 1.36 所示，试写出 v_o、v_{o1}、v_{o2} 与 v_{i1}、v_{i2}、v_{i3} 之间的运算关系表达式。

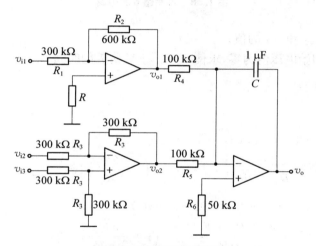

图 1.36　自测题 4 的电路

5. 理想运算放大器电路组成如图 1.37 所示，求各输出电压 v_{o1}、v_{o2}、v_o。

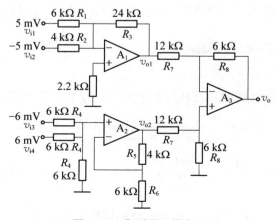

图 1.37　自测题 5 的电路

6. 理想运放组成的电路如图 1.38 所示,已知输入电压 $v_{i1} = 0.6\,\text{V}$,$v_{i2} = 0.4\,\text{V}$,$v_{i3} = -1\,\text{V}$。

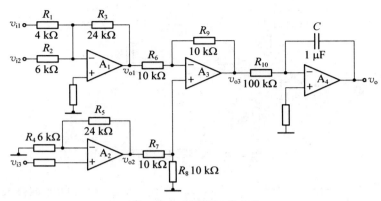

图 1.38 自测题 6 的电路

(1) 试求 v_{o1}、v_{o2} 和 v_{o3} 的值;

(2) 设电容的初始电压值为零,求使 $v_o = -6\,\text{V}$ 所需的时间 t。

1.6.2 答案解析

1. 选择题

(1) B (2) C (3) A (4) B (5) A

2. 解 $\dfrac{v_{i1} - v_{i2}}{R_1} = \dfrac{v_{o1} - v_{o2}}{R_1 + 2R_2}$, $v_{o1} - v_{o2} = \left(1 + \dfrac{2R_2}{R_1}\right)(v_{i1} - v_{i2}) = 95(v_{i1} - v_{i2})$

$$v_{o3} = v_{o2} - v_{o1} = 95(v_{i2} - v_{i1})$$

$$v_o = \frac{R_p + R_5 + R_6}{R_p + R_5} v_{o3} = \left(1 + \frac{470}{5 + R_p}\right) \times 95(v_{i2} - v_{i1})$$

放大倍数: $A_v = \dfrac{v_o}{v_{i1} - v_{i2}} = -95\left(1 + \dfrac{470}{5 + R_p}\right)$。

当 R_p 滑至最上端时,$R_p = 100\,\text{k}\Omega$;$A_{v\min} = -95\left(1 + \dfrac{470}{5 + 100}\right) = -520$;

当 R_p 滑至最下端时,$R_p = 0\,\text{k}\Omega$;$A_{v\max} = -95\left(1 + \dfrac{470}{5}\right) = -9\,025$。

故放大倍数范围是 $-9\,025 \sim -520$。

3. 解 (1) A_1:积分电路;A_2:反相放大电路;A_3:反相求和电路。

(2) $v_{o1} = -\dfrac{R_{f1}}{R_1} v_{s1} = -3\,\text{V}$, $v_{o2} = -\dfrac{1}{R_2 C}\displaystyle\int_0^t v_{s2}\,\mathrm{d}t = -0.1\displaystyle\int_0^t v_{s2}\,\mathrm{d}t = -0.8\,\text{V}$

$$v_o = -\left(\frac{R_{f3}}{R_3} v_{o1} + \frac{R_{f3}}{R_4} v_{o2}\right) = -(v_{o1} + v_{o2}) = 3.8\,\text{V}$$

4. 解 $v_{o1} = -2v_{i1}$, $v_{o2} = v_{i3} - v_{i2}$, $v_o = 10\displaystyle\int(2v_{i1} + v_{i2} - v_{i3})\,\mathrm{d}t$

5. 解
$$v_{o1} = \left[-\frac{24}{6} \times 5 - \frac{24}{4} \times (-5) \right] \text{mV} = 10 \text{ mV}$$

$$v_{o2} = \left(1 + \frac{4}{6}\right) \frac{-\dfrac{6}{6} + \dfrac{6}{6}}{\dfrac{1}{6} + \dfrac{1}{6} + \dfrac{1}{6}} = 0$$

$$v_{o} = -\frac{6}{12}v_{o1} + \left(1 + \frac{6}{12}\right)\frac{6}{12+6}v_{o2} = -5 \text{ mV}$$

6. 解　（1）A_1 构成反相求和电路，$v_{o1} = -R_3\left(\dfrac{v_{i1}}{R_1} + \dfrac{v_{i2}}{R_2}\right) = -5.2 \text{ V}$；

A_2 构成同相运算电路，$v_{o2} = \left(1 + \dfrac{R_5}{R_4}\right)v_{i3} = -5 \text{ V}$；

A_3 构成差分运算电路，$v_{o3} = (v_{o2} - v_{o1}) = 0.2 \text{ V}$。

（2）A_4 构成积分电路，$v_{o} = -\dfrac{1}{R_{10}C}\displaystyle\int v_{o3}\mathrm{d}t$。

由题意得 $-\dfrac{1}{10^{-1}}\displaystyle\int_0^t 0.2\mathrm{d}t = -6$，解得 $t = 3 \text{ s}$。

第 2 章

二极管及其基本电路

2.1　教学要求

半导体二极管是由一个 PN 结构成的半导体器件,在电子电路中有广泛的应用。
通过本章的学习,应达到以下要求:

(1) 了解半导体材料的特点、空穴、扩散运动、漂移运动、PN 结正偏、PN 结反偏;

(2) 了解本征半导体和杂质半导体的概念和原理,PN 结的电容效应,二极管的结构及类型;

(3) 正确理解 PN 结的形成过程;

(4) 正确理解半导体二极管的主要参数;

(5) 熟练掌握半导体二极管的单向导电性,半导体二极管的伏安特性及其简化模型的分析方法;

(6) 掌握稳压管的工作原理及使用中的注意事项,了解选管的一般原则。

2.2　内容精炼

本章在简要地介绍半导体的基本知识后,主要讨论了半导体器件的基础——PN 结。在此基础上,重点讨论了半导体二极管的物理结构、工作原理、特性曲线、主要参数以及二极管的基本电路及其分析方法与应用。最后对齐纳二极管、变容二极管和光电子器件的特性与应用也作了简要的介绍。

2.2.1　半导体的基本知识

1. 本征半导体

本征半导体是一种完全纯净的、结构完整的半导体晶体。在本征激发的条件下,本征半导体中的自由电子和空穴是成对出现的,因此在本征半导体中自由电子浓度和空穴浓度总是相等的。当自由电子和空穴相遇"复合"时,成对消失;自由电子和空穴都是载流子;温度越高,产生的自由电子和空穴越多,导电能力增强。

2. 杂质半导体

N型半导体:在本征硅或锗中掺入适量的五价元素,形成N型半导体。在N型半导体中,自由电子为多数载流子(多子),空穴为少数载流子(少子)。自由电子的数目(掺杂＋本征激发)＝空穴的数目(本征激发)＋正粒子数;对外呈电中性。

P型半导体:在本征硅或锗中掺入适量的三价元素,形成P型半导体。在P型半导体中,空穴为多数载流子(多子),自由电子为少数载流子(少子)。空穴的数目(掺杂＋本征激发)＝自由电子的数目(本征激发)＋负粒子数;对外呈电中性。

在本征半导体中掺入杂质后,载流子的数目都有相当程度的增加,所以杂质半导体的电阻率小,导电能力强。

2.2.2 PN结的形成及特性

1. 载流子的漂移与扩散

漂移电流:在电场作用下,载流子定向运动形成的电流称为漂移电流。

扩散电流:同一种载流子从高浓度区域向低浓度区域扩散所形成的电流称为扩散电流。

2. PN结的形成

在一块本征半导体两侧通过扩散不同的杂质,分别形成N型半导体和P型半导体。此时将在N型半导体和P型半导体的结合面上形成PN结。

由于N型区和P型区中的载流子存在一定浓度差,使得多子向另一边扩散,形成空间电荷区和内电场;内电场将阻止多子扩散而促进少子漂移,当漂移和扩散相等时,空间电荷区便处于动态平衡状态,即PN结形成。空间电荷区也称为势垒区、耗尽区。

3. PN结的单向导电性

当PN结正向偏置时,空间电荷区变窄,内电场变弱,扩散运动大于漂移运动,形成较大的扩散电流(多子扩散形成),称为正向电流,PN结呈现的电阻很低,即PN结处于导通状态。

当PN结反向偏置时,空间电荷区变宽,内电场增强,漂移运动大于扩散运动,反向电流很小(少子漂移形成),PN结的反向电阻很高,即PN结处于截止状态。

当PN结正偏时,PN结导通;当PN结反偏时,PN结截止,这就是PN结的单向导电性。

4. PN结的电容效应

扩散电容C_D:当PN结处于正向偏置时,多子扩散到对方区域后,在靠近PN结附近累积的载流子浓度发生变化,积累的电荷量也会随外加电压变化,引起电容效应(等效于电容充放电),称为扩散电容C_D。扩散电容是非线性的。

势垒电容C_B:当外加在PN结两端的电压发生变化时,势垒区的电荷量会发生变化,类似于平行板电容器两极板上电荷的变化,此时呈现的电容效应称为势垒电容C_B。势垒电容也是非线性的。

2.2.3 二极管

1. 二极管的结构

将PN结加上相应的电极引线和管壳,就成为半导体二极管。P区对应的电极称为阳极(或正极),N区对应的电极称为阴极(或负极)。

按半导体材料分,二极管分为硅管和锗管;按结构分,二极管有点接触型和面接触型两类。

点接触型二极管的 PN 结面积很小,因此不能通过较大电流,但其高频性能好,适用于高频电路和数字电路。

面接触型二极管的 PN 结面积大,可承受较大的电流,但其工作频率较低,一般用作整流元件。

2. 二极管的 I-V(伏安)特性

(1) I-V 特性表达式。

二极管是非线性器件,其 I-V 特性表达式为

$$i_{\mathrm{D}} = I_{\mathrm{S}}\left[\mathrm{e}^{v_{\mathrm{D}}/(nV_T)} - 1\right]$$

常温下,$V_T = 0.026\,\mathrm{V}$。当 $v_{\mathrm{D}} > 0$,且 $v_{\mathrm{D}} \gg nV_T$ 时,$i_{\mathrm{D}} = I_{\mathrm{S}}\mathrm{e}^{v_{\mathrm{D}}/(nV_T)}$;当 $v_{\mathrm{D}} < 0$,且 $|v_{\mathrm{D}}| \gg nV_T$ 时,$i_{\mathrm{D}} = -I_{\mathrm{S}} = 0$。二极管呈单向导电性。

(2) I-V 特性曲线。

两个实际的硅和锗二极管的 I-V 特性曲线如图 2.1 所示。

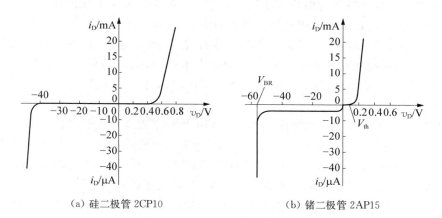

(a) 硅二极管 2CP10   (b) 锗二极管 2AP15

图 2.1　硅和锗二极管的 I-V 特性曲线

正向特性:当 v_{D} 小于门坎电压(死区电压:硅管是 $0.5\,\mathrm{V}$,锗管是 $0.1\,\mathrm{V}$)时,$i_{\mathrm{D}} \approx 0$。当 v_{D} 大于门坎电压时,电流迅速增加,二极管正向导通。导通时二极管的正向压降变化不大,硅管约为 $0.7\,\mathrm{V}$,锗管约为 $0.2\,\mathrm{V}$。

反向特性:当外加反向电压低于 V_{BR} 时,二极管处于反向截止区,反向电流几乎为零。

反向击穿:当外加反向电压超过 V_{BR} 后,反向电流急剧增加,二极管反向击穿。击穿后,反向电流变化很大,但二极管两端的电压几乎不变,击穿后的二极管有稳压性。普通二极管被击穿后,由于反向电流很大,一般会发生"热击穿",造成永久性损坏。

3. 二极管的主要参数

二极管的主要参数包括:最大整流电流 I_{F},反向击穿电压 V_{BR},反向电流 I_{R},极间电容 C_{d},反向恢复时间 T_{RR},最高反向工作电压 V_{R},最高工作频率 f_{m}。这些参数是正确使用二极管的依据。

2.2.4　二极管的基本电路及其分析方法

1. 图解分析法

其步骤为：

（1）把电路分为线性和非线性两部分。

（2）在同一坐标上分别画出非线性部分的 I-V 特性曲线和线性部分的 I-V 特性曲线。

（3）由两条特性曲线的交点求电路的 V 和 I。

2. 模型分析法

（1）理想模型：正向导通时，二极管的正向压降为零；反向截止时，二极管的电流为零。

（2）恒压降模型：正向导通时，二极管的正向压降为常数（通常硅管取 0.7 V，锗管取 0.2 V）；反向截止时，二极管的电流为零。

（3）折线模型：正向导通时，用二极管的门坎电压（硅管为 0.5 V，锗管为 0.1 V）和电阻 r_D 来等效，其中 $r_D = 200\ \Omega$。反向截止时，二极管的电流为零。

（4）小信号模型：电路中除有直流电源外，还有交流小信号，则在对电路进行交流分析时，二极管可等效为交流电阻 $r_d = 26\ mV/I_{DQ}$（I_{DQ} 为静态电流）。

3. 二极管的应用电路

（1）整流电路：利用二极管的单向导电性，将交流信号变为直流信号，广泛用于直流稳压电源中。

（2）限幅电路：利用二极管的单向导电性和导通后两端电压基本不变的特点，将信号限定在某一范围，分为单限幅和双限幅电路，多用于信号处理电路中。

（3）钳位电路：将输出电压钳位在一定数值上。

（4）开关电路：利用二极管的单向导电性，接通和断开电路，广泛用于数字电路中。

4. 特殊二极管

（1）稳压二极管。稳压二极管是一种特殊的面接触型二极管，其 I-V 特性和普通二极管类似，但它的反向击穿是可逆的，不会发生"热击穿"，而且其反向击穿后的特性曲线比较陡直，即反向电压基本不随反向电流变化而变化，这就是稳压二极管的稳压特性。

稳压二极管的主要参数有稳定电压 V_Z 和最大稳定电流 $I_{Z(max)}$，稳定电压 V_Z 一般取反向击穿电压。稳压二极管使用时一般需串联限流电阻，以确保工作电流不超过最大稳定电流 $I_{Z(max)}$。

（2）变容二极管。变容二极管是利用二极管结电容随反向电压的增加而减少的特性制成的电容效应显著的二极管，多用于高频技术中。

（3）肖特基二极管。肖特基二极管是利用金属与 N 型半导体接触、在交界面形成势垒的二极管。其反向恢复时间极短（可以小到几纳秒），正向导通压降仅为 0.4 V 左右，而整流电流却可达几千毫安。

（4）发光二极管。发光二极管是一种将电能转化为光能的特殊二极管。发光二极管可简写成 LED，其基本结构是一个 PN 结，它的特性曲线与普通二极管类似，但正向导通电压一般为 1～2 V，正向工作电流一般为几毫安至几十毫安。

（5）光电二极管。光电二极管又叫光敏二极管，是一种将光信号转换为电信号的特殊二极管。

2.3 难点释疑

2.3.1 半导体中的空穴及其移动

空穴不是真实存在的带电粒子，它是共价键中的一个空位，代表共价键中缺少的价电子，因此带正电荷。它在半导体中的移动代表价电子的移动，但移动方向与价电子相反。

2.3.2 空间电荷区内没有载流子

PN 结各区所带的电荷应由该处杂质离子与载流子电荷的总和来决定，在空间电荷区以外的 P 区或 N 区中，杂质离子的电荷被载流子电荷所补偿，总电荷等于零，所以呈电中性。在进入空间电荷区后，多数载流子（P 区是空穴，N 区是自由电子）的浓度将迅速地降低到对方区域少数载流子的浓度，就不足以完全补偿杂质离子的电荷了。必须注意到除边界以外，在大部分空间电荷区中，多数载流子的浓度很快减小以至耗尽。所以如果忽略空间电荷区中载流子的电荷，就可以认为，空间电荷区中的总电荷密度主要由杂质离子决定。一般认为空间电荷区的电荷密度等于杂质离子的电荷密度，而载流子浓度近似为零。这种近似模型叫作耗尽层近似，因此空间电荷区也叫耗尽层。

2.3.3 齐纳击穿与雪崩击穿

齐纳击穿是由于空间电荷区内的强电场把半导体原子共价键的束缚电子强行拉出，新的电子-空穴对大量涌现而发生的。掺杂浓度高的二极管，结区很窄，不太高的反向电压就能引起齐纳击穿。所以，稳定电压低（$V_Z < 4\,\text{V}$）时是齐纳击穿。雪崩击穿则是由于参与漂移的少子进入空间电荷区后，在电场作用下，运动速度增大，得到足够的动能，在撞击其他粒子时，产生大量新的电子-空穴对，这一现象又叫连锁反应，最后导致击穿。掺杂浓度低的二极管，结区较宽，少子在运动时，能获得较大的动能，导致雪崩击穿。但由于结区较宽，要产生一定的电场强度，所需反向电压比较高。所以，稳定电压（$V_Z > 6\,\text{V}$）时属于雪崩击穿。

2.4 典型例题分析

例 2.1 二极管电路如图 2.2(a)所示，设二极管为理想的。(1)试求电路的传输特性（$V_O - V_i$ 特性），画出 $V_O - V_i$ 波形；(2)假定输入电压如图 2.2(b)所示，试画出相应的 V_O 波形。

解 (1) 当 $-12\,\text{V} < V_i < 10\,\text{V}$ 时，D_1、D_2 均截止，$V_O = V_i$。

当 $V_i \geqslant 10\,\text{V}$ 时，D_1 导通、D_2 截止，

$$V_O = 10 + (V_i - 10) \times \frac{R_2}{R_1 + R_2} = 10 + (V_i - 10) \times \frac{5}{5 + 5} = \frac{1}{2}V_i + 5$$

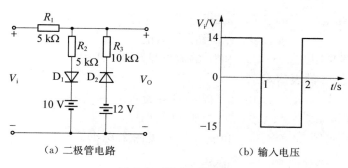

(a) 二极管电路　　　(b) 输入电压

图 2.2　例 2.1 的电路

当 $V_i \leqslant -12\,\mathrm{V}$ 时，D_1 截止、D_2 导通，

$$V_O = (V_i + 12) \times \frac{R_3}{R_1 + R_3} - 12\,\mathrm{V} = (V_i + 12) \times \frac{10}{10 + 5} - 12\,\mathrm{V} = \frac{2}{3} V_i - 4\,\mathrm{V}$$

V_O-V_i 波形如图 2.3(a)所示。

(2) V_O 波形如图 2.3(b)所示。

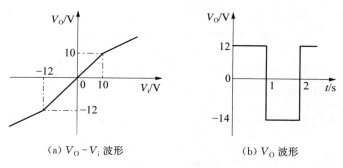

(a) V_O-V_i 波形　　　(b) V_O 波形

图 2.3　例 2.1 的波形

例 2.2　二极管电路如图 2.4 所示。已知 $v_i = 20\sin\omega t$，若忽略二极管的正向压降和反向电流，请分别写出输出电压 v_o 的表达式，画出电压传输曲线 $v_o = f(v_i)$，并画出 v_o 相应的波形。

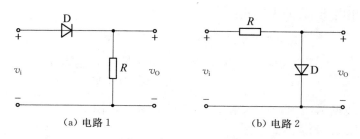

(a) 电路 1　　　(b) 电路 2

图 2.4　例 2.2 的电路

解　根据题意，用二极管的理想模型分析问题。

(1) 输出电压 v_o 的表达式：

$v_O = v_i = 20\sin\omega t$, $\quad v_i \geqslant 0$ （二极管 D 导通）

$v_O = 0$, $\qquad\qquad v_i < 0$ （二极管 D 截止）

电压传输曲线见图 2.5(a)，v_O 和 v_i 的波形见图 2.5(b)。

（2）输出电压 v_O 的表达式：

$v_O = 0$, $\qquad\qquad v_i \geqslant 0$ （二极管 D 导通）

$v_O = v_i = 20\sin\omega t$, $\quad v_i < 0$ （二极管 D 截止）

电压传输曲线见图 2.5(c)，v_O 和 v_i 的波形见图 2.5(d)。

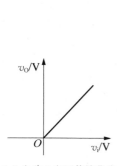 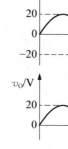 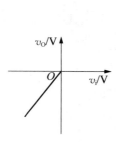 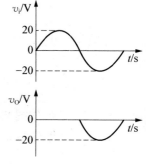

（a）电路 1 电压传输曲线　（b）电路 1 v_O 和 v_i 的波形　（c）电路 2 电压传输曲线　（d）电路 2 v_O 和 v_i 的波形

图 2.5　例 2.2 的电压传输曲线及波形

例 2.3　在图 2.6 所示电路中，已知 $v_i = 6\sin\omega t$，若二极管的正向导通压降为 0.7 V，分别写出输出电压 v_O 的表达式，画出电压传输曲线 $v_O = f(v_i)$，并画出 v_O 相应的波形。

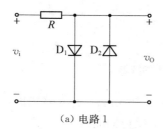 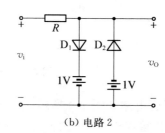

（a）电路 1　　　　　　　　（b）电路 2

图 2.6　例 2.3 的电路

解　（1）输出电压 v_O 的表达式：

$$v_O = 0.7\,\text{V}, \qquad\qquad v_i \geqslant 0.7\,\text{V}$$

$$v_O = v_i = 6\sin\omega t\,\text{V}, \quad -0.7\,\text{V} < v_i < 0.7\,\text{V}$$

$$v_O = -0.7\,\text{V}, \qquad\qquad v_i \leqslant -0.7\,\text{V}$$

电压传输曲线见图 2.7(a)，v_O 和 v_i 的波形见图 2.7(b)。

（2）输出电压 v_O 的表达式：

$$v_O = 1.7\,\text{V}, \qquad\qquad v_i \geqslant 1.7\,\text{V}$$

$$v_O = v_i = 6\sin\omega t\,\text{V}, \quad -1.7\,\text{V} < v_i < 1.7\,\text{V}$$

$$v_O = -1.7\,\text{V}, \qquad\qquad v_i \leqslant -1.7\,\text{V}$$

电压传输曲线见图 2.7(c)，v_O 和 v_i 的波形见图 2.7(d)。

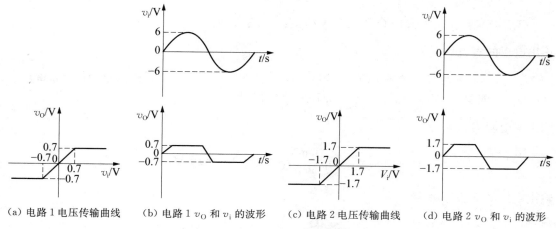

(a) 电路 1 电压传输曲线　　(b) 电路 1 v_O 和 v_i 的波形　　(c) 电路 2 电压传输曲线　　(d) 电路 2 v_O 和 v_i 的波形

图 2.7　例 2.3 的电压传输曲线及波形

例 2.4　二极管电路如图 2.8 所示，电阻 $R = 1\,\text{k}\Omega$。(1) 利用硅二极管的理想二极管串联电压源模型求流过二极管的电流 I 和输出电压 V_O。(2) 若输入电压有 $\pm 1\,\text{V}$ 波动，利用二极管的交流模型求输出电压 V_O 的变化范围。

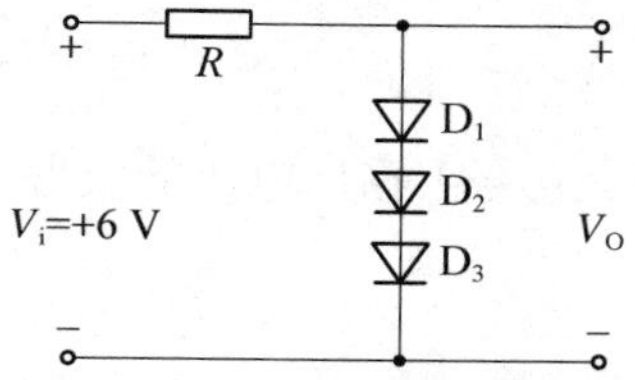

解　(1) 若利用硅二极管的理想二极管串联电压源模型分析，则二极管的导通压降取 $0.7\,\text{V}$。又知直流输入电压为 $6\,\text{V}$，大于 3 个二极管的导通压降，所以二极管正向导通。

流过二极管的电流为

$$I = \frac{V_i - 3V_D}{R} = \frac{6 - 3 \times 0.7}{1}\,\text{mA} = 3.9\,\text{mA}$$

输出电压 $V_O = 3V_D = 3 \times 0.7\,\text{V} = 2.1\,\text{V}$。

(2) 求二极管的交流等效电阻：

$$r_d = \frac{26\,\text{mV}}{I} = 6.7\,\Omega$$

图 2.8 中的 3 个二极管对于变化量来说可以用 3 个交流电阻表示，其交流等效电路如图 2.9 所示。又知 $V_i = 6\,\text{V} \pm 1\,\text{V}$，可见 $\Delta V_i = 2\,\text{V}$，输出电压的变化范围为

$$\Delta V_O = \frac{3r_d}{R + 3r_d}\Delta V_i = \frac{3 \times 6.7}{1\,000 + 3 \times 6.7} \times 2\,\text{A} \approx 39\,\text{mA}$$

例 2.5　二极管电路如图 2.10 所示。$V_{DD} = 5\,\text{V}$，$R = 5\,\text{k}\Omega$，恒压降模型的 $V_D = 0.7\,\text{V}$，信号源 $v_s = 0.1\sin\omega t\,\text{V}$。(1) 求输出电压 v_o 的交流量和总量；(2) 绘出 v_o 的波形。

图 2.8　例 2.4 的电路

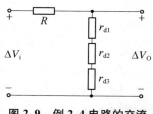

图 2.9　例 2.4 电路的交流等效电路

解 （1）由图 2.10 可知，二极管是导通的，则

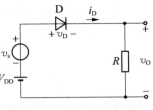

图 2.10　例 2.5 的电路

$$V_D = 0.7\,\text{V}$$
$$I_D = (V_{DD} - V_D)/R = (5 - 0.7)\text{V}/5\,\text{k}\Omega = 0.86\,\text{mA}$$

输出电压的直流分量为

$$V_O = I_D R = 0.86\,\text{mA} \times 5\,\text{k}\Omega = 4.3\,\text{V}$$
$$[\text{或 } V_O = V_{DD} - V_D = (5 - 0.7)\text{V} = 4.3\,\text{V}]$$

则微变电阻为

$$r_d = \frac{V_T}{I_D} = \frac{26\,\text{mV}}{0.86\,\text{mA}} \approx 30\,\Omega = 0.03\,\text{k}\Omega$$

输出电压的交流分量为

$$v_o = \frac{R}{R + r_d} \cdot v_s = \frac{5\,\text{k}\Omega}{5\,\text{k}\Omega + 0.03\,\text{k}\Omega} \times 0.1\sin\omega t\,\text{V} \approx 0.099\,4\sin\omega t\,\text{V}$$

所以输出电压的总量为

$$v_O = V_O + v_o = (4.3 + 0.099\,4\sin\omega t)\text{V}$$

（2）输出电压的波形见图 2.11。

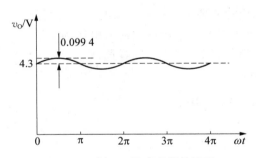

图 2.11　例 2.5 输出电压的波形

2.5　同步训练及解析

1. 试求图 2.12(a)(b)所示电路的输出电压 V_O，设二极管的正向压降为 0.7 V。

解　图 2.12(a)的 D_1 和 D_2 为共阳接法，而 D_1 的阴极接 1 V 的电压，D_2 的阴极接 4 V 的电压，所以 D_1 优先导通，而使 D_2 截止。所以

$$V_O = V_{D_1} + 1\,\text{V} = (0.7 + 1)\,\text{V} = 1.7\,\text{V}$$

图 2.12(b)的 D_1 和 D_2 为共阴接法，而 D_1 的阳极接 1 V 的电压，D_2 的阳极接 4 V 的电压，所以 D_2 优先导通，而使 D_1 截止。所以

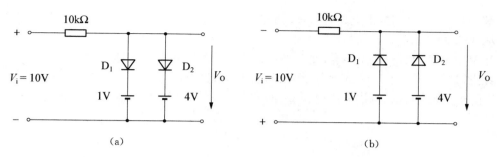

图 2.12　习题 1 的电路

$$V_O = 4\,\text{V} - V_{D_2} = (4-0.7)\,\text{V} = 3.3\,\text{V}$$

2. 电路如图 2.13 所示,电源 $v_s = 2\sin\omega t$ V,试分别使用二极管理想模型和恒压降模型 ($V_D = 0.7\,\text{V}$) 分析,绘出负载 R_L 两端的电压波形,并标出幅值。

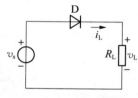

图 2.13　习题 2 的电路

解　当二极管为理想模型时,无正向导通压降。当 $v_s \geqslant 0$ 时,D 导通,$v_L = v_s$;当 $v_s \leqslant 0$ 时,D 截止,$v_L = 0$。因此 v_L 波形如图 2.14(a)所示。

当二极管为恒压降模型,且正向导通压降为 $0.7\,\text{V}$ 时,若 $v_s > 0.7\,\text{V}$,D 导通,$v_L = v_s - 0.7\,\text{V}$;若 $v_s \leqslant 0.7\,\text{V}$,D 截止,$v_L = 0$。因此 v_L 波形如图 2.14(b)所示。

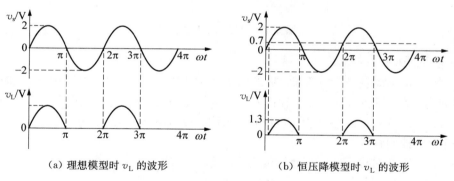

(a) 理想模型时 v_L 的波形　　　　　　(b) 恒压降模型时 v_L 的波形

图 2.14　习题 2 v_L 的波形

3. 试判断图 2.15 所示电路中,当 $V_i = 3\,\text{V}$ 时哪些二极管导通? 当 $V_i = 0\,\text{V}$ 时哪些二极管导通? 设二极管正向压降为 $0.7\,\text{V}$。

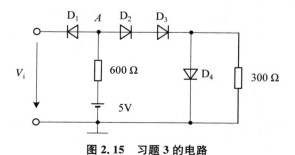

图 2.15　习题 3 的电路

解 当 $V_i = 3\,\mathrm{V}$ 时,由电路可知,A 点电位 $V_A = V_{D_2} + V_{D_3} + V_{D_4} = 2.1\,\mathrm{V}$,所以使 D_1 截止,D_2、D_3、D_4 导通。

当 $V_i = 0\,\mathrm{V}$ 时,D_1 优先导通,使 $V_A = 0.7\,\mathrm{V}$,所以使 D_2、D_3、D_4 截止。

4. 图 2.16(a)、图 2.17(a)所示为削波电路,如已知输入电压 v_i 为图 2.16(b)、图 2.17 (b)所示的正弦波时,试画出输出电压 v_o 的波形。忽略二极管的正向压降和正向电阻。

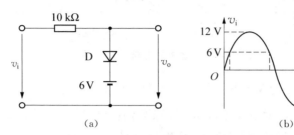

图 2.16 习题 4 的电路(1)

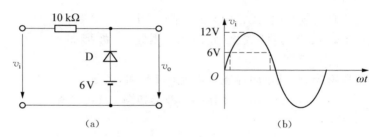

图 2.17 习题 4 的电路(2)

解 图 2.16(a):

(1) 当 v_i 正半周且 $v_i < 6\,\mathrm{V}$ 时,D 的阳极经 $10\,\mathrm{k\Omega}$ 接 v_i,阴极接 $6\,\mathrm{V}$ 电压,此时 D 反向偏置,可视为开路。此时,$v_o = v_i$,输出 Oa 段和 bc 段上的波形与输入电压 v_i 波形一致。

(2) 当 v_i 正半周且 $v_i \geqslant 6\,\mathrm{V}$ 时,D 正向偏置,可视为短路,输出电压在 ab 段上,$v_o = 6\,\mathrm{V}$,平行于横轴的直线。

(3) 当 v_i 负半周时,D 反向偏置,可视为开路。此时,$v_o = v_i$,即 v_i 在负半周时 v_o 的波形与 v_i 的波形一致,见图 2.18。

图 2.17(a):

(1) 当 v_i 正半周且 $v_i < 6\,\mathrm{V}$ 时,D 的阳极接 $6\,\mathrm{V}$ 电压,阴极经 $10\,\mathrm{k\Omega}$ 接 v_i。因为 $v_i < 6\,\mathrm{V}$,D 正向导通,可视为短路。此时 $v_o = 6\,\mathrm{V}$,输出电压在 ba 段和 bc 段上是 $v_o = 6\,\mathrm{V}$。

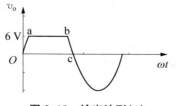

图 2.18 输出波形(1)

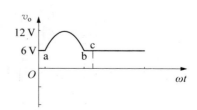

图 2.19 输出波形(2)

（2）当 v_i 正半周且 $v_i \geqslant 6\,\text{V}$，D 反向偏置，可视为开路，输出电压在 ab 段上 $v_o = v_i$。

（3）当 v_i 为负半周时，D 正向导通，可视为短路，此时 $v_o = 6\,\text{V}$，见图 2.19。

5. 二极管电路如图 2.20(a) 所示，设输入电压 $v_I(t)$ 的波形如图 2.20(b) 所示，在 $0 < t < 5\,\text{ms}$ 的时间间隔内，试绘出 $v_O(t)$ 的波形，设二极管是理想的。

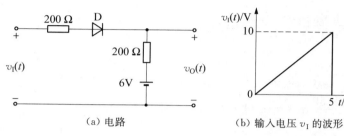

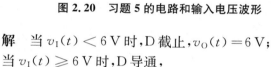

（a）电路　　　　　（b）输入电压 v_I 的波形

图 2.20　习题 5 的电路和输入电压波形

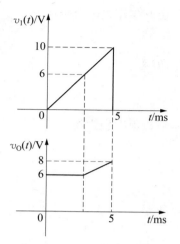

图 2.21　习题 5 v_O 的波形

解　当 $v_I(t) < 6\,\text{V}$ 时，D 截止，$v_O(t) = 6\,\text{V}$；

当 $v_I(t) \geqslant 6\,\text{V}$ 时，D 导通，

$$v_O(t) = \frac{v_I(t) - 6\,\text{V}}{200\,\Omega + 200\,\Omega} \times 200\,\Omega + 6\,\text{V} = \frac{1}{2} v_I(t) + 3\,\text{V}$$

当 $v_I(5) = 10\,\text{V}$ 时，$v_O(5) = 8\,\text{V}$。 v_O 波形如图 2.21 所示。

6. 在图 2.22 所示电路中，试求下列几种情况下输出端电压 V_Y 及各元件中通过的电流：

（1）$V_A = +10\,\text{V}$，$V_B = 0\,\text{V}$；

（2）$V_A = +6\,\text{V}$，$V_B = +5.8\,\text{V}$；

（3）$V_A = V_B = +5\,\text{V}$。 设二极管正向电阻为零，反向电阻为无穷大。

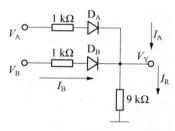

图 2.22　习题 6 的电路

解　（1）当 $V_A = +10\,\text{V}$，$V_B = 0\,\text{V}$ 时，D_A 导通，$V_Y = \dfrac{9}{1+9} \times 10\,\text{V} = 9\,\text{V}$（分压公式），$D_B$ 截止，于是由欧姆定律，

$$I_A = \frac{V_A}{(1+9)\,\text{k}\Omega} = \frac{10\,\text{V}}{10\,\text{k}\Omega} = 1\,\text{mA（欧姆定律）}$$

$$I_R = I_A = 1\,\text{mA}, \quad I_B = 0$$

（2）当 $V_A = +6\,\text{V}$，$V_B = +5.8\,\text{V}$ 时，D_A 先导通，使 $V_Y = \dfrac{9\,\text{V}}{(1+9)\,\text{k}\Omega} \times 6\,\text{V} = 5.4\,\text{V}$，$D_B$ 后导通，

$$V_{BY} = V_B - V_Y = 5.8 - 5.4\,\text{V} = 0.4\,\text{V}$$

由于设二极管的正向电阻为 0，于是 D_B 导通，由回路电流法：

$$\begin{cases} (1+9)I_A + 9I_B = V_A \\ (1+9)I_B + 9I_A = V_B \end{cases}$$

所以

$$(I_A + I_B)(1 + 9 + 9) = V_A + V_B$$

由基尔霍夫电流定律

$$I_R = I_A + I_B$$

所以

$$I_R = \frac{V_A + V_B}{19\,\text{k}\Omega} = \frac{6 + 5.8}{19}\,\text{mA} \approx 0.62\,\text{mA}$$

所以由欧姆定律

$$V_Y = I_R R = 0.62 \times 9\,\text{V} = 5.59\,\text{V}$$

$$I_A = \frac{6 - 5.59}{1}\,\text{mA} = 0.41\,\text{mA（欧姆定律）}$$

于是

$$I_B = \frac{5.8 - 5.59}{1}\,\text{mA} = 0.21\,\text{mA}$$

（3）$V_A = V_B = 5\,\text{V}$，两个二极管同时导通。

由回路电流法：

$$\begin{cases} 10I_A + 9I_B = 5 \\ 10I_B + 9I_A = 5 \end{cases}$$

所以

$$19(I_A + I_B) = 10$$

由基尔霍夫电流定律

$$I_A + I_B = I_R$$

所以

$$I_R = \frac{10}{19}\,\text{mA} \approx 0.526\,\text{mA}$$

则由欧姆定律

$$V_Y = I_R R = 0.526 \times 9\,\text{V} \approx 4.74\,\text{V}$$

于是

$$I_A = I_B = \frac{6 - 4.74}{1}\,\text{mA} = \frac{1}{2}I_R \approx 0.263\,\text{mA}$$

7. 钳位电路如图 2.23 所示，已知 D 为硅二极管，$v_s = 4\sin\omega t\,\text{V}$。试用恒压降模型分析电路，绘出输出电压 v_O 的稳态波形。

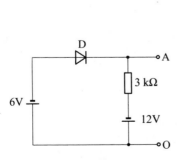

图 2.23 习题 7 的电路

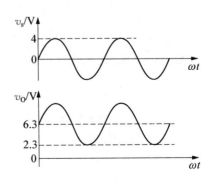

图 2.24 习题 7 稳态时 v_s 和 v_O 的波形

解　当 $v_s < 2.3\,V$ 时，D 导通，电容 C 充电。但 C 无放电回路，所以 C 充电的最高电压为 $V_C = V_m + 3\,V - V_D = (4+3-0.7)\,V = 6.3\,V$。稳态时，$v_O = v_s + V_C = v_s + 6.3\,V$。

由此得稳态时 v_s 和 v_O 的波形如图 2.24 所示。D 导通时，$v_O = (3-0.7)\,V = 2.3\,V$，即 v_O 的底部被钳位在 $2.3\,V$ 的直流电压上。

8. 二极管电路如图 2.25 所示，试判断图中的二极管是导通还是截止，并求出 AO 两端电压 V_{AO}。设二极管是理想的。

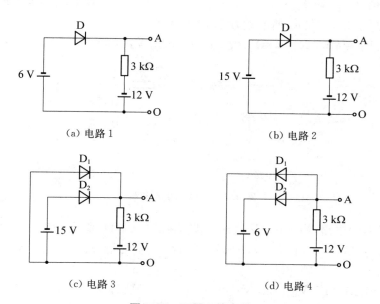

(a) 电路 1　　　　　　　　　　　(b) 电路 2

(c) 电路 3　　　　　　　　　　　(d) 电路 4

图 2.25　习题 8 的电路

解　图(a)：将 D 断开，以 O 点为电位参考点，D 的阳极电位为 $-6\,V$，阴极电位为 $-12\,V$，故 D 处于正向偏置而导通，$V_{AO} = -6\,V$。

图(b)：将 D 断开，以 O 点为电位参考点，D 的阳极电位为 $-15\,V$，阴极电位为 $-12\,V$，D 被反向偏置而截止，回路中无电流，电阻上无压降，$V_{AO} = -12\,V$。

图(c)：将 D_1 和 D_2 均断开，以 O 点为电位参考点，D_1 的阳极电位为 $0\,V$，阴极电位为 $-12\,V$；D_2 的阳极电位为 $-15\,V$，阴极电位为 $-12\,V$，故 D_1 导通，D_2 截止，D_1 导通后使 A 点的电位为 $0\,V$，此时 D_2 仍截止，$V_{AO} = 0\,V$。

图(d)：将 D_1 和 D_2 均断开，以 O 点为电位参考点，D_1 的阳极电位为 $12\,V$，阴极电位为 $0\,V$；D_2 的阳极电位为 $12\,V$，阴极电位为 $-6\,V$，即 D_1 和 D_2 都为正向偏置。但是 D_2 一旦导通，D_1 的阳极电位将变为 $-6\,V$，D_1 便不能再导通；反之 D_1 一旦导通，D_2 的阳极电位将变为 $0\,V$，D_2 仍能导通，所以 D_2 总能导通，而 D_2 一旦导通，D_1 必然截止，$V_{AO} = -6\,V$。

9. 图 2.26 所示电路中输入电压 $V_i = 25\,V$，稳压管 D 的 $V_Z = 10\,V$，$I_{ZM} = 23\,mA$，试求通过稳压管的电流 I_Z 是否超过 I_{ZM}，如超过，则怎样才能使其不超过。

解
$$I_1 = I_2 + I_Z$$
$$I_2 = \frac{10}{500}\,A = 0.02\,A = 20\,mA$$

$$I_1 = \frac{25 - 10}{500}\,\text{A} = 0.03\,\text{A} = 30\,\text{mA}$$

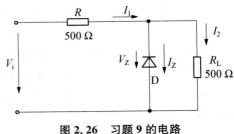

图 2.26 习题 9 的电路

所以

$$I_2 = I_1 - I_2 = (30 - 20)\,\text{mA} = 10\,\text{mA}$$

$I_Z < I_{ZM}$ 可以正常工作，如果 $I_Z > I_{ZM}$，可提高限流电阻 R 的阻值，使 I_1 降低。

10. 电路如图 2.27 所示，所有稳压管均为硅管，且稳定电压 $V_Z = 8\,\text{V}$，$R = 3\,\text{k}\Omega$。设 $v_i = 15\sin\omega t\,\text{V}$，试绘出 v_{O1} 和 v_{O2} 的波形。

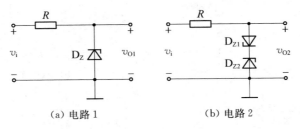

(a) 电路 1   (b) 电路 2

图 2.27 习题 10 的电路

解 对于图(a)电路，当 $-0.7\,\text{V} < v_i < V_Z (=8\,\text{V})$ 时，D_Z 截止，$v_{O1} = v_i$；当 $v_i \geqslant V_Z$ 时，D_Z 反向击穿，$v_{O1} = V_Z = 8\,\text{V}$；当 $v_i \leqslant -0.7\,\text{V}$ 时，D_Z 正向导通，$v_{O1} = -0.7\,\text{V}$。 v_{O1} 的波形如图 2.28(a)所示。

对于图(b)电路，当 $-V_Z - 0.7\,\text{V} < v_i < V_Z + 0.7\,\text{V}$ 时，D_{Z1} 和 D_{Z2} 总有一个是截止的，$v_{O2} = v_i$；当 $v_i \geqslant V_Z + 0.7\,\text{V}$ 时，D_{Z1} 正向导通，D_{Z2} 反向击穿，$v_{O2} = V_Z + 0.7\,\text{V} = 8.7\,\text{V}$；当 $v_i \leqslant -V_Z - 0.7\,\text{V}$ 时，D_{Z1} 反向击穿，D_{Z2} 正向导通，$v_{O2} = -V_Z - 0.7\,\text{V} = -8.7\,\text{V}$。 v_{O2} 的波形如图 2.28(b)所示。

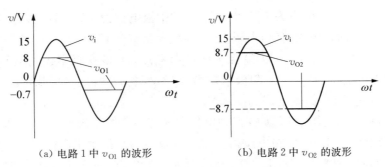

(a) 电路 1 中 v_{O1} 的波形   (b) 电路 2 中 v_{O2} 的波形

图 2.28 习题 10 的 v_O 波形

11. 已知稳压管的稳定电压 $V_Z = 6\,\text{V}$，稳定电流的最小值 $I_{Z(\min)} = 5\,\text{mA}$，最大功耗 $P_{ZM} = 150\,\text{mW}$。试求图 2.29 所示电路中电阻 R 的取值范围。

解 因 $I_{Z(\max)} = \dfrac{P_{ZM}}{V_Z} = \dfrac{150}{6}\,\text{mA} = 25\,\text{mA}$，故

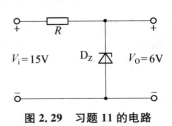

图 2.29 习题 11 的电路

$$\frac{V_i - V_z}{I_{Z(max)}} \leqslant R \leqslant \frac{V_i - V_z}{I_{Z(min)}}$$

$$0.24\,\text{k}\Omega \leqslant R \leqslant 1.8\,\text{k}\Omega$$

12. 稳压电路如图 2.30 所示。若 $V_I = 10\,\text{V}$，$R = 100\,\Omega$，稳压管的 $V_Z = 5\,\text{V}$，$I_{Z(min)} = 5\,\text{mA}$，$I_{Z(max)} = 50\,\text{mA}$，问：(1)负载 R_L 的变化范围是多少？(2)稳压电路的最大输出功率 P_{OM} 是多少？(3)稳压管的最大耗散功率 P_{ZM} 和限流电阻 R 上的最大耗散功率 P_{RM} 是多少？

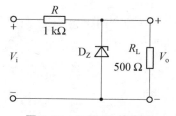

图 2.30　习题 12 的电路

解 （1）总电流

$$I_R = \frac{V_I - V_Z}{R} = \frac{10 - 5}{100}\,\text{A} = 0.05\,\text{A} = 50\,\text{mA}$$

输出电流最大时,必须保证稳压管中至少有 $5\,\text{mA}$ 电流流过,即

$$I_R - I_{O(max)} \geqslant I_{Z(min)}$$

所以

$$I_{O(max)} \leqslant I_R - I_{Z(min)} = (50 - 5)\,\text{mA} = 45\,\text{mA}$$

负载开路时,电流全部流经稳压管,且未超过稳压管最大电流。所以负载 R_L 的变化范围是

$$R_{L(min)} \geqslant \frac{V_Z}{I_{O(max)}} = \frac{5}{45}\,\text{k}\Omega \approx 0.111\,\text{k}\Omega = 111\,\Omega$$

（2）$P_{OM} = V_Z I_{O(max)} = 5 \times 45\,\text{mW} = 225\,\text{mW}$

（3）负载开路时,稳压管的耗散功率最大,

$$P_{ZM} = V_Z I_{R(max)} = 5 \times 50\,\text{mW} = 250\,\text{mW}$$

$$P_{RM} = (V_I - V_Z) I_{R(max)} = (10 - 5) \times 50\,\text{mW} = 250\,\text{mW}$$

13. 已知图 2.31 所示电路中稳压管的稳定电压 $V_Z = 6\,\text{V}$，最小稳定电流 $I_{Z(min)} = 5\,\text{mA}$，最大稳定电流 $I_{Z(max)} = 25\,\text{mA}$。(1)分别计算 V_i 为 10 V，15 V，35 V 三种情况下输出电压 V_o 的值。(2)若 $V_i = 35\,\text{V}$ 时负载开路,则会出现什么现象？为什么？

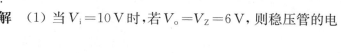

图 2.31　习题 13 的电路

解 （1）当 $V_i = 10\,\text{V}$ 时,若 $V_o = V_Z = 6\,\text{V}$,则稳压管的电流为

$$I_Z = \frac{V_i - V_Z}{R} - \frac{V_Z}{R_L} = \frac{10 - 6}{1}\,\text{mA} - \frac{6}{0.5}\,\text{mA} = -8\,\text{mA}$$

稳压管未击穿。故

$$V_o = \frac{R_L}{R + R_L} \cdot V_i = \frac{0.5}{1 + 0.5} \times 10\,\text{V} \approx 3.33\,\text{V}$$

当 $V_i = 15\,\text{V}$ 时,若 $V_o = V_Z = 6\,\text{V}$,则

$$I_Z = \frac{15-6}{1} \text{ mA} - \frac{6}{0.5} \text{ mA} = -3 \text{ mA}$$

说明假设错,即不稳压,故

$$V_o = \frac{V_i R_L}{R + R_L} = 5 \text{ V}$$

当 $V_i = 35$ V 时,若 $V_o = 6$ V,则

$$I_Z = \frac{V_i - V_o}{R} - \frac{V_Z}{R_L} = \frac{35-6}{1} \text{ mA} - \frac{6}{0.5} \text{ mA} = 17 \text{ mA}$$

因为 $I_{Z(min)} < I_Z < I_{Z(max)}$,所以,稳压管被击穿,故 $V_o = 6$ V。

(2) $V_i = 35$ V,R_L 开路,

$$I_Z = \frac{V_i - V_Z}{R} = \frac{35-6}{1} \text{ mA} = 29 \text{ mA} > I_{Z(max)}$$

故稳压管处于过损耗状态,时间一旦过长,稳压管将被烧坏。

14. 在图 2.32 中,已知电源电压 $V = 10$ V,$R = 200 \ \Omega$,$R_L = 1 \text{ k}\Omega$,稳压管的 $V_Z = 6$ V,试求:(1)稳压管中的电流 I_Z 为多少? (2)当电压 V 升高到 12 V 时,I_Z 将变为多少? (3)当 V 仍为 10 V,但 R_L 改为 $2 \text{ k}\Omega$,I_Z 将变为多少?

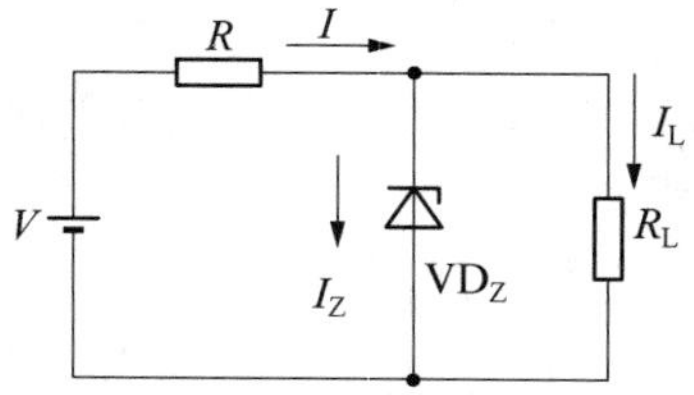

解 (1) $V_Z = 6$ V,$R_L = 1 \text{ k}\Omega$,则

图 2.32 习题 14 的电路

$$I_L = \frac{V_Z}{R_L} = \frac{6}{1} \text{ mA} = 6 \text{ mA}$$

$$I = \frac{V - V_Z}{R} = \frac{(10-6) \text{ V}}{200 \ \Omega} = 200 \text{ mA}$$

$$I_Z = I - I_L = 20 \text{ mA} - 6 \text{ mA} = 14 \text{ mA}$$

(2)当电源电压 V 升高到 12 V 时,不变,此时 I_L 不变,此时 $I_L = 6$ mA,

$$I = \frac{V - V_Z}{R} = \frac{(12-6) \text{ V}}{200 \ \Omega} = 30 \text{ mA}$$

$$I_Z = I - I_L = 20 \text{ mA} - 6 \text{ mA} = 14 \text{ mA}$$

(3)当 R_L 改为 $2 \text{ k}\Omega$ 时,

$$I_L = \frac{6}{2 \text{ k}\Omega} = 3 \text{ mA}$$

$$I = \frac{V - V_L}{R} = \frac{(10-6) \text{ V}}{200 \ \Omega} = 20 \text{ mA}$$

所以此时稳压管中的电流为

$$I_Z = I - I_L = 20 \text{ mA} - 3 \text{ mA} = 17 \text{ mA}$$

2.6　自测题及答案解析

2.6.1　自测题

1. 填空题

（1）当 PN 结外加反向电压时，PN 结的空间电荷区变（　　）。

（2）当温度升高时，二极管的反向饱和电流将（　　）。

（3）在杂质半导体中，多数载流子的浓度主要取决于（　　），而少数载流子的浓度则与（　　）有很大关系。

（4）由 PN 结构成的半导体二极管具有的主要特性是（　　）性。

（5）在 N 型半导体中，电子浓度（　　）空穴浓度。

（6）稳压二极管稳压时，工作在（　　）状态。

（7）正偏时二极管处于（　　）状态，此时呈现的电阻很（　　）。

（8）在本征半导体中掺入三价杂质原子，形成（　　）型半导体。

2. 选择题

（1）稳压管的稳压区是工作在（　　）状态。

A. 正向导通　　　　　B. 反向截止　　　　　C. 反向击穿　　　　　D. 不确定

（2）利用硅 PN 结反向击穿特性陡直的特点而制造的二极管，称为（　　）。

A. 稳压二极管　　　　　　　　　　B. 变容二极管

C. 发光二极管　　　　　　　　　　D. 肖特基二极管

（3）本征半导体在温度升高后（　　）。

A. 自由电子数目增多，空穴数目不变　　B. 自由电子数目和空穴数目增加相同

C. 自由电子数目不变，空穴数目增多　　D. 自由电子数目增多，空穴数目减少

（4）P 型半导体中的多数载流子是（　　）。

A. 中子　　　　　　B. 质子　　　　　　C. 自由电子　　　　　　D. 空穴

（5）在本征半导体中加入（　　）元素可形成 N 型半导体，加入（　　）元素可形成 P 型半导体。

A. 五价　　　　　　B. 四价　　　　　　C. 三价　　　　　　D. 二价

3. 电路如图 2.33 所示，已知 $v_i = 5\sin\omega t$ V，二极管导通电压 $V_D = 0.7$ V。试画出 v_i 与 v_O 的波形，并标出幅值。

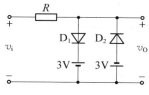

图 2.33　自测题 3 的电路

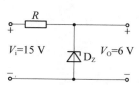

图 2.34　自测题 4 的电路

4. 已知稳压管的稳定电压 $V_Z = 6\,\text{V}$，稳定电流的最小值 $I_{Z(\min)} = 5\,\text{mA}$，最大功耗 $P_{ZM} = 150\,\text{mW}$。试求图 2.34 所示电路中电阻 R 的取值范围。

5. 已知图 2.35 所示电路中稳压管的稳定电压 $V_Z = 6\,\text{V}$，最小稳定电流 $I_{Z(\min)} = 5\,\text{mA}$，最大稳定电流 $I_{Z(\max)} = 25\,\text{mA}$。

（1）分别计算 V_i 为 $10\,\text{V}$、$15\,\text{V}$、$35\,\text{V}$ 三种情况时输出电压 V_O 的值；

（2）若 $V_i = 35\,\text{V}$ 时负载开路，则会出现什么现象？为什么？

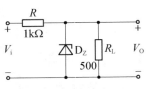

图 2.35　自测题 5 的电路

2.6.2　答案解析

1. 填空题

（1）宽　（2）增大　（3）掺杂浓度，温度光照　（4）单向导电　（5）大于　（6）反向击穿

（7）导通，小　（8）P

2. 选择题

（1）C　（2）A　（3）B　（4）D　（5）A　C

3. 解　输出电压 v_O 的表达式（图 2.36）：

$$v_O = 3.7\,\text{V}, \qquad\qquad v_i \geqslant 3.7\,\text{V}$$
$$v_O = v_i = 5\sin\omega t\,\text{V}, \quad -3.7\,\text{V} < v_i < 3.7\,\text{V}$$
$$v_O = -3.7\,\text{V}, \qquad\qquad v_i \leqslant -3.7\,\text{V}$$

4. 解　稳压管的最大稳定电流为

$$I_{ZM} = P_{ZM}/V_Z = 25\,\text{mA}$$

电阻 R 的电流为 $I_{ZM} \sim I_{Z(\min)}$，所以其取值范围为

$$R = \frac{V_i - V_Z}{I_Z} = 0.36\,\Omega \sim 1.8\,\text{k}\Omega$$

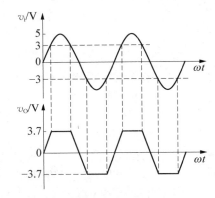

图 2.36　自测题 3 的输出电压

5. 解　（1）当 $V_i = 10\,\text{V}$ 时，若 $V_O = V_Z = 6\,\text{V}$，则稳压管的电流为 $4\,\text{mA}$，小于其最小稳定电流，所以稳压管未击穿。故

$$V_O = \frac{R_L}{R + R_L} V_i \approx 3.33\,\text{V}$$

当 $V_i = 15\,\text{V}$ 时，稳压管中的电流大于最小稳定电流 $I_{Z(\min)}$，所以

$$V_O = V_Z = 6\,\text{V}$$

同理，当 $V_i = 35\,\text{V}$ 时，$V_O = V_Z = 6\,\text{V}$。

（2）$I_D = (V_i - V_Z)/R = 29\,\text{mA} > I_{Z(\max)} = 25\,\text{mA}$，稳压管将因功耗过大而损坏。

第 3 章
场效应三极管及其放大电路

3.1　教学要求

场效应三极管(FET)简称场效应管。FET有两种主要类型:金属-氧化物-半导体场效应管(MOSFET)和结型场效应管(JFET)。FET只有一种载流子——电子或空穴导电,故称FET为单极型器件。

学完本章后希望能达到以下基本要求:

(1) 了解FET的结构和类型,FET的输出特性、转移特性和主要参数;

(2) 正确理解FET的工作原理、电压控制作用;

(3) 掌握FET放大电路的组成、工作原理和电路特点;

(4) 熟悉FET放大器的直流偏置特点及工作点的确定方法;

(5) 熟练掌握FET放大器的交流小信号模型分析法;

(6) 掌握共源、共漏放大器的结构、工作原理以及交流指标的计算。

3.2　内容精炼

本章首先介绍了MOSFET的结构和工作原理,然后以共源极放大电路为例说明放大电路的组成及工作原理,介绍图解分析法和小信号模型分析法,接着再讨论FET放大电路的三种组态的另外两种形式:共漏极和共栅极结构。MOSFET体积很小,在集成电路放大器中,常用增强型或耗尽型MOSFET做成电流源,作为偏置电路或有源负载。因此,本章也讨论了带有源负载的放大电路。JFET放大电路应用相对较少,放在后面进行讨论。

3.2.1　场效应管的分类及符号

场效应管的分类如下:

场效应管的符号如图 3.1 所示。

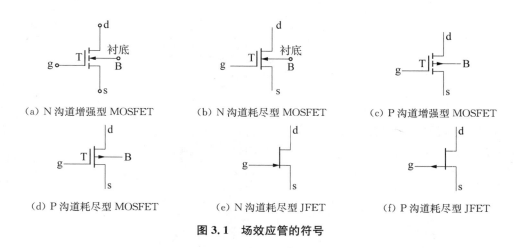

图 3.1 场效应管的符号

3.2.2 场效应管的性能分析

1. v_{DS} 的极性由沟道类型决定

对于 N 沟道 FET，电子是载流子，电子的漂移运动形成漏极电流 i_D，因此 v_{DS} 应为正值；对于 P 沟道 FET，空穴是载流子，空穴的漂移运动形成漏极电流 i_D，因此 v_{DS} 应为负值。

2. v_{GS} 极性的确定

对于 JFET，要求栅源极间加反向偏置电压。当为 N 沟道 JFET 时，由于栅极为 P 型半导体，为使 PN 结反偏，$v_{GS} \leqslant 0$；当为 P 沟道 JFET 时，由于栅极为 N 型半导体，为使 PN 结反偏，$v_{GS} \geqslant 0$。因此，JFET 中 v_{GS} 和 v_{DS} 的极性相反。

对于 MOSFET，如果是 N 沟道增强型，为吸引电子形成 N 沟道，$v_{GS} > 0$；如果是 P 沟道增强型，为吸引空穴形成 P 沟道，$v_{GS} < 0$。可见，在增强型 MOSFET 中，v_{GS} 和 v_{DS} 的极性相同。

对于耗尽型 MOSFET，由于沟道可以变宽、变窄和保持不变，v_{GS} 可正、可负、可为零。

3. V_T 和 V_P 极性由沟道类型决定

对于增强型 MOSFET，当 $v_{GS} = 0$ 时没有沟道，只有当栅源电压的绝对值增大到某一数值时，才产生导电沟道，把这时的栅源电压称为开启电压 V_T。N 沟道时，$V_T > 0$；P 沟道时，$V_T < 0$。

对于耗尽型 FET，当栅源电压的绝对值达到某一数值时，导电沟道就消失，把这时的栅源电压称为夹断电压 V_P。N 沟道时，$V_P < 0$；P 沟道时，$V_P > 0$。

4. 场效应管的特性曲线

(1) 输出特性曲线。

输出特性是指在栅源电压 v_{GS} 一定的情况下,漏极电流 i_D 与漏源电压 v_{DS} 之间的关系。

$$i_D = f(v_{DS})\,|_{v_{GS}=常数}$$

输出特性曲线分为三个区:截止区、可变电阻区和饱和区(放大区或恒流区)。

从输出特性曲线上得出:场效应管是电压控制型器件,栅源电压 v_{GS} 控制漏极电流 i_D。

(2) 转移特性曲线。

FET 是电压控制器件,由于栅极输入端基本上没有电流,因此不讨论它的输入特性,而是研究转移特性。所谓转移特性是指在一定漏源电压 v_{DS} 下,栅源电压 v_{GS} 对漏极电流 i_D 的控制特性,即

$$i_D = f(v_{GS})\,|_{v_{DS}=常数}$$

由于输出特性与转移特性都反映 FET 工作的同一物理过程,所以转移特性可直接从输出特性曲线上用作图法求出。

5. 场效应管的性能比较

各场效应管的性能比较见表 3.1。

6. 场效应管的主要参数

(1) 直流参数:开启电压 V_T、夹断电压 V_P、饱和漏极电流 I_{DSS}、直流输入电阻 R_{GS}。

(2) 交流参数:输出电阻 r_{ds}、低频互导 g_m。

(3) 极限参数:最大漏极电流 I_{DM}、最大耗散功率 P_{DM}、最大漏源电压 $P_{(BR)DS}$、最大栅源电压 $P_{(BR)GS}$。

3.2.3　MOSFET 基本共源极放大电路

1. 基本共源极放大电路的组成

基本共源极放大电路如图 3.2 所示。V_{DD} 为场效应管 V_{DS} 提供一个合适的工作电压;V_{GG} 是给 MOSFET 的栅源极间加上适当的偏置电压,并保证 $v_{GS} > V_{TN}$;电阻 R_d 是将漏极电流的变化转换成电压的变化,再送到放大电路的输出端。

2. 基本共源极放大电路的工作原理

(1) 静态。

将输入信号 $v_i = 0$ 时放大电路的工作状态称为静态或直流工作状态。静态时,把电路中的 I_D、V_{GS}、V_{DS} 称为静态工作点,常写作 I_{DQ}、V_{GSQ}、V_{DSQ}。

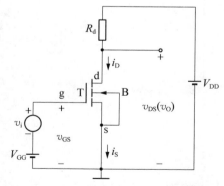

图 3.2　N 沟道增强型 MOSFET 基本共源极放大电路

静态工作点用近似计算法求得。具体步骤如下:

① 画出放大电路的直流通路。

② 假设工作于饱和区,列出栅源电压 V_{GS}、漏极电流 I_D 和漏源电压 V_{DS} 方程。

表 3.1 场效应管性能比较

比较	N沟道 增强型 MOSFET	N沟道 耗尽型 MOSFET	N沟道 耗尽型 JFET	P沟道 增强型 MOSFET	P沟道 耗尽型 MOSFET	P沟道 耗尽型 JFET
电路符号	(g–d–s，衬底)	(g–d–s，衬底)	(g–d–s)	(g–d–s，衬底)	(g–d–s，衬底)	(g–d–s)
V_T 或 V_P	+	−	−	−	+	+
K_n 或 K_p	$K_n = \dfrac{1}{2}\mu_n C_{ox}(W/L) = \dfrac{1}{2}K'_n(W/L)$		$K_n = I_{DSS}/V_P^2$	$K_p = \dfrac{1}{2}\mu_p C_{ox}(W/L) = \dfrac{1}{2}K'_n(W/L)$		$K_p = I_{DSS}/V_P^2$
输出特性	$v_{GS}=5V,\,4V,\,3V$；i_D–v_{DS}	$0.2V,\,v_{GS}=0V,\,-0.2V,\,-0.4V$；$i_D$–$v_{DS}$	$v_{GS}=0V,\,-1V,\,-2V,\,-3V$；$i_D$–$v_{DS}$	$v_{GS}=-6V,\,-5V,\,-4V$；i_D–$(-v_{DS})$	$-1V,\,v_{GS}=0V,\,+1V,\,+2V$；$i_D$–$(-v_{DS})$	$v_{GS}=0V,\,+1V,\,+2V,\,+3V$；$i_D$–$(-v_{DS})$
转移特性	i_D–v_{GS}，V_T	i_D，V_P–v_{GS}	i_D，I_{DSS}，V_P–v_{GS}	i_D，V_T，O–v_{GS}	i_D，O，V_P–v_{GS}	i_D，I_{DSS}，O，V_P–v_{GS}
截止区	$v_{GS} \le V_{TO}$ $i_D = 0$			$v_{GS} \ge V_{TO}$ $i_D = 0$		
可变电阻区	$v_{GS} \ge V_{TO},\ 0 \le v_{DS} \le v_{GS}-V_{TO}$ $i_D = K_n\left[2(v_{GS}-V_{TO})v_{DS}-v_{DS}^2\right](1+\lambda v_{DS})$			$v_{GS} \le V_{TO},\ 0 \ge v_{DS} \ge v_{GS}-V_{TO}$ $i_D = K_p\left[2(v_{GS}-V_{TO})v_{DS}-v_{DS}^2\right](1+\lambda v_{DS})$		
饱和区	$v_{GS} \ge V_{TO},\ v_{DS} \ge v_{GS}-V_{TO}$ $i_D = K_n(v_{GS}-V_{TO})^2(1+\lambda v_{DS})$			$v_{GS} \le V_{TO},\ v_{DS} \le v_{GS}-V_{TO}$ $i_D = K_p(v_{GS}-V_{TO})^2(1+\lambda v_{DS})$		
λ	+			−		
g_m（假定工作在饱和区和 $\lambda = 0$）	$g_m = 2\sqrt{K_n I_{DQ}}$ $g_m = \sqrt{2K'_n(W/L)I_{DQ}}$		$g_m = 2\sqrt{K_n I_{DQ}}$ $g_m = 2\sqrt{\dfrac{I_{DSS}I_{DQ}}{|V_P|}}$	$g_m = 2\sqrt{K_p I_{DQ}}$ $g_m = \sqrt{2K'_n(W/L)I_{DQ}}$		$g_m = 2\sqrt{K_p I_{DQ}}$ $g_m = 2\sqrt{\dfrac{I_{DSS}I_{DQ}}{|V_P|}}$

③ 求解 I_D、V_{GS} 和 V_{DS}。

④ 检验假设是否成立,如成立,答案即为所求;否则做出新的假设,重新分析电路。

(2) 动态。

将输入信号 $v_i \neq 0$ 时放大电路的工作状态称为动态。动态时,FET 各极的电压和电流都在静态值的基础上随输入信号 v_i 作相应的变化。电路中的 i_D、v_{GS}、v_{DS} 都是直流和交流分量叠加后的总量。只分析交流参数时,要画交流通路进行分析。

画交流通路的原则:

① 内阻很小的直流电压源视为短路。

② 内阻很大的电流源或恒流源视为开路。

③ 容量较大的电容视为开路。

3.2.4　图解分析法

1. 用图解法确定静态工作点 Q

具体分析步骤如下:

① 列输入回路方程,求解 V_{GSQ}。

② 列输出直流负载线方程,在输出特性曲线上作输出直流负载线,直流负载线与栅源电压等于 V_{GSQ} 的那条输出特性曲线的交点就是静态工作点,即 V_{DSQ} 和 I_{DQ}。

2. 动态工作情况的图解分析

具体分析步骤如下:

① 根据输入信号 v_i 叠加于 V_{GSQ} 之上,得到 v_{GS} 的波形。

② 利用交流通路算出交流负载线的斜率,通过静态工作量,画出交流负载线。

③ 由 v_{GS} 的波形,利用交流负载线画出 i_D 和 v_{DS} 的波形,获得 v_{DS} 的交流分量 v_{ds} 就可得到输出电压 v_o。

3. 静态工作点对波形失真的影响

因静态工作点设置过低而产生的失真称为截止失真,如图 3.3 所示。

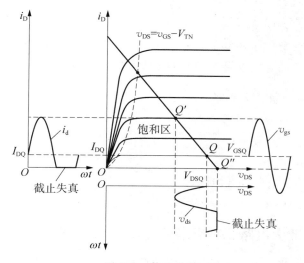

图 3.3　截止失真

因静态工作点设置过高而产生的失真称为饱和失真,如图 3.4 所示。

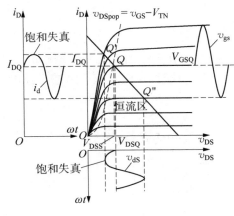

图 3.4　饱和失真

如果输入信号幅度过大,即使静态工作点设置合理,也会产生失真,这时截止失真与饱和失真可能同时出现。截止失真与饱和失真都称为非线性失真。

3.2.5　小信号模型分析法

1. MOSFET 的小信号模型

MOSFET 的低频小信号模型如图 3.5 所示。

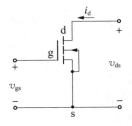

(a)N 沟道增强型 MOS 管

(b)$\lambda=0$,$r_{ds}=\infty$ 的低频小信号模型

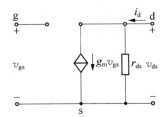

(c)$\lambda\neq0$,r_{ds} 为有限值的低频小信号模型

图 3.5　**MOSFET 的低频小信号模型**

2. 用小信号模型分析放大电路

具体分析步骤如下:

① 确定静态工作点。

② 确定动态参数 g_m、r_{ds} 等。

③ 画放大电路的小信号等效电路。

④ 求解各动态指标,如 A_v、R_i、R_o。

3.2.6　MOSFET 放大电路三种组态的比较

MOSFET 放大电路三种组态的性能比较见表 3.2。

表 3.2 MOSFET 放大电路三种组态的性能比较

电路形式	电压增益	输入电阻 R_i	输出电阻 R_o	基本特点
共源极放大电路	$A_v = -g_m(R_d \mathbin{/\mkern-5mu/} r_{ds})$	很高	$R_o = R_d \mathbin{/\mkern-5mu/} r_{ds}$	电压增益高,输入输出电压反相,输入电阻大,输出电阻主要由 R_d 决定
共漏极放大电路（源极输出器）	$A_v = \dfrac{g_m(R_s \mathbin{/\mkern-5mu/} r_{ds})}{1 + g_m(R_s \mathbin{/\mkern-5mu/} r_{ds})}$	很高	$R_o = \dfrac{1}{g_m} \mathbin{/\mkern-5mu/} R_s \mathbin{/\mkern-5mu/} r_{ds}$	电压增益小于 1 但接近 1,输入输出电压同相,有电压跟随作用。输入电阻高,输出电阻低,可作阻抗变换用
共栅极放大电路	$A_v = \dfrac{\left(g_m + \dfrac{1}{r_{ds}}\right) R_d}{1 + (R_d/r_{ds})}$ $\approx g_m R_d$（当 $r_{ds} \gg R_d$）	$R_i \approx 1/g_m$	$R_o = R_d \mathbin{/\mkern-5mu/} r_{ds}$	电压增益高,输入输出电压同相,电流增益小于 1 但接近 1,有电流跟随作用。输入电阻小,输出电阻主要由 R_d 决定,常用于高频和宽带放大

3.3 难点释疑

3.3.1 判别放大电路的三种组态

看输入信号加在哪个电极,输出信号从哪个电极取出,剩下的那个电极便是公共电极。共源极放大电路,信号由栅极输入、漏极输出;共漏极放大电路,信号由栅极输入、源极输出;共栅极放大电路,信号由源极输入、漏极输出。

3.3.2 场效应管的偏置电路

场效应管构成放大电路时,需要设置合适的静态工作点。由于场效应管是电压控制器件,只需要设置合适的偏压即可。不同类型的场效应管,对偏置电压的极性要求不同。一般结型管必须反极性偏置,即 v_{GS} 和 v_{DS} 极性相反;对于增强型 MOS 管,v_{GS} 和 v_{DS} 必须同极性偏置;对于耗尽型的 MOS 管,v_{GS} 可正、可负,也可以为零。

基于上述特点,必须根据不同的场效应管选用不同的偏置电路,即零偏置只适用于耗尽型 MOS 管;固定偏置适用于所有的场效应管;自给偏置适用于结型管和耗尽型 MOS 管;分压式偏置电路适用于所有场效应管。图 3.6 所示为两种常见的偏置电路。

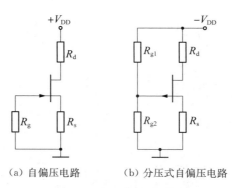

　　　　(a) 自偏压电路　　　　　(b) 分压式自偏压电路

图 3.6　FET 的偏置电路

3.4　典型例题分析

例 3.1　分别从静态和动态分析图 3.7(a)所示的共源极放大电路。

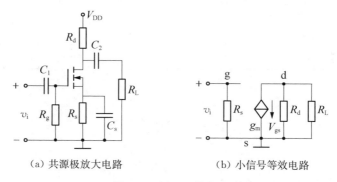

　　　　(a) 共源极放大电路　　　　　(b) 小信号等效电路

图 3.7　例 3.1 的电路

解　(1) 静态分析。

对于耗尽型场效应管,当工作在饱和区时,其漏极电流和漏源电压由下式近似决定:

$$I_D = I_{DSS}\left(1 - \frac{V_{GS}}{V_P}\right)^2,\ 又有\ V_{GS} = -I_D \cdot R_s$$

将上两式联立,求得 I_D 和 V_{GS},则 $V_{DS} = V_{DD} - I_D(R_d + R_s)$。

(2) 动态分析。

① 画出小信号等效电路,如图 3.7(b)所示。

② 电压放大倍数 $\dot{A}_v = -g_m(R_d // R_L)$,式中符号表示输出电压与输入电压反相。

③ 输入电阻 $R_i = R_g$。

④ 输出电阻 $R_o = R_d$。

例 3.2 已知场效应管电路和场效应管的输出特性曲线如图 3.8 所示,当输入电压为 1 V,2 V,3 V,4 V 四种情况时 MOS 管的工作状态如何?

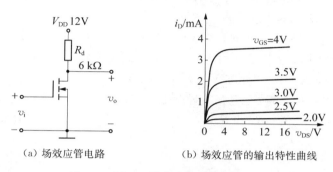

(a) 场效应管电路   (b) 场效应管的输出特性曲线

图 3.8 例 3.2 的电路和输出特性曲线

解 在输出特性上作出负载线: $v_{DS} = V_{DD} - i_D \times R_d$,负载线和每条输出特性的交点决定 Q 点,由 Q 点的位置来决定管子的工作状态。

当输入电压为 1 V 时,管子处于截止状态;当输入电压为 2 V、3 V 时,管子处于放大状态;当输入电压为 4 V 时,管子处于可变电阻区。

例 3.3 图 3.9 所示场效应管放大电路的组态是(   )。

(1)共漏;(2)共源;(3)共栅;(4)差动放大

解 共源组态。因为输入信号加在 T_1 管的栅极,输出信号取自 T_1 管的漏极,所以为共源组态。T_2 为有源负载,作为 T_1 管的漏极电阻。

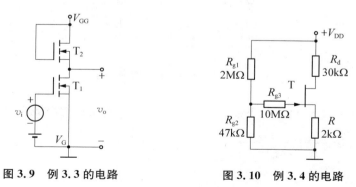

图 3.9 例 3.3 的电路   图 3.10 例 3.4 的电路

例 3.4 电路如图 3.10 所示,场效应管的 $V_P = -1\,\text{V}$, $I_{DSS} = 0.5\,\text{mA}$, $V_{DD} = 18\,\text{V}$,试确定静态工作点 Q。

解 由 $V_P = -1\,\text{V}$, $I_{DSS} = 0.5\,\text{mA}$,将已知的各参数代入方程组

$$\begin{cases} V_{GS} = -\left(I_D R - \dfrac{R_{g2} V_{DD}}{R_{g1} + R_{g2}}\right) \\ I_D = I_{DSS}\left(1 - \dfrac{V_{GS}}{V_P}\right)^2 \end{cases}$$

得
$$\begin{cases} V_{GS} \approx (0.4 - 2I_D)\,\text{V} \\ I_D = 0.5\,\text{mA}(1 + V_{GS})^2 \end{cases}$$

解得 $I_D = (0.95 \pm 0.64)\,\text{mA}$，而 $I_{DSS} = 0.5\,\text{mA}$ 是该场效应管的最大漏极电流，I_D 不应该大于 I_{DSS}，所以 $I_D = 0.31\,\text{mA}$，$V_{GS} = -0.22\,\text{V}$。

管压降 $V_{DS} = V_{DD} - I_D(R_d + R) = 18\,\text{V} - 0.31\,\text{mA} \times (30 + 2)\,\text{k}\Omega = 8.07\,\text{V}$。

例 3.5 电路如图 3.11 所示。设 $V_{DD} = 5\,\text{V}$，场效应管的参数为 $V_{TN} = 1\,\text{V}$，$K_n = 0.8\,\text{mA/V}^2$，$\lambda = 0.02\,\text{V}^{-1}$，当 MOS 管工作于饱和区：(1)试确定电路的静态工作点；(2)画出小信号等效电路，并求 A_v、R_i 和 R_o。

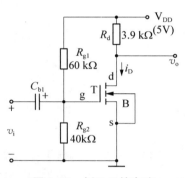

图 3.11　例 3.5 的电路

解　(1) $V_{GSQ} = \left(\dfrac{R_{g2}}{R_{g1} + R_{g2}}\right) V_{DD} = \dfrac{40}{60 + 40} \times 5\,\text{V} = 2\,\text{V}$

$I_{DQ} = K_n(V_{GS} - V_{TN})^2 = 0.8 \times (2 - 1)^2\,\text{mA} = 0.8\,\text{mA}$

$V_{DSQ} = V_{DD} - I_D R_d = 5\,\text{V} - 0.8 \times 3.9\,\text{V} = 1.88\,\text{V}$

满足 $V_{DSQ} > (V_{GSQ} - V_{TN})$，MOS 管的确工作于饱和区，能正常放大信号。

(2) 小信号等效电路如图 3.12 所示。

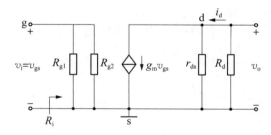

图 3.12　例 3.5 的小信号等效电路

$g_m = 2K_n(V_{GS} - V_{TN}) = 2 \times 0.8 \times (2 - 1)\,\text{mS} = 1.6\,\text{mS}$

$r_{as} = \dfrac{1}{\lambda K_n(V_{asQ} - V_{TN})^2} = \dfrac{1}{0.02 \times 0.8 \times (2 - 1)^2}\,\text{k}\Omega = 62.5\,\text{k}\Omega$

$A_v = \dfrac{v_o}{v_i} = -\dfrac{g_m v_{gs}(r_{ds} /\!/ R_d)}{v_{gs}} = -g_m(r_{ds} /\!/ R_d) = -5.87$

$R_i = \dfrac{v_i}{i_i} = R_{g1} /\!/ R_{g2} = 24\,\text{k}\Omega$

$R_o = r_{ds} /\!/ R_d = 3.67\,\text{k}\Omega$

3.5 同步训练及解析

1. 改正图 3.13(a)所示各电路中的错误,使它们有可能放大正弦波电压,要求保留电路的共源接法。

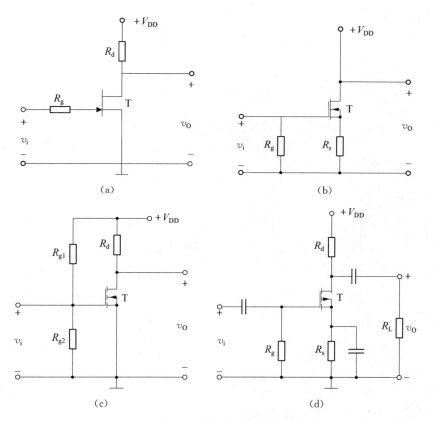

图 3.13 习题 1 的电路

解 改正后的电路如图 3.14(a)(b)(c)(d)所示。

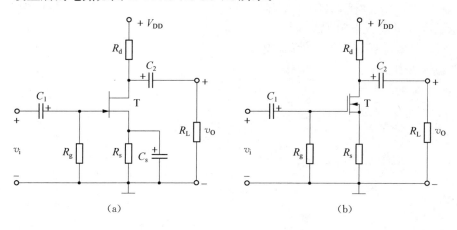

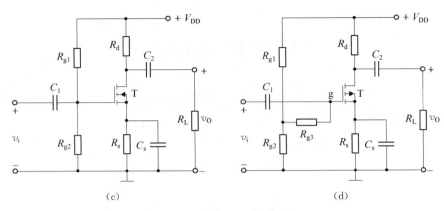

图 3.14　习题 1 改正后的电路

2. 图 3.15 所示为 MOSFET 的转移特性,请分别说明各属于何种沟道。如是增强型,说明它的开启电压 V_T 等于多少;如是耗尽型,说明它的夹断电压 V_P 等于多少。(图中 i_D 的假定正向为流进漏极。)

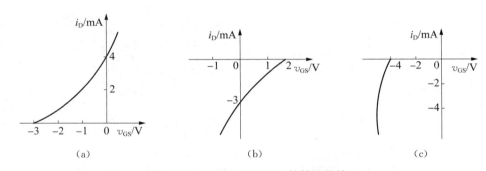

图 3.15　习题 2 MOSFET 的转移特性

解　图(a)为 N 沟道耗尽型 MOSFET,其 $V_{PN} = -3\,\text{V}$;图(b)为 P 沟道耗尽型 MOSFET,其 $V_{pp} = 2\,\text{V}$;图(c)为 P 沟道增强型 MOSFET,其 $V_{TP} = -4\,\text{V}$。

3. 已知电路参数如图 3.16 所示,FET 工作点上的互跨导 $g_m = 1\,\text{mS}$,设 $r_d \gg R_d$。
(1)画出信号的小信号模型;(2)求电压增益 A_v;(3)求放大器的输入电阻 R_i。

解　(1) 等效电路:忽略 r_d,可画出的小信号等效电路如图 3.17 所示。

(2) 电压增益:

$$A_v = \frac{V_0}{V_1} = \frac{-g_m R_d}{1 + g_m R_1}$$

$$= \frac{-1 \times 10}{1 + 1 \times 2} \approx -3.3$$

(3) 输入电阻:

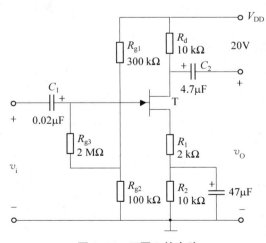

图 3.16　习题 3 的电路

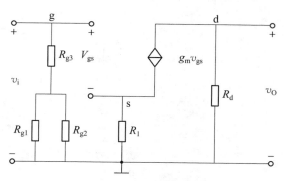

图 3.17　小信号等效电路

$$R_i = R_{g3} + (R_{g1} \mathbin{/\mkern-5mu/} R_{g2}) \approx 2\,075\,\text{k}\Omega$$

4. 源极输出器电路如图 3.18 所示。已知 FET 工作点上的互导 $g_m = 0.9\,\text{mS}$, $R_{g1} = 300\,\text{k}\Omega$, $R_{g2} = 100\,\text{k}\Omega$, $R_{g3} = 2\,\text{M}\Omega$, $R_s = 12\,\text{k}\Omega$, $C_{b1} = 0.02\,\mu\text{F}$, $C_{b2} = 10\,\mu\text{F}$, $V_{DD} = 12\,\text{V}$。求电压增益 A_v、输入电阻 R_i 和输出电阻 R_o。

解　（1）求 A_v。

$$A_v = \frac{g_m R_s}{1 + g_m R_s} = \frac{0.9 \times 12}{1 + 0.9 \times 12} \approx 0.92$$

（2）求 R_i 和 R_o。

$$R_i = R_{g3} + (R_{g1} \mathbin{/\mkern-5mu/} R_{g2}) = 2\,075\,\text{k}\Omega$$

$$R_o = \frac{1}{\dfrac{1}{R_s} + g_m} \approx 1.02\,\text{k}\Omega$$

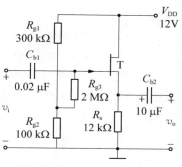

图 3.18　习题 4 的电路

5. 试分析图 3.19 所示各电路对正弦交流信号有无放大作用，并简述理由（设各电容对正弦交流信号的容抗可忽略）。

解　图 3.19(a) 所示电路无交流放大作用。图中 T 为 N 沟道增强型 MOSFET，由于 C_{b1} 的隔直作用，V_{GG} 无法加到栅极，使 $V_{GS} = 0$，因而没有开启电压 V_{TN}，场效应管无法正常工作。

图 3.19(b) 所示电路有交流放大作用。

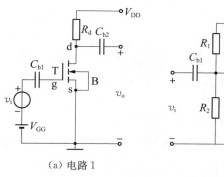

（a）电路 1

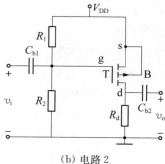

（b）电路 2

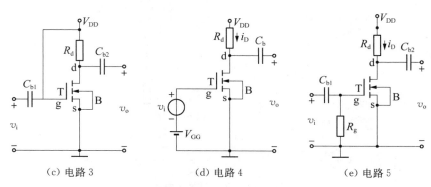

(c) 电路3　　　　　　　　(d) 电路4　　　　　　　　(e) 电路5

图 3.19　习题 5 的电路

图 3.19(c)所示电路无交流放大作用。把 V_{DD} 看成无内阻的理想直流电源,对于交流信号可看成短路,因而使输入信号 v_i 加不到栅源极上,v_{gs} 始终为零。

图 3.19(d)所示电路有交流放大作用。

图 3.19(e)所示电路无交流放大作用。T 为 N 沟道增强型 MOSFET,静态时 $V_{GS}=0$,没有开启电压 V_{TN},场效应管无法正常工作。

6. 测量某 MOSFET 的漏源电压、栅源电压值如下,其 V_T 或 V_P 值也已知,试判断该管工作在什么区域(饱和区、可变电阻区、预夹断临界点或截止)。

(1) $V_{DS}=3\,\text{V}$, $V_{GS}=2\,\text{V}$, $V_{TN}=1\,\text{V}$;

(2) $V_{DS}=1\,\text{V}$, $V_{GS}=2\,\text{V}$, $V_{TN}=1\,\text{V}$;

(3) $V_{DS}=3\,\text{V}$, $V_{GS}=1\,\text{V}$, $V_{TN}=1.5\,\text{V}$;

(4) $V_{DS}=3\,\text{V}$, $V_{GS}=-1\,\text{V}$, $V_{PN}=-2\,\text{V}$;

(5) $V_{DS}=-3\,\text{V}$, $V_{GS}=-2\,\text{V}$, $V_{TP}=-1\,\text{V}$;

(6) $V_{DS}=3\,\text{V}$, $V_{GS}=-2\,\text{V}$, $V_{TP}=-1\,\text{V}$;

(7) $V_{DS}=-3\,\text{V}$, $V_{GS}=-1\,\text{V}$, $V_{TP}=-1.5\,\text{V}$。

(提示:V_{TN}、V_{TP} 分别为增强型 MOS 管 N 沟道和 P 沟道的开启电压,V_{PN} 为耗尽型 N 沟道 MOS 管夹断电压。)

解　首先以 N 沟道增强型 MOS 管为例说明如何判断工作区域:

(a) 当 $V_{GS}<V_{TN}$ 时,由于沟道未形成,$i_D=0$,MOS 管处于截止状态。

(b) 当 $V_{GS}>V_{TN}$ 时,且 $V_{DS}<V_{GS}-V_{TN}$ 时,MOS 管工作在可变电阻区。

(c) 当 $V_{GS}>V_{TN}$ 时,且 $V_{DS}>V_{GS}-V_{TN}$ 时,MOS 管工作在饱和区。

(d) 当 $V_{GS}>V_{TN}$ 时,且 $V_{DS}=V_{GS}-V_{TN}$ 时,MOS 管工作在预夹断临界点(即可变电阻区与饱和区相交的临界点)。

N 沟道耗尽型 MOS 管可类似进行分析,此时要用 V_{PN} 代替 V_{TN}。

P 沟道 MOS 管的分析,要注意 V_{DS}、V_{GS}、V_{TP} 和 V_{PP} 的极性与 N 沟道 MOS 管的相应参数完全相反。不等式符号也相反。

根据以上原则,对题中的 7 种情况可分析判断如下:

(1) 由于 $V_{GS}=2\,\text{V}>V_{TN}=1\,\text{V}$,且 $V_{DS}=3\,\text{V}>V_{GS}-V_{TN}=1\,\text{V}$,故 MOS 管工作在饱和区。

（2）由于 $V_{GS}=2\,V>V_{TN}=1\,V$,且 $V_{DS}=1\,V=V_{GS}-V_{TN}=1\,V$,故 MOS 管工作在预夹断临界点。

（3）由于 $V_{GS}=1\,V<V_{TN}=1.5\,V$, MOS 管截止。

（4）这是一个 N 沟道耗尽型 MOS 管, $V_{GS}=-1\,V>V_{PN}=-2\,V$, $V_{DS}=-3\,V>V_{GS}-V_{PN}=1\,V$, MOS 管工作在饱和区。

（5）这是一个 P 沟道 MOS 管,由于 $V_{GS}=-2\,V<V_{TP}=-1\,V$, $V_{DS}=-3\,V<V_{GS}-V_{TP}=-1\,V$, MOS 管工作在饱和区。

（6）这是一个 P 沟道 MOS 管,由于 $V_{DS}=3\,V$,电源极性接反,因 MOS 管不能正常工作而截止。

（7）这是一个 P 沟道 MOS 管,由于 $V_{GS}=-1\,V>V_{TP}=-1.5\,V$,不能形成导电沟道, MOS 管截止。

7. 在图 3.20 所示的放大电路中,已知 $V_{DD}=$ 30 V, $R_D=15\,k\Omega$, $R_D=1\,k\Omega$, $R_G=20\,M\Omega$, $R_1=$ 30 kΩ, $R_2=200\,k\Omega$,负载电阻 $R_L=1\,M\Omega$,场效应管在 Q 点处的跨导 $g_m=1.5\,mS$。（1）试估算电压放大倍数 A_v 和输入、输出电阻 R_i、R_o;（2）如果不接旁路电容 C_s,则 A_v 为多少?

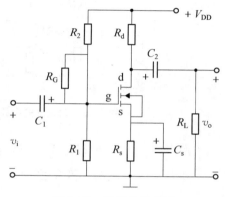

图 3.20　习题 7 的电路

解　（1）由电路的微变等效电路,可得

$$A_v=-g_mR'_D,其中\ R'_D=R_D\ //\ R_L$$
$$A_v=-g_m(R_D\ //\ R_L)$$
$$=-1.5\times(15\ //\ 1000)\approx-22.5$$
$$R_i=R_G+(R_1\ //\ R_2)$$
$$=20\,M\Omega+(30\,k\Omega)\ //\ 200\,k\Omega)\approx20\,M\Omega$$
$$R_o=R_D=15\,k\Omega$$

（2）若不接旁路电容 C_s,则根据微变等效电路分析,可得

$$A_v=-\frac{g_mR'_D}{1+g_mR_s},其中\ R'_D=R_D\ //\ R_L=15\,k\Omega\ //\ 1\,M\Omega\approx15\,k\Omega=R_D$$

$$A_v\approx-\frac{g_mR_D}{1+g_mR_s}=-\frac{1.5\times15}{1+1.5\times1}=-9$$

8. 在图 3.21 所示的源极输出器电路中,已知 N 沟道增强型 NOS 场效应管的开启电压 $V_T=2\,V$, $I_{DO}=$ 2 mA, $V_{DD}=20\,V$, $V_{GG}=4\,V$, $R_s=4.7\,k\Omega$, $R_G=$ 1 MΩ。（1）试估算静态工作点;（2）估算场效应管的跨导 g_m;（3）估算电压放大倍数 A_v。

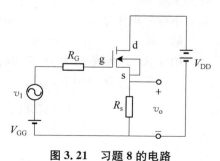

解　（1） $V_{GSQ}=V_{GG}=4\,V$

$$I_{DQ}=I_{DO}\Big(\frac{V_{GSQ}}{V_T}-1\Big)^2=2\,mA\times\Big(\frac{4\,V}{2\,V}-1\Big)^2=2\,mA$$

$$V_{DSQ}=V_{DD}-I_{DQ}\cdot R_s=(20-2\times4.7)V=10.6\,V$$

图 3.21　习题 8 的电路

(2) $g_{\mathrm{m}} = \dfrac{2}{V_{\mathrm{T}}} \cdot \sqrt{I_{\mathrm{DO}} \cdot I_{\mathrm{DQ}}} = \dfrac{2}{2} \times \sqrt{2 \times 2} \ \mathrm{mS} = 2 \ \mathrm{mS}$

(3) $A_v = \dfrac{g_{\mathrm{m}} R_{\mathrm{s}}}{1 + g_{\mathrm{m}} R_{\mathrm{s}}} = \dfrac{2 \times 4.7}{1 + 2 \times 4.7} \approx 0.9$

9. 电路如图 3.22 所示。已知 $R_{\mathrm{d}} = 10 \ \mathrm{k\Omega}$，$R_{\mathrm{si}} = R_{\mathrm{s}} = 0.5 \ \mathrm{k\Omega}$，$R_{\mathrm{g1}} = 165 \ \mathrm{k\Omega}$，$R_{\mathrm{g2}} = 35 \ \mathrm{k\Omega}$，$V_{\mathrm{TN}} = 0.8 \ \mathrm{V}$，$K_{\mathrm{n}} = 1 \ \mathrm{mA/V^2}$，场效应管的输出电阻 $r_{\mathrm{ds}} = \infty (\lambda = 0)$，电路静态工作点处 $V_{\mathrm{GS}} = 1.5 \ \mathrm{V}$。试求图 3.22 所示共源极电路的小信号电压增益 $A_v = v_{\mathrm{o}}/v_{\mathrm{i}}$、源电压增益 $A_{vs} = v_{\mathrm{o}}/v_{\mathrm{s}}$、输入电阻 R_{i} 和输出电阻 R_{O}。（提示：先根据 K_{n}、V_{GS} 和 V_{TN} 求出 g_{m}，再求 A_v。）

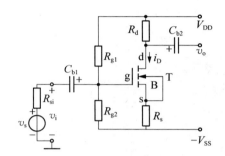 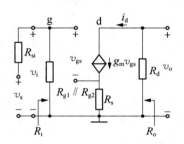

图 3.22　习题 9 的电路　　　　　图 3.23　习题 9 的小信号等效电路

解　　　　$g_{\mathrm{m}} = 2K_{\mathrm{n}}(V_{\mathrm{GS}} - V_{\mathrm{TN}}) = 2 \times 1 \times (1.5 - 0.8) \mathrm{mS} = 1.4 \ \mathrm{mS}$

小信号等效电路如图 3.23 所示，可求出

$$A_v = v_{\mathrm{o}}/v_{\mathrm{i}} = -g_{\mathrm{m}} R_{\mathrm{d}}/(1 + g_{\mathrm{m}} R_{\mathrm{s}})$$
$$= -1.4 \times 10/(1 + 1.4 \times 0.5) \approx -8.24$$

$$R_{\mathrm{i}} = R_{\mathrm{g1}} \ /\!/ \ R_{\mathrm{g2}} = (165 \ /\!/ \ 35) \mathrm{k\Omega} \approx 28.9 \ \mathrm{k\Omega}$$
$$R_{\mathrm{o}} = R_{\mathrm{d}} = 10 \ \mathrm{k\Omega}$$

$$A_{vs} = \frac{v_{\mathrm{o}}}{v_{\mathrm{s}}} = A_v \cdot \frac{R_{\mathrm{i}}}{R_{\mathrm{i}} + R_{\mathrm{si}}} = -8.24 \times \frac{28.9}{28.9 + 0.5} \approx -8.1$$

10. 电路如图 3.24 所示。设电流源电流 $I = 0.5 \ \mathrm{mA}$，$V_{\mathrm{DD}} = V_{\mathrm{SS}} = 5 \ \mathrm{V}$，$R_{\mathrm{d}} = 9 \ \mathrm{k\Omega}$，$C_{\mathrm{S}}$ 很大，对信号可视为短路。场效应管的 $V_{\mathrm{TN}} = 0.8 \ \mathrm{V}$，$K_{\mathrm{n}} = 1 \ \mathrm{mA/V^2}$，输出电阻 $r_{\mathrm{ds}} = \infty$。试求电路的小信号电压增益 A_v。

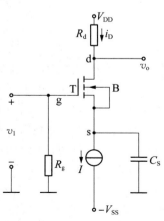

解　　　　$A_v = v_{\mathrm{o}}/v_{\mathrm{i}} = -g_{\mathrm{m}} R_{\mathrm{d}}$

由于栅极直流电流为零，因此源极的直流电压 $V_{\mathrm{S}} = -V_{\mathrm{GSQ}}$，栅源电压可由下式求得：

$$I_{\mathrm{DQ}} = I = K_{\mathrm{n}}(V_{\mathrm{GSQ}} - V_{\mathrm{TN}})^2$$

即

$$0.5 = 1 \times (V_{\mathrm{GSQ}} - 0.8)^2$$

图 3.24　习题 10 的电路

从而可得

$$V_{\text{GSQ}} = -V_{\text{S}} \approx 1.51\,\text{V}$$

$$V_{\text{DSQ}} = V_{\text{DD}} - I_{\text{DQ}}R_{\text{d}} - V_{\text{S}} = [5 - 0.5 \times 9 - (-1.51)]\text{V} = 2.01\,\text{V}$$

可以证明场效应管的确工作于饱和区。

$$g_{\text{m}} = 2K_{\text{n}}(V_{\text{GSQ}} - V_{\text{TN}}) = 2 \times 1(1.51 - 0.8)\text{mS} = 1.42\,\text{mS}$$

故

$$A_v = -g_{\text{m}}R_{\text{d}} = -1.42 \times 9 = -12.78$$

11. 已知电路参数如图 3.25 所示,FET 工作点上的互导 $g_{\text{m}} = 1\,\text{mA/V}$,设 $r_{\text{ds}} \gg R_{\text{d}}$,$R_{\text{g1}} = 300\,\text{k}\Omega$,$R_{\text{g2}} = 100\,\text{k}\Omega$,$R_{\text{g3}} = 2\,\text{M}\Omega$,$R_1 = 2\,\text{k}\Omega$,$R_2 = 10\,\text{k}\Omega$,$R_{\text{d}} = 10\,\text{k}\Omega$,$C_2 = 4.7\,\mu\text{F}$,$C_1 = 0.02\,\mu\text{F}$,$C_3 = 47\,\mu\text{F}$,$V_{\text{DD}} = 20\,\text{V}$。(1)画出电路的小信号等效电路;(2)求电压增益 A_v;(3)求放大器的输入电阻 R_{i} 和输出电阻 R_{o}。

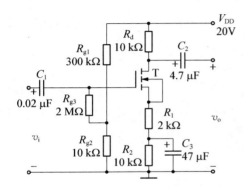

图 3.25 习题 11 的电路及参数

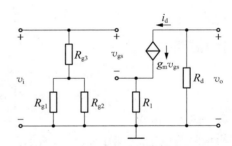

图 3.26 习题 11 的小信号等效电路

解 (1)画出小信号等效电路。

忽略 r_{ds},可画出图 3.25 的小信号等效电路,如图 3.26 所示。

(2)求 A_v。

$$A_v = \frac{v_{\text{o}}}{v_{\text{i}}} = \frac{-g_{\text{m}}R_{\text{d}}}{1 + g_{\text{m}}R_1} = \frac{-1 \times 10}{1 + 1 \times 2} \approx -3.3$$

(3)求 R_{i}。

$$R_{\text{i}} = R_{\text{g3}} + (R_{\text{g1}} /\!/ R_{\text{g2}}) = 2\,075\,\text{k}\Omega$$

12. 电路如图 3.27 所示,设电路参数为 $V_{\text{DD}} = 12\,\text{V}$,$R_{\text{g1}} = 150\,\text{k}\Omega$,$R_{\text{g2}} = 450\,\text{k}\Omega$,$R_{\text{s}} = 1\,\text{k}\Omega$,$R_{\text{si}} = 10\,\text{k}\Omega$。场效应管参数为 $V_{\text{TN}} = 1.5\,\text{V}$,$K_{\text{n}} = 2\,\text{mA/V}^2$,$\lambda = 0$。 试求:(1)静态工作点 Q;(2)电压增益 A_v 和源电压增益 A_{vs};(3)输入电阻 R_{i} 和输出电阻 R_{o}。

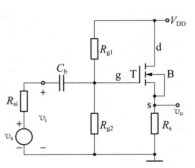

图 3.27 习题 12 的电路

解 (1)求静态工作点 Q。

设 MOS 管工作于饱和区,则有

$$I_{DQ} = K_n(V_{GSQ} - V_{TN})^2 = 2(V_{GSQ} - 1.5)^2$$

$$V_{GSQ} = \frac{R_{g2}}{R_{g1} + R_{g2}}V_{DD} - I_{DQ}R_s$$

$$V_{DSQ} = V_{DD} - I_{DQ}R_s$$

解得

$$I_{DQ} = 2[(9 - I_{DQ}) - 1.5]^2$$
$$= 2[56.25 - 15I_{DQ} + I_{DQ}^2]$$
$$= 112.5 - 30I_{DQ} + 2I_{DQ}^2$$
$$2I_{DQ}^2 - 31I_{DQ} + 112.5 = 0$$

所以

$$I_{DQ} = \frac{31 \pm \sqrt{961 - 900}}{4} \, \text{mA} \approx \frac{31 \pm 7.8}{4} \, \text{mA}$$

$$I_{DQ} = \frac{31 + 7.8}{4} \, \text{mA} = 9.7 \, \text{mA}(\text{不合理,当} \, I_{DQ1} = 9.7 \, \text{mA 时}, V_{GS} < V_{TN}, \text{场效应管截止})$$

$$I_{DQ} = \frac{31 - 7.8}{4} \, \text{mA} = 5.8 \, \text{mA} \, (\text{合理})$$

将 I_{DQ} 代入,得

$$V_{GSQ} = (9 - 5.8)\text{V} = 3.2 \, \text{V}$$

$$V_{DSQ} = V_{DD} - I_{DQ}R_s = (12 - 5.8)\text{V} = 6.2 \, \text{V}$$

(2) 求 A_v 和 A_{vs}。

小信号等效电路如图 3.28(a)所示。

考虑到

$$g_m = 2K_n(V_{GSQ} - V_{TN}) = 2 \times 2(3.2 - 1.5)\text{mS} = 6.8 \, \text{mS}$$

$$R_i = R_{g1} \, /\!/ \, R_{g2} = \frac{150 \times 450}{150 + 450} \, \text{k}\Omega \approx 112.5 \, \text{k}\Omega$$

$$v_i = \frac{R_i}{R_{si} + R_i}v_s$$

$$v_o = (g_m v_{gs})(R_s \, /\!/ \, r_{ds})$$

$$v_i = v_{gs} + v_o = v_{gs} + g_m v_{gs}(R_s \, /\!/ \, r_{ds})$$

由此可导出

$$A_v = \frac{v_o}{v_i} = \frac{R_s \, /\!/ \, r_{ds}}{\frac{1}{g_m} + R_s \, /\!/ \, r_{ds}}$$

和

$$A_{vs} = \frac{v_o}{v_s} = \frac{v_o}{v_i} \cdot \frac{v_i}{v_s} = A_v \left(\frac{R_i}{R_i + R_{si}}\right)$$

又因为

$$r_{ds} = (\lambda I_{DQ})^{-1} = \infty$$

故

$$A_v = \frac{g_m R_s}{1 + g_m R_s} \approx 0.87$$

$$A_{vs} = A_v \frac{R_i}{R_i + R_{si}} = 0.87 \times \frac{112.5}{112.5 + 10} \approx 0.8$$

(3) 求 R_i 和 R_o。

求输出电阻 R_o 的电路如图 3.28(b) 所示。由图可导出

$$R_o = \frac{v_t}{i_t} = R_s /\!/ r_{ds} /\!/ \frac{1}{g_m}$$

当 $r_{ds} = \infty$ 时，

$$R_o = R_s /\!/ \frac{1}{g_m} \approx 0.128\,\text{k}\Omega$$

$$R_i = R_{g1} /\!/ R_{g2} = 112.5\,\text{k}\Omega$$

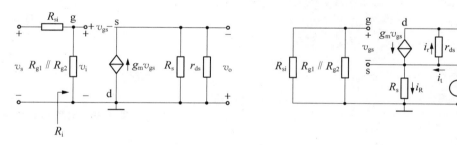

（a）小信号等效电路　　　　　　（b）求输出电阻 R_o 的电路

图 3.28　习题 12 解析

13. 源极跟随器电路如图 3.29 所示，场效应管参数为 $V_{TN} = 1.2\,\text{V}$，$K_n = 1\,\text{mA/V}^2$，$\lambda = 0$。电路参数为 $V_{DD} = V_{SS} = 5\,\text{V}$，$R_g = 500\,\text{k}\Omega$，$R_L = 4\,\text{k}\Omega$。若电流源 $I = 1\,\text{mA}$，试求小信号电压增益 $A_v = v_o/v_i$ 和输出电阻 R_o。

解　设 MOS 管工作于饱和区，则有

$$I_{DQ} = I = K_n(V_{GSQ} - V_{TN})^2 = 1 \times (V_{GSQ} - 1.2)^2$$

即

$$1 = V_{GSQ}^2 - 2.4V_{GSQ} + 1.44$$

$$V_{GSQ}^2 - 2.4V_{GSQ} + 0.44 = 0$$

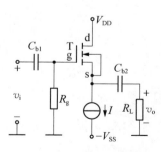

图 3.29　习题 13 的电路

由此解得

$$V_{GSQ} = 2.2\,V \text{ 和 } V_{GSQ} = 0.2\,V(\text{小于 } V_{TN},\text{不合理})$$

故

$$g_m = 2K_n(V_{GSQ} - V_{TN}) = 2 \times 1(2.2 - 1.2)\,mS = 2\,mS$$

$$A_v = \frac{g_m(r_{ds} /\!/ R_L)}{1 + g_m(r_{ds} /\!/ R_L)}$$

考虑到

$$\lambda = 0, r_{ds} = \infty$$

则

$$A_v = \frac{g_m R_L}{1 + g_m R_L} = \frac{2 \times 4}{1 + 2 \times 4} \approx 0.89$$

$$R_o = r_{ds} /\!/ \frac{1}{g_m} = \frac{1}{g_m} = \frac{1}{2}\,k\Omega = 0.5\,k\Omega$$

14. 电路如图 3.30 所示。设 $R_s = 0.75\,k\Omega$，$R_{g1} = R_{g2} = 240\,k\Omega$，$R_{si} = 4\,k\Omega$。场效应管的 $g_m = 11.3\,mS$，$r_{ds} = 50\,k\Omega$。试求源极跟随器的源电压增益 $A_{vs} = v_o/v_s$、输入电阻 R_i 和输出电阻 R_o。

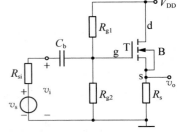

图 3.30　习题 14 的电路

解　　$R_i = R_{g1} /\!/ R_{g2} = 120\,k\Omega$

可分别求出

$$A_{vs} = \frac{v_o}{v_s} = \frac{R_s /\!/ r_{ds}}{\dfrac{1}{g_m} + R_s /\!/ r_{ds}}\left(\frac{R_i}{R_i + R_{si}}\right)$$

$$= \frac{\dfrac{0.75 \times 50}{0.75 + 50}}{\dfrac{1}{11.3} + \dfrac{0.75 \times 50}{0.75 + 50}}\left(\frac{120}{120 + 4}\right)$$

$$= \frac{0.74}{0.09 + 0.74} \times \frac{120}{124} \approx 0.86$$

$$R_o = R_s /\!/ r_{ds} /\!/ \frac{1}{g_m} = \frac{\dfrac{0.75 \times 50}{0.75 + 50} \times \dfrac{1}{11.3}}{\dfrac{0.75 \times 50}{0.75 + 50} + \dfrac{1}{11.3}}\,k\Omega \approx 0.08\,k\Omega = 80\,\Omega$$

15. 电路如图 3.31 所示。设场效应管的参数为 $g_{m1} = 1\,mS$，$g_{m2} = 0.2\,mS$，且满足 $1/g_{m1} \ll r_{ds1}$ 和 $1/g_{m2} \ll r_{ds2}$，试求 $A_v = v_o/v_i$。

解　图 3.31 的小信号等效电路如图 3.32 所示，由图可求出

$$A_v = \frac{v_o}{v_i} = -g_{m1}\left(r_{ds1} /\!/ \frac{1}{g_{m2}} /\!/ r_{ds2}\right) \approx -g_{m1}/g_{m2} = -5$$

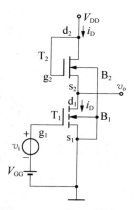

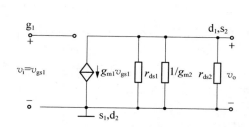

图 3.31　习题 15 的电路　　　　图 3.32　习题 15 的小信号等效电路

16. 已知图 3.33(a)所示电路中场效应管的转移特性如图(b)所示。求解电路的 Q 点和 A_v。

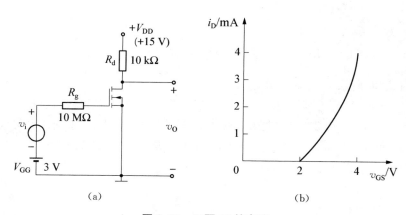

(a)　　　　　　　　(b)

图 3.33　习题 16 的电路

解　对于直流通路中，$V_{GSQ} = V_{GG} = 3\,\text{V}$。根据图 3.33(b) 可知：$I_{DQ} = 1.0\,\text{mA}$。

由基尔霍夫电压定律：$V_{DSQ} = V_{DD} - I_{DQ}R_d = 15\,\text{V} - 1.0 \times 10\,\text{V} = 5\,\text{V}$。

于是，静态工作点 Q：$V_{GSQ} = 3\,\text{V}$，$V_{DSQ} = 5\,\text{V}$，$V_{DQ} = 1.0\,\text{mA}$。

画小信号等效图，如图 3.34 所示。

$$v_o = -g_m v_{GS} R_d, \quad v_i = v_{GS}$$

$$A_v = \frac{v_o}{v_i} = -g_m R_d$$

已知 $g_m = \dfrac{2}{V_{GS(th)}}\sqrt{I_{DSS}I_{DQ}}$，又因为

$$I_D = I_{DSS}\left(1 - \frac{v_{GS}}{V_{GS(th)}}\right)^2$$

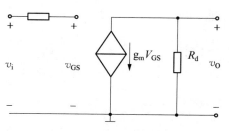

图 3.34　小信号等效电路

将 $I_D = 4\,\text{mA}$，$V_{GS} = 4V$，$V_{GS(th)} = 2\,\text{V}$ 代入，可得

$$I_{DSS} = 4 \, \text{mA}$$

于是 $g_m = \dfrac{2}{2}\sqrt{4 \times 1} = 2 \, \text{mA/V}$，则有

$$A_v = -2 \times 10 = -20$$

17. 四个 FET 的转移特性曲线分别如图 3.35 所示，其中漏极电流 i_D 的假定正向是它的实际方向。试问它们各是哪种类型的 FET?

解 由图 3.35 可见：图(a)为 P 沟道 JFET；图(b)为 N 沟道耗尽型 MOSFET；图(c)为 P 沟道耗尽型 MOSFET；图(d)为 N 沟道增强型 MOSFET。

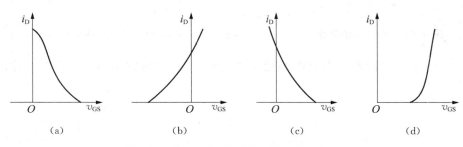

| (a) | (b) | (c) | (d) |

图 3.35 习题 17 四个 FET 的转移特性曲线

18. 在图 3.36 所示 FET 放大电路中，已知 $V_{DD} = 20 \, \text{V}$，$V_{GS} = -2 \, \text{V}$，管子参数 $I_{DSS} = 4 \, \text{mA}$，$V_{PN} = -4 \, \text{V}$，$R_g = 1 \, \text{M}\Omega$，$R_d = 10 \, \text{k}\Omega$。设 C_1、C_2 在交流通路中可视为短路。(1)求电阻 R_1 和静态电流 I_{DQ}；(2)求正常放大条件下 R_2 可能的最大值[提示：正常放大时，工作点落在放大区(即饱和区)]；(3)设 r_{ds} 可忽略，在上述条件下计算 A_v 和 R_o。

解 (1) 求 I_{DQ} 和 R_1。

$$I_{DQ} = I_{DSS}\left(1 - \frac{V_{GS}}{V_{PN}}\right)^2 = 4\left(1 - \frac{-2}{-4}\right)^2 \text{mA} = 1 \, \text{mA}$$

$$R_1 = -\frac{V_{GS}}{I_{DQ}} = -\frac{-2}{1} \text{k}\Omega = 2 \, \text{k}\Omega$$

(2) 求 $R_{2\max}$。

为使 Q 点落在放大区，应满足

$$V_{DS} \geqslant V_{GS} - V_{PN}$$

即

$$V_{DS\min} = [-2 - (-4)] \text{V} = 2 \, \text{V}$$

故有

$$R_{2\max} = \frac{V_{DD} - V_{DS\min}}{I_{DQ}} - (R_d + R_1)$$

$$= \left[\frac{20 - 2}{1} - (10 + 2)\right] \text{k}\Omega = 6 \, \text{k}\Omega$$

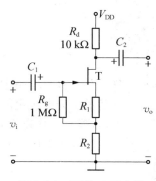

图 3.36 习题 18 的电路

(3) 计算 A_v 和 R_o。

由

$$g_m = -\frac{2I_{DSS}\left(1 - \dfrac{V_{GS}}{V_{PN}}\right)}{V_{PN}} \quad (\text{当 } V_{PN} \leqslant V_{GS} \leqslant 0 \text{ 时})$$

有

$$g_m = -\frac{2\times 4\times \left(1-\dfrac{-2}{-4}\right)}{-4}\ \text{mS} = 1\ \text{mS}$$

忽略 R_g 的影响,可得

$$A_v \approx -\frac{g_m R_d}{1+g_m(R_1+R_{2\max})} = -\frac{1\times 10}{1+1\times(2+6)} \approx -1.1$$

$$R_o = R_d = 10\ \text{k}\Omega$$

19. FET 恒流源电路如图 3.37(a)所示。设已知管子的参数 g_m 和 r_d,试证明 AB 两端的小信号等效电阻 r_{AB} 为 $r_{AB} = R+(1+g_mR)r_d$。

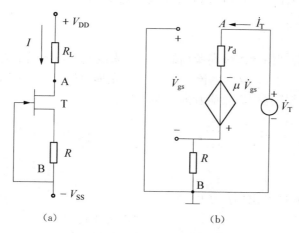

图 3.37　习题 19 的电路

证明　AB 两端的小信号等效电阻 r_{AB} 的等效电路如图 3.37(b)所示。可得

$$r_{AB} = \frac{V_T}{I_T} = \frac{I_T r_d - \mu V_{gs} + I_T R}{I_T} = \frac{I_T r_d - \mu(-I_T R)+I_T R}{I_T} = r_d + (1+\mu)R$$

考虑到 $\mu = g_m r_d$,则由以上关系,有

$$r_{AB} = r_d + (1+r_d g_m)R = R+(1+g_m R)r_d$$

3.6　自测题及答案解析

3.6.1　自测题

1. 填空题

（1）结型场效应管的栅源之间通常加（　　　）向偏置电压,因此栅极电流很小。增强型 NMOS 场效应管栅源极电压 $V_{GS}=0$ 时,输出电流 $I_D=$（　　　）。

（2）在放大电路中,场效应管应工作在漏极输出特性的（　　　）区域。

（3）场效应管属于（　）控制型器件，而晶体管若用简化的 H 参数等效电路来分析则可以认为是（　）控制型器件。

（4）从结构上分，场效应管 FET 分为（　）和（　）两大类，其中（　）均为耗尽类型的 FET。

（5）场效应管可以接成三种基本放大电路，分别是（　）极、（　）极和（　）极放大电路。

（6）在使用场效应管时，由于结型场效应管的结构是对称的，因此（　）极和（　）极是可互换的。

（7）在构成放大器时，可以采用自给偏压电路的场效应管是（　）。

（8）当场效应管工作于饱和区时，其漏极电流 i_D 只受电压（　）的控制，而与电压（　）几乎无关。

2. 选择题

（1）结型场效应管利用栅源极间所加的（　）来改变导电沟道的电阻。

A. 反偏电压　　　　B. 反向电流　　　　C. 正偏电压　　　　D. 正向电流

（2）N 沟道绝缘栅增强型场效应管的电路符号是（　）。

　　　　A.　　　　　　　　B.　　　　　　　　C.　　　　　　　　D.

（3）场效应晶体管的突出优点是（　）。

A. 输入电阻高　　　　　　　　B. 功耗高

C. 制造复杂　　　　　　　　　D. 热稳定性差

（4）场效应管漏极电流由（　）的漂移运动形成。

A. 少子　　　　　　B. 电子　　　　　　C. 多子　　　　　　D. 两种载流子

（5）P 沟道结型场效应管的夹断电压 V_P 为（　），漏源电压 V_{DS} 为（　）。

A. 正值　　　　　　B. 负值　　　　　　C. V_{GS}　　　　　　D. 零

（6）反映场效应管放大能力的一个重要参数是（　）。

A. 输入电阻　　　　B. 输出电阻　　　　C. 击穿电压　　　　D. 跨导

（7）P 沟道结型场效应管工作在放大区的条件是（　）。

A. $0 \leqslant v_{GS} < V_P$ 或 $|V_{DS}| \geqslant |V_{GS} - V_P|$

B. $V_P < v_{GS} \leqslant 0$ 且 $V_{DS} \geqslant V_{GS} - V_P$

C. $0 \leqslant v_{GS} < V_P$ 且 $V_{DS} \geqslant V_{GS} - V_P$

D. $0 \leqslant v_{GS} < V_P$ 且 $|V_{DS}| \geqslant |V_{GS} - V_P|$

（8）P 沟道结型场效应管发生预夹断时，漏源极间电压（　）。

A. $V_{DS} = V_{GS} - V_P$　　　　　　　　　B. $V_{DS} \geqslant V_{GS} - V_P$

C. $|V_{DS}| = |V_{GS} - V_P|$　　　　　　　D. $|V_{DS}| \geqslant |V_{GS} - V_P|$

3. 设 MOS 管参数为 $V_{TN} = 1\,V$，$K_n = 0.5\,mA/V^2$，$\lambda = 0$。电路如图 3.38 所示，参数为 $V_{DD} = V_{SS} = 5\,V$，$R_d = 10\,k\Omega$，$R_s = 0.5\,k\Omega$，$R_{g1} = 150\,k\Omega$，$R_{g2} = 47\,k\Omega$，确定静态工作点，画出小信号等效电路，求动态指标 A_v、R_i 和 R_o。

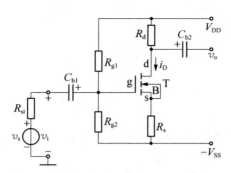

图 3.38　自测题 3 的电路

4. 电路如图 3.39 所示，$R_g = 1\,\text{M}\Omega$，$R_d = 5\,\text{k}\Omega$，$R_s = 2\,\text{k}\Omega$，$V_{DD} = 10\,\text{V}$，场效应管的夹断电压 $V_P = -4\,\text{V}$，$I_{DSS} = 4\,\text{mA}$。试求：(1) 电路的静态工作点 Q；(2) 画出低频小信号等效模型，求出跨导 g_m；(3) 求 A_v、R_i 和 R_o。

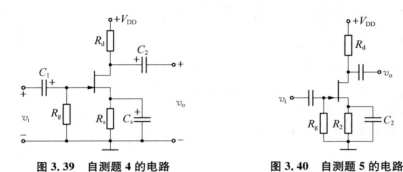

图 3.39　自测题 4 的电路　　　　　图 3.40　自测题 5 的电路

5. 在图 3.40 所示电路中，仅当源极电阻 R_2 增大时，放大电路的电压放大倍数 $|\dot{A}_v|$ 如何变化？

3.6.2　答案解析

1. 填空题

(1) 反，0　(2) 恒流区(饱和区或放大区)　(3) 电压，电流　(4) MOSFET，JFET，JFET　(5) 共源、共漏、共栅　(6) 漏，源　(7) 耗尽型场效应管　(8) V_{GS}，V_{DS}

2. 选择题

(1) A　(2) A　(3) A　(4) C　(5) A　B　(6) D　(7) D　(8) C

3. 解　(1) 静态工作点：假设工作在饱和区，根据

$$V_{GSQ} = V_G - V_S = \left[\frac{R_{g2}}{R_{g1} + R_{g2}}[V_{DD} - (-V_{SS})] + (-V_{SS})\right] - [I_{DQ}R + (-V_{SS})]$$

$$I_{DQ} = K_n(V_{GSQ} - V_{TN})^2$$

$$V_{DS} = V_{DD} + V_{SS} - i_D(R_d + R_s)$$

求得 $V_{GSQ} = 2.1\,\text{V}$，$I_{DQ} = 0.58\,\text{mA}$，$V_{DSQ} = 3.91\,\text{V}$。

$V_{DS} > V_{GS} - V_{TN}$，经验证满足工作在饱和区。

（2）小信号等效电路如图 3.41 所示。

$$g_m = 2K_n(V_{csQ} - V_{TN}) = 1.1\,\text{mS}$$

电压增益

$$v_o = -g_m v_{gs} R_d$$

$$v_i = v_{gs} + g_m v_{gs} R_s = v_{gs}(1 + g_m R_s)$$

$$A_v = \frac{v_o}{v_i} = -\frac{g_m R_d}{1 + g_m R_s} \approx -7.1$$

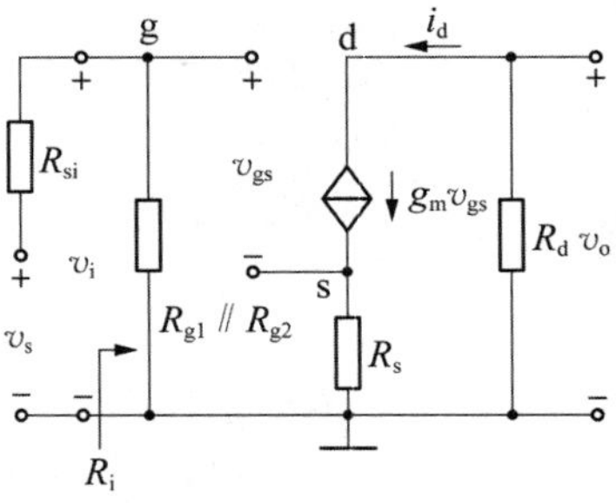

输入电阻 $R_i = \dfrac{v_i}{i_i} = R_{g1} \,/\!/\, R_{g2} = 35.8\,\text{k}\Omega$。

输出电阻 $R_o = R_d = 10\,\text{k}\Omega$。

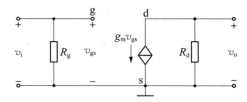

图 3.41　自测题 3 小信号等效电路

4. 解　（1）$V_{GSQ} = -I_{DQ}R_s$

设工作在饱和区，则 $I_{DQ} = I_{DSS}\left(1 - \dfrac{V_{GSQ}}{V_P}\right)^2$。

联立两方程可得：$I_{DQ} = 1\,\text{mA}$，$V_{GSQ} = -2\,\text{V}$，

$$V_{DSQ} = V_{DD} - I_{DQ}(R_d + R_s) = 3\,\text{V}$$

由于 $V_{DSQ} = 3\,\text{V} > V_{GSQ} - V_P = 2\,\text{V}$，JFET 的确工作在饱和区，与假设一致。

（2）小信号等效电路如图 3.42 所示。

$$g_m = -\frac{2I_{DSS}\left(1 - \dfrac{v_{GS}}{V_P}\right)}{V_P} = 1\,\text{mS}$$

图 3.42　自测题 4 的小信号等效电路

（3）$A_v = -g_m R_d = -5$，$R_i = R_g = 1\,\text{M}\Omega$

$$R_o = R_d = 5\,\text{k}\Omega$$

5. 解　变小（提示：低频跨导 g_m 为微变量，其值与静态工作点的位置有关。）

第4章
双极结型三极管及其放大电路

4.1　教学要求

双极结型三极管(BJT)俗称半导体三极管,是场效应管之外的另一个重要的三端电子器件。在某些应用领域,如在汽车电子仪器、无线系统的射频电路中,其具有一定的优势。在高速数字系统中,BJT 射极耦合逻辑器件也被大量使用。在现代集成技术中常把 BJT 和 MOSFET 相结合,利用 BJT 的超高频性能和大电流驱动能力、MOS 管的高输入阻抗和低功耗等优点,构成 BiMOS 电路,并且获得了越来越广泛的应用。

学完本章后希望达到以下要求:

(1) 了解 BJT 的结构及耦合方式。

(2) 掌握 BJT 管的电流分配关系、放大条件及放大工作原理。

(3) 掌握静态、动态、直流通路、交流通路、频率特性及温度漂移等基本概念。

(4) 学会结合具体电路,进行合理近似的估算。用图解法确定工作点及分析输出波形失真情况。

(5) 熟练掌握共发射极(包括工作点稳定电路)、共集电极和共基极放大电路的工作原理及特点。

(6) 熟练运用小信号模型等效电路法,计算各种基本放大电路的动态性能指标。

4.2　内容精炼

本章首先介绍 BJT 的物理结构、工作原理、I - V 特性曲线和主要参数。接着以共发射极基本放大电路为例,介绍 BJT 放大电路的直流偏置及两种基本分析方法,即图解分析法和小信号模型分析法。然后重点讨论实用的共发射极(简称共射极)、共集电极和共基极三种基本放大电路的性能及特点。最后介绍由 BJT、BJT 和 MOS 管组成的组合放大电路。

4.2.1　BJT

1. BJT 的结构简介

BJT 按照所用的半导体材料分类,有硅管、锗管;按照频率分类,有高频管、低频管;按照功率分类,有小、中、大功率管等。根据结构不同,BJT 一般可分为两种类型:NPN 型和 PNP 型。其内部结构特点是:发射区掺杂浓度高,基区很薄且杂质浓度低;集电结面积比发射结面积大,且掺杂浓度不高。该特点是它具有放大作用的内部条件。

2. 放大状态下 BJT 的工作原理

BJT 工作于放大状态的外部条件为:发射结正向偏置,集电结反向偏置。

(1) BJT 内部载流子的传输过程。

当 BJT 工作于放大状态的条件满足时,其内部载流子的传输过程如下:

① 发射区向基区注入载流子;

② 载流子在基区中扩散与复合;

③ 集电区收集扩散过来的载流子。

BJT 放大电路的三种连接方式如图 4.1 所示。共发射极接法:发射极作为公共电极,简称 CE;共基极接法:基极作为公共电极,简称 CB;共集电极接法:集电极作为公共电极,简称 CC。

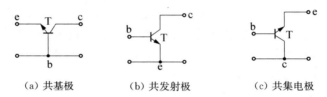

(a) 共基极   (b) 共发射极   (c) 共集电极

图 4.1　BJT 的三种连接方式

(2) BJT 的电流分配关系。

根据传输过程可知 BJT 的电流分配关系如下:

$$I_E = I_B + I_C$$

$$I_C = \bar{\alpha} I_E + I_{CBO}$$

$$I_C = \bar{\beta} I_B + I_{CEO}$$

当 $I_C \gg I_{CBO}$ 时,$\bar{\alpha} \approx \dfrac{I_C}{I_E}$,$\bar{\alpha}$ 为电流放大系数;

设 $\bar{\beta} = \dfrac{\bar{\alpha}}{1 - \bar{\alpha}}$,$I_{CEO} = 1 + \beta$,$I_{CBO}$ 称为穿透电流;

当 $I_C \gg I_{CEO}$ 时,$\bar{\beta} \approx \dfrac{I_C}{I_B}$。

3. BJT 的共射极 I-V 特性曲线

(1) 输入特性曲线。

输入特性表达式为:$i_B = f(v_{BE}) \mid v_{CE=常数}$,曲线如图 4.2 所示。

(2) 输出特性曲线。

输出特性表达式为:$i_C = f(v_{CE}) \mid i_{B=常数}$,曲线如图 4.3 所示。

根据 BJT 内部两个 PN 结的偏置条件不同,可使其工作在放大区、饱和区和截止区。工作在三种区工作状态如表 4.1 所示。

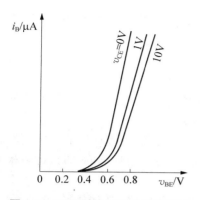

图 4.2　NPN 型硅 BJT 共射极连接时的输入特性曲线

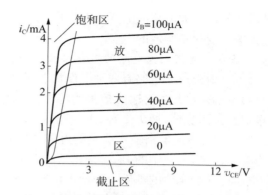

图 4.3　NPN 型硅 BJT 共射极连接时的输出特性曲线

表 4.1　BJT 在放大区、饱和区和截止区的工作状态

工作状态	直流偏置条件	各电极之间的电位关系		特点
		NPN	PNP	
放大	发射结正偏,集电结反偏	$V_C > V_B > V_E$	$V_C < V_B < V_E$	$I_C = \beta I_B$
饱和	发射结正偏,集电结正偏	$V_B > V_E, V_B > V_C$	$V_B < V_E, V_B < V_C$	$V_{CE} = V_{CES}$
截止	发射结反偏,集电结反偏	$V_B < V_E, V_B < V_C$	$V_B > V_E, V_B > V_C$	$I_C = 0$

4. BJT 的主要参数

直流参数:共射极直流电流放大系数 $\bar{\beta}$;共基极直流电流放大系数 $\bar{\alpha}$;集电极-基极反向饱和电流 I_{CBO};集电极-发射极反向饱和电流 I_{CEO}。

交流参数:共射极交流电流放大系数 β;共基极交流电流放大系数 α;其中 $\alpha \approx \bar{\alpha}$,$\beta \approx \bar{\beta}$。

极限参数:集电极最大允许电流 I_{CM};集电极最大允许耗散功率 P_{CM};反向击穿电压 $V_{(BR)CBO}$,$V_{(BR)EBO}$,$V_{(BR)CEO}$。

5. 温度对 BJT 参数及特性的影响

温度每升高 10℃,I_{CBO} 约增加一倍;温度每升高 1℃,β 值增大 0.5%～1%;温度每升高 1℃,V_{BE} 减小 2～2.5 mV;温度升高时,$V_{(BR)CBO}$ 和 $V_{(BR)CEO}$ 都会有所提高。

4.2.2　基本共射极放大电路

1. 基本共射极放大电路的组成

给放大管提供合适的直流电源,作为电路输出能源和设置合适的静态工作点。电源的极性和大小应使 BJT 发射结正偏,集电结反偏。以图 4.4 为例介绍放大电路的组成。V_{BB} 通过电阻 R_b 给 BJT 的发射结提供正偏电压,并产生基极直流电流 I_B;V_{CC} 通过电阻 R_c,与 V_{BB} 和 R_b 配合,给集电结提供反偏电压;电阻 R_c 还将集电极电流的变化转换为电压的变化,送到输出端。v_s 是待放大的输入

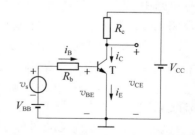

图 4.4　基本共射极放大电路的组成

信号。共射极放大电路的电压放大作用是利用 BJT 的电流控制作用,依靠 R_c 将电流的变化转为电压变化来实现的。

2. 基本共射极放大电路的工作原理

基本共射极放大电路有两种工作状态,分别是静态和动态。

(1) 静态:放大电路输入信号为零时的工作状态称为静态。静态时,电路中各处的电压、电流都是直流量,把 I_B、I_C、V_{BE}、V_{CE} 称为静态工作点。

(2) 动态:放大电路输入信号不为零时的工作状态称为动态。动态时,电路中既有直流量,也有交流量,电路中的 i_B、i_C、v_{BE}、v_{CE} 都是直流和交流分量叠加后的总量,即各极的电流和电压都在静态值的基础上随输入信号作相应的变化。

为了便于分析,常把直流电源对电路的作用和输入信号对电路的作用区分开来,分成直流通路和交流通路。交流通路是输入信号作用下交流信号流经的通路,用于动态参数、性能指标的分析。

直流通路画法:

① 电容视为开路。

② 电感线圈视为短路(即忽略线圈电阻)。

③ 信号源视为短路,但应保留其内阻。

交流通路画法:

① 容量大的电容视为短路。

② 无内阻的直流电源视为短路。

4.2.3 BJT 放大电路的分析方法

1. BJT 放大电路的图解分析法

(1) 静态工作点估算法。

静态工作点可以用估算法进行估算,也可用图解法求解。

估算法的一般步骤如下:

① 画出放大电路的直流通路。

② 根据基极回路求 I_B。

③ 由 BJT 的电流分配关系求 I_C。

④ 由集电极回路求 V_{CE}。

(2) 静态工作点的图解分析法。

在 BJT 的放大电路中,由于 BJT 是非线性器件,因此用图解法进行分析。图解法是依据电路中 BJT 的输入特性、输出特性曲线,在已知电路各参数的情况下,通过作图分析放大电路工作情况的一种工程处理方法。

① 列出输入回路直流负载线方程,在 BJT 输入特性曲线上作输入回路直流负载线,两者的交点就是静态工作点,即 V_{BEQ} 和 I_{BQ}。

② 列出输出回路直流负载线方程,在 BJT 输出特性曲线上作输出回路直流负载线,直流负载线与基极电流等于 I_{BQ} 的那条输出特性曲线的交点就是静态工作点,即 V_{CEQ} 和 I_{CQ}。

(3) 动态工作情况的图解分析。

具体分析步骤如下:

① 根据输入信号 v_i 叠加于 V_{BEQ} 之上,得到 v_{BE} 的波形。

② 根据输入特性和 v_{BE} 的波形,画出 i_B 的波形,得到基极电流的交流分量 i_b 的波形。

③ 利用交流通路算出交流负载线的斜率,通过静态工作点,画出交流负载线。

④ 由 i_b 的波形,利用交流负载线画出 i_c 和 v_{CE} 的波形,获得 v_{CE} 的交流分量 v_{ce} 就可得到输出电压 v_o。

(4) 静态工作点对波形失真的影响。

静态工作点太高容易出现饱和失真,如图 4.5 所示。

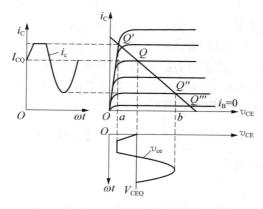

图 4.5 饱和失真的波形

静态工作点太低容易出现截止失真,如图 4.6 所示。

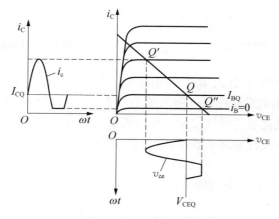

图 4.6 截止失真的波形

为了减小或避免 BJT 放大电路的非线性失真,必须合理设置静态工作点。当输入信号较大时,应把 Q 点设置在输出交流负载线的中点,这时可以得到输出电压的最大动态范围。

2. BJT 放大电路的小信号模型分析法

(1) BJT 的 H 参数及小信号模型。

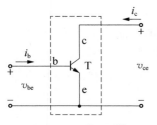

图 4.7　二端口网络

BJT 在共射极接法时,可表示为一个二端口网络,如图 4.7 所示。

在小信号条件下,对二端口网络的 BJT 求 H 参数后,可得如下表达:

$$v_{be} = h_{ie}i_b + h_{re}v_{ce} \tag{4.1}$$

$$i_c = h_{fe}i_b + h_{oe}v_{ce} \tag{4.2}$$

式(4.1)表示 BJT 的输入回路方程,它表明输入电压 v_{be} 是由两个电压相加构成的,其中一个是 $h_{ie}i_b$,表示输入电流 i_b 在 h_{ie} 上的电压降,h_{ie} 也常用 r_{be} 表示;另一个是 $h_{re}v_{ce}$,表示输出电压 v_{ce} 对输入回路的反作用,用一个电压源来代表。得到的输入等效电路如图 4.8 左侧部分,这是戴维南等效电路的形式。

式(4.2)表示输出回路方程,它表明输出电流 i_c 由两个并联支路的电流相加而成,一个是由基极电流 i_b 引起的 $h_{fe}i_b$,用电流源表示,其中 h_{fe} 就是 β;另一个是由输出电压加在输出电阻 $1/h_{oe}$ 上产生的电流,即 $v_{ce} \Big/ \dfrac{1}{h_{oe}} = h_{oe}v_{ce}$。这样,得到输出端的等效电路如图 4.8 右侧部分,这是诺顿等效电路的形式。

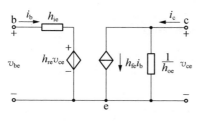

图 4.8　等效电路

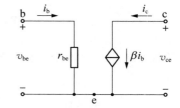

图 4.9　H 参数小信号模型

由此得到包含四个 H 参数的 BJT 的小信号模型,如图 4.8 所示。由于 BJT 的 h_{re} 和 h_{oe} 都很小,可以忽略,因此常用图 4.9 所示的 H 参数小信号模型来等效。

这就是把 BJT 线性化后的线性模型。在分析计算时,可以利用这个模型来代替 BJT,从而可以把 BJT 电路当作线性电路来处理,使复杂电路的计算大为简化。因此,它在电子电路分析中应用得很广泛。

等效电路中,r_{be} 可以借助下面的公式进行估算:

$$r_{be} \approx r_{bb'} + (1+\beta)\frac{26(\text{mV})}{I_{EQ}(\text{mA})} \tag{4.3}$$

(2)用小信号模型分析放大电路的一般步骤。

① 根据直流通路估算静态工作点,并确定 H 参数。

② 画出放大电路的交流通路。

③ 根据交流通路用 BJT 的 H 参数小信号模型代替电路中的 BJT,画出放大电路的小信号模型等效电路。

④ 根据放大电路的小信号模型等效电路计算放大电路的交流指标,如 A_v、R_i 和 R_o。

4.2.4 BJT 放大电路静态工作点的稳定问题

1. 温度对静态工作点的影响

环境温度的变化、直流电源电压的波动、元件参数的分散性及元件的老化等,都会造成静态工作点的不稳定,影响放大电路的正常工作。

BJT 参数 I_{CBO}、V_{BE}、β 随温度变化对 Q 点的影响,最终都表现在使 Q 点电流 I_C 增加。从这一现象出发,在温度变化时,如果能设法使 I_C 近似维持恒定,问题就可以得到解决。例如,可采取两方面的措施:

(1) 针对 I_{CBO} 的影响,可设法使基极电流 I_B 随温度的升高而自动减小。

(2) 针对 V_{BE} 的影响,可设法使发射结的外加电压随温度的增加而自动减小。

2. 射极偏置电路

基极分压式射极偏置电路如图 4.10 所示。当满足 $I_1 \gg I_{BQ}$,$V_B \gg V_{BE}$ 时,静态工作点的稳定过程如图 4.11 所示。

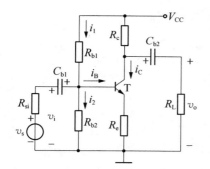

图 4.10 基极分压式射极偏置电路

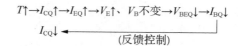

图 4.11 静态工作点的稳定过程

4.2.5 BJT 放大电路三种组态的比较

三种电路的性能比较可参见表 4.2。

表 4.2 三种电路的性能比较

基本放大电路	共射极电路	共集电极电路	共基极电路
电路图			

续表

基本放大电路	共射极电路	共集电极电路	共基极电路
直流工作点	$I_{CQ} = \dfrac{V_{BQ} - V_{BEQ}}{R_e}$ $I_{CQ} = \beta I_{BQ}$ $V_{CEQ} = V_{CC} - I_{CQ}(R_e + R_c)$	$I_{BQ} = \dfrac{V_{CC} - V_{BEQ}}{R_b + (1+\beta)R_e}$ $I_{CQ} = \beta I_{BQ}$ $V_{CEQ} \approx V_{CC} - I_{CQ}R_e$	$V_{BQ} = \dfrac{R_{b2} V_{CC}}{R_{b1} + R_{b2}}$ $I_{CQ} = \dfrac{V_{BQ} - V_{BEQ}}{R_e}$, $I_{BQ} = \dfrac{I_{CQ}}{\beta}$ $V_{CEQ} = V_{CC} - I_{CQ}(R_c + R_e)$
小信号等效电路			
电压放大倍数	$A_v = \dfrac{-\beta R_L'}{r_{be} + (1+\beta)R_e}$ $R_L' = R_c \mathbin{/\mkern-5mu/} R_L$ 较大	$A_v = \dfrac{(1+\beta)R_L'}{r_{be} + (1+\beta)R_L'}$ $R_L' = R_e \mathbin{/\mkern-5mu/} R_L$ 近似为 1	$A_v = \dfrac{\beta R_L'}{r_{be}}$ $R_L' = R_c \mathbin{/\mkern-5mu/} R_L$ 较大
电流放大倍数	较大	较大	近似为 1
输入电阻	$R_i = R_{b1} \mathbin{/\mkern-5mu/} R_{b2} \mathbin{/\mkern-5mu/}$ $[r_{be} + (1+\beta)R_e]$ 适中	$R_i = R_b \mathbin{/\mkern-5mu/}$ $[r_{be} + (1+\beta)R_L']$ 很大	$R_i = R_e \mathbin{/\mkern-5mu/} \dfrac{r_{be}}{1+\beta}$ 较小
输出电阻	$R_o \approx R_c$ 适中	$R_o \approx \dfrac{r_{be} + R_{si}'}{1+\beta}$ $(R_{si}' = R_{si} \mathbin{/\mkern-5mu/} R_b)$ 很小	$R_o \approx R_c$ 适中
通频带	较窄	较宽	很宽
相位关系	输入与输出反相	输入与输出同相	输入与输出同相
用途	（放大交流信号） 可作多级放大器的中间级	（缓冲、隔离） 可作多级放大器的输入级、输出级和中间缓冲级	（提高频率特性） 可用作宽带放大器

注:带有发射极电阻的共射放大器,其电压放大倍数会大幅下降,同时输入电阻也会增加,若要维持原有的交流指标,可以在发射极电阻的两端并联旁路电容。

4.2.6 多级放大电路

多级放大电路的级间耦合方式有直接耦合、阻容耦合、变压器耦合。它们的优点、缺点及应用见表 4.3。

表 4.3　多级放大电路的优点、缺点及应用

耦合方式	优点	缺点	应用
直接耦合	① 可以放大直流及缓慢变化的信号,低频响应好,可延伸到直流; ② 便于集成	① 各级静态工作点不独立,设计计算及调试不便; ② 一般的直接耦合放大电路中存在严重的零点漂移现象,但差分放大电路中没有	直流或交流放大;集成电路中
阻容耦合	① 各级静态工作点互不影响,设计计算和调试方便; ② 传输中交流信号损失小,增益高	① 无法集成; ② 不能放大直流及缓慢变化的信号,低频响应差	交流放大
变压器耦合	① 各级静态工作点互不影响,设计计算和调试方便; ② 可以改变交流信号的电压、电流和阻抗	① 高频和低频响应差; ② 无法集成; ③ 体积大,笨重	功率放大和调谐放大

　　直接耦合可以放大低频信号,但各级电路之间的静态工作点相互关联。因此,这种耦合电路存在级间电位配合及零点漂移问题。

　　在阻容耦合和变压器耦合多级放大电路中,各级静态工作点是相互独立的,方便调整,但低频响应交叉,不能放大频率较低的信号。变压器耦合放大电路的另一个特点是它具有阻抗变化的能力。

4.2.7　FET 和 BJT 的比较

1. 导电机理

FET 是单极型三极管,只有多子参与导电;BJT 是双极型三极管,多子和少子都参与导电。

2. 电极互换

FET 的结构具有对称性,如果 MOSFET 的衬底在电路内部事先不与源极相连,FET 的源极和漏极可以互换。BJT 的结构不对称,集电极和发射极是不能互换的。

3. 控制方式

FET 是电压控制型器件,而 BJT 是电流控制型器件。

4. 输入电阻

FET 的输入电阻大,而 BJT 的输入电阻较小。

5. 稳定性及噪声

FET 具有较好的温度稳定性、抗辐射性和低噪声性能;BJT 受温度和辐射影响较大。

6. 放大能力

FET 因为跨导 g_m 较小,放大能力较弱;BJT 因为电流放大系数 β 较大,放大能力较强。

4.3　难点释疑

4.3.1　判别放大电路的三种组态

放大电路的组态可以根据输入和输出连接的电极来进行判断,具体如表4.4所示。

表 4.4　放大电路组态的判断方法

基本接法	BJT	
	输入端	输出端
共射极	b	c
共集电极	b	e
共基极	e	c

4.3.2　判断 BJT 放大电路有无放大作用

判断一个 BJT 电路有无放大作用可以从以下几个方面考虑。

1. 直流电源的极性连接是否正确

直流电源的极性必须与 BJT 的类型(NPN 型或 PNP 型)相配合,如图 4.12 所示,以保证 BJT 工作于放大状态,即要保证发射结正偏,集电结反偏。

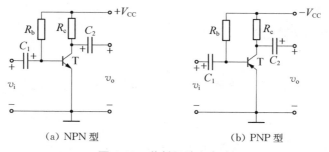

(a) NPN 型　　　　　　(b) PNP 型

图 4.12　共射极放大电路

2. 设置的静态工作点是否合适

要保证放大电路有一个合适的静态工作点,即保证在输入信号的整个周期内 BJT 始终工作在放大区,就要使电路中电阻值的设置和直流电源配合好。

3. 是否有信号的放大、传输通路

输入信号必须能作用于 BJT 的发射结上,输出信号必须能够从放大电路的输出端口取出,即信号应有正常的传输通路。

4.3.3　正确连接 BJT 的发射极和集电极

BJT 的发射极和集电极能否对换使用? 不能。BJT 的发射区和集电区虽然采用相同类型的半导体材料,但它们的结构特点不同,发射区体积小,掺杂浓度高,有利于发射载流子;集电区体积大,掺杂浓度低,有利于收集载流子。只有正确连接两极才可以发挥两个区域的作用。

4.4　典型例题分析

例 4.1　图 4.13 中给出了八个 BJT 各个电极的电位,试判定这些 BJT 是否处于正常工作状态。如果不正常,是短路还是烧断? 如果正常,是工作于放大状态、截止状态,还是饱和状态?

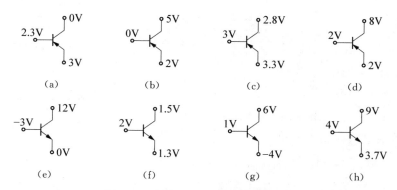

图 4.13　例 4.1 BJT 各个电极的电位

解　(a)放大状态;(b)发射结被烧断;(c)放大状态;(d)发射结短路;(e)截止状态;(f)饱和状态;(g)发射结被烧断;(h)放大状态。

例 4.2　图 4.14 中各电路能否不失真地放大信号? 如不能放大,请说明原因并加以改正,使它能够起到放大作用。

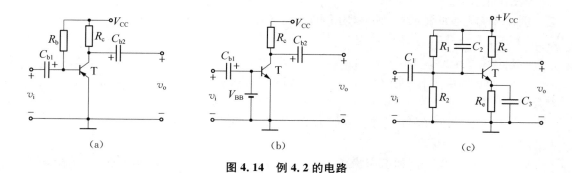

图 4.14　例 4.2 的电路

解　依据以下原则来判别:
① 电源连接要保证 BJT 工作在放大状态。
② 要有合适的直流工作点,以保证被放大的交流信号不失真。
③ 要保证信号源、放大器、负载之间的交流传输,同时隔断三者之间的直流联系。

（a）不能放大。因 PNP 型管构成的放大器应加$-V_{CC}$的电源电压，才可保证正确的偏置。若要使电路能够放大，应将电源电压改为$-V_{CC}$。

（b）不能放大。因基极回路无限流电阻，有可能将管子烧坏。另外，三极管 B、E 之间交流短路，交流信号无法送入放大器。若要使电路能够放大，则应在V_{BB}支路上串接限流电阻R_B。

（c）不能放大。因电容C_2对交流短路，交流信号无法送入放大器。若要使电路能够放大，则应去掉C_2。

例 4.3 电路及参数如图 4.15 所示，$V_{BE}=0.7\,\text{V}$，$\beta=40$，$r_{bb'}=200\,\Omega$。（1）计算静态工作点；（2）求A_v，R_i，R_o。

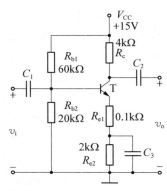

图 4.15 例 4.3 的电路及参数

解 （1）$I_C \approx I_E = \dfrac{V_{BB}-V_{BE}}{R_{e1}+R_{e2}} = 1.45\,\text{mA}$

$$V_{BB} = \dfrac{R_{b2}}{R_{b1}+R_{b2}}V_{CC} = 3.75\,\text{V}$$

$$I_B \approx I_E/\beta = 36\,\mu\text{A}$$

$$V_{CE} = V_{CC} - I_C(R_c + R_{e1} + R_{e2}) = 6\,\text{V}$$

（2）画出小信号等效电路，确定A_v，R_i，R_o。

小信号等效电路如图 4.16 所示。

$$v_i = r_{be} + (1+\beta)i_b R_{e1}$$

$$v_o = -i_c R_c = -\beta i_b R_c$$

$$A_v = \dfrac{v_o}{v_i} = \dfrac{-\beta R_c}{r_{be}+(1+\beta)R_{e1}} = -31$$

$$r_{be} = r_{bb'} + (1+\beta)\dfrac{26\,\text{mV}}{I_E} = 0.935\,\text{k}\Omega$$

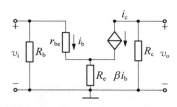

图 4.16 例 4.3 的小信号等效
电路

输入电阻：$R_i = R_b\,/\!/\,[r_{be}+(1+\beta)R_{e1}] = 3.8\,\text{k}\Omega$。

输出电阻：$R_o = R_c = 4\,\text{k}\Omega$。

例 4.4 电路如图 4.17 所示，BJT 的$\beta=50$，$V_{BE}=0.7\,\text{V}$，$V_{CC}=12\,\text{V}$，$R_b=45\,\text{k}\Omega$，$R_c=3\,\text{k}\Omega$。

（1）电路处于什么工作状态（饱和、放大、截止）？

（2）要使电路工作到放大区，可以调整电路中的哪几个参数？

（3）在$V_{CC}=+12\,\text{V}$的前提下，如果R_c不变，应使R_b为多大，才能保证$V_{CE}=6\,\text{V}$？

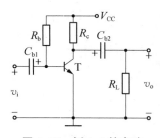

图 4.17 例 4.4 的电路

解 （1）电路处于饱和工作状态。

（2）要使电路工作到放大区，可以增大电路中的电阻R_b，减小R_c，增大V_{CC}。

（3）$R_b = 282.5\,\text{k}\Omega$，才能保证$V_{CE}=6\,\text{V}$。

4.5 同步训练及解析

1. 已知三极管的 $P_{CM}=100\,\text{mW}$，$I_{CM}=20\,\text{mA}$，$V_{(BR)CEO}=15\,\text{V}$。试问在下列几种情况下，能否正常工作？为什么？（1）$v_{CE}=3\,\text{V}$，$i_C=10\,\text{mA}$；（2）$v_{CE}=2\,\text{V}$，$i_C=40\,\text{mA}$；（3）$v_{CE}=10\,\text{V}$，$I_C=20\,\text{mA}$。

解 正常工作时，不允许 $I_C>I_{CM}$，$V_{CE}I_C>P_{CM}$。当 $P_C>P_{CM}$ 时，可能引起过大的功耗，而使管子损坏，且加在两极的反向电压小于 $V_{(BR)CEO}$。

（1）$v_{CE}i_C=(3\times10)\,\text{mW}=30\,\text{mW}<P_{CM}$，$i_C<I_{CM}=20\,\text{mA}$，$v_{CE}=3\,\text{V}<V_{(BR)CEO}=15\,\text{V}$，所以能正常工作。

（2）$v_{CE}=2\,\text{V}<V_{(BR)CEO}$，$i_C=40\,\text{mA}>I_{CM}$，但 $v_{CE}i_C=(2\times40)\,\text{mW}=80\,\text{mW}<P_{CM}$，所以仍可工作，但不是正常的工作状态。

（3）$v_{CE}=10\,\text{V}<V_{(BR)CEO}$，$i_C=I_{CM}$，但 $v_{CE}i_C=(10\times20)\,\text{mW}=200\,\text{mW}>P_{CM}$，此时管子已进入过损耗区，所以将会损坏管子，使其不能正常工作。

2. 测得某放大电路中 BJT 的三个电极 A、B、C 的对地电位分别为 $V_A=-9\,\text{V}$，$V_B=-6\,\text{V}$，$V_C=-6.2\,\text{V}$，试分析 A、B、C 中哪个是基极 b、发射极 e、集电极 c，并说明此 BJT 是 NPN 管还是 PNP 管。

解 由于锗 BJT 的 $|V_{BE}|\approx0.2\,\text{V}$，已知 BJT 的电极 B 的 $V_B=-6\,\text{V}$，电极 C 的 $V_C=-6.2\,\text{V}$，电极 A 的 $V_A=-9\,\text{V}$，故电极 A 是集电极。又根据 BJT 工作在放大区时，必须保证发射结正偏、集电结反偏的条件可知，电极 B 是发射极，电极 C 是基极，且此 BJT 为 PNP 管。

3. 在图 4.18 所示电路中，哪个能实现对交流信号的放大作用？哪个不能？试改正之。

解 由基本放大电路的组成原则可知，一个由三极管构成的放大电路对输入的交变信号能进行正常的放大需具备两个条件。

① 静态情况下，即 $v_i=0$ 时，电路应使三极管的发射结正向偏置，集电结反向偏置。

② 有信号输入时，应保证交流信号能顺利加入三极管 T 的输入回路，对共射极电路而言，信号能进入三极管的 B、E 之间。此外，在输出端 v_O 应能得到不失真的放大信号。

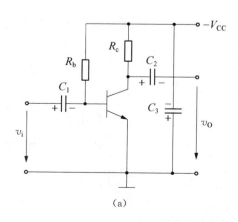

(a)

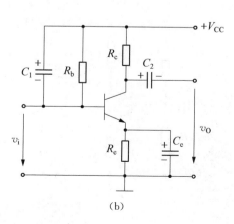

(b)

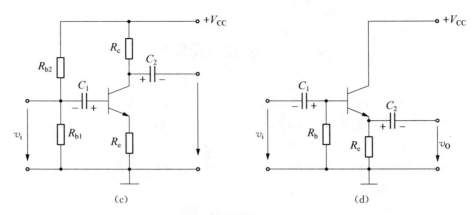

图 4.18 习题 3 的电路

参照此原则分析如下。

(1) 图 4.18(a)由 NPN 管组成,电源电压为负值,静态情况下发射结无正向偏置,且电容 C_1 极性接错,所以不具备放大作用。改正如图 4.19(a)所示。

(2) 图 4.18(b)由 NPN 管组成。虽然 $V_B > 0$,使 V_m 符合正向偏置条件,但在动态时由于 C_1 的接法使信号直接接地没有经三极管放大,所以无输出。改正为图 4.19(b)所示。

(3) 图 4.18(c)由 NPN 管组成,将 C_1 接在输入端时可实现发射结正偏,集电结反偏。但由于 C_1 的接法使三极管没有静态值,所以不能正常工作。改正为图 4.19(c)所示。

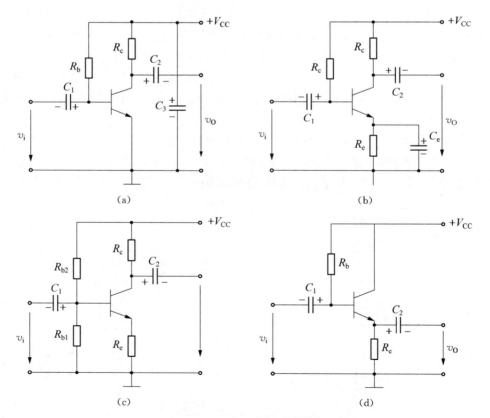

图 4.19 习题 3 改正后的电路

（4）图4.18(d)由 NPN 管组成，静态时发射结无偏置电压，三极管不能工作，只要将 R_e 接到电源 $+V_{CC}$ 上即可。改正为图4.19(d)所示。

4. 在图4.20所示的单管交流放大电路中，已知三极管的 $\beta = 60$，$r_{bb'} = 300\,\Omega$，试求：(1)静态工作点的 I_B、I_C 和 V_{CE}；(2)电压放大倍数 A_v；(3)输入电阻 R_i 和输出电阻 R_o；(4)如果输入电压 $V_i = 10\,\mathrm{mV}$（有效值），则输出电压 V_o 为多少？

解 首先画出放大电路的直流通路和微变等效电路，如图4.21(a)(b)所示。

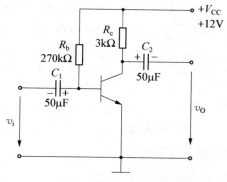

图 4.20　习题 4 的电路

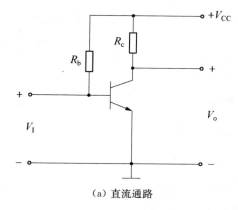

（a）直流通路

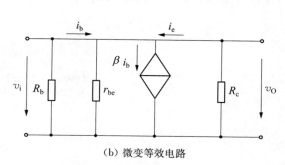

（b）微变等效电路

图 4.21　习题 4 电路的直流通路和微变等效电路

（1）求静态工作点。

$$I_B = \frac{V_{CC} - V_{BE}}{R_b} = \frac{12 - 0.7}{270 \times 10^3}\,\mathrm{mA} \approx 0.042\,\mathrm{mA} \approx 4.2\,\mu\mathrm{A}$$

$$I_C = \beta I_B = 60 \times 0.047\,\mathrm{mA} \approx 2.5\,\mathrm{mA}$$

$$V_{CE} = V_{CC} - I_C R_c = (12 - 2.5 \times 3)\,\mathrm{V} = 4.5\,\mathrm{V}$$

（2）
$$I_E = (1 + \beta)I_B = 61 \times 42\,\mu\mathrm{A} = 2\,562\,\mu\mathrm{A} \approx 2.6\,\mathrm{mA}$$

$$r_{be} = r_{bb'} + (\beta + 1)\frac{26\,\mathrm{mV}}{I_E(\mathrm{mA})} = 300\,\Omega + 61 \times \frac{26\,\mathrm{mV}}{2.6\,\mathrm{mA}} = 910\,\Omega$$

$$A_v = -\beta\frac{R_L'}{r_{be}} = -60 \times \frac{3\,000}{910} \approx -198$$

（3）输入电阻为 R_b 与 r_{be} 两者并联，即

$$R_i = R_b \mathbin{/\!/} r_{be} = 270\,\mathrm{k}\Omega \mathbin{/\!/} 910\,\Omega \approx 0.91\,\mathrm{k}\Omega$$

输出电阻为 R_c，即 $R_o = R_c = 3\,\mathrm{k}\Omega$。

（4）$V_o = A_v V_i = 10 \times 10^{-3} \times (-198)\,\mathrm{V} = -1.98\,\mathrm{V}$

5. 测量某硅 BJT 各电极对地的电压值如下，试判别管子工作在什么区域。

(a) $V_C = 6\,V$, $V_B = 0.7\,V$, $V_E = 0\,V$;

(b) $V_C = 6\,V$, $V_B = 2\,V$, $V_E = 1.3\,V$;

(c) $V_C = 6\,V$, $V_B = 6\,V$, $V_E = 5.4\,V$;

(d) $V_C = 6\,V$, $V_B = 4\,V$, $V_E = 3.6\,V$;

(e) $V_C = 3.6\,V$, $V_B = 4\,V$, $V_E = 3.4\,V$。

解 (a) 放大区,因发射结正偏,集电结反偏。

(b) 放大区,$V_{BEQ} = (2 - 1.3)V = 0.7\,V$,$V_{CBQ} = (6 - 2)V = 4\,V$,发射结正偏,集电结反偏。

(c) 饱和区。

(d) 截止区。

(e) 饱和区。

6. 在图 4.22 所示的放大电路中,已知三极管的 $\beta = 80$。 试求:(1)静态工作点 I_B、I_C 和 V_{CE};(2)输入电阻 R_i 和输出电阻 R_o;(3)电压放大倍数 A_v。

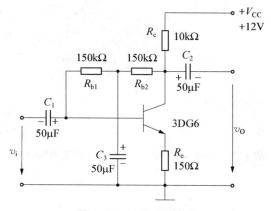

图 4.22 习题 6 的电路

解 (1)首先画出放大电路的直流通路如图 4.23(a)所示。

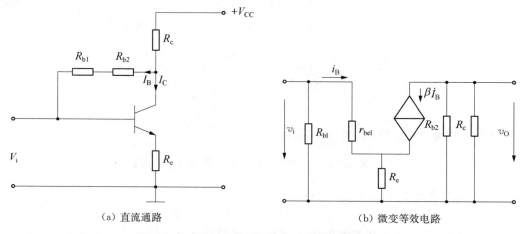

(a) 直流通路　　　　　　　　　(b) 微变等效电路

图 4.23 习题 6 电路的直流通路和微变等效电路

由基尔霍夫电压定律可得

$$V_{CC} = I_B(R_{b1} + R_{b2}) + (1 + \beta)I_B R_c + V_{BE} + (1 + \beta)I_B R_e$$

则

$$I_B = \frac{V_{CC} - V_{BE}}{R_{b1} + R_{b2} + (1 + \beta)(R_c + R_e)} = \frac{20 - 0.7}{150 \times 2 \times 10^3 + 81 \times 10.15 \times 10^3} \text{mA}$$

$$\approx 0.01 \text{ mA} \approx 10 \, \mu A$$

$$I_C = \beta I_B = 80 \times 10 \, \mu A = 0.8 \text{ mA}$$

$$V_{CE} = V_{CC} - I_C(R_c + R_e) = (12 - 0.8 \times 10.15)\text{V} = 3.88 \text{ V} \approx 3.9 \text{ V}$$

（2）画出微变等效电路如图 4.23(b) 所示，则输入电阻为

$$R_i = R_{b1} \,//\, [r_{be1} + (1 + \beta)R_e] = 150 \text{ k}\Omega \,//\, 12.73 \text{ k}\Omega \approx 11.4 \text{ k}\Omega$$

输出电阻为

$$R_o = R_c \,//\, R_{b2} = \frac{10 \times 150}{10 + 150} \text{k}\Omega \approx 9.4 \text{ k}\Omega$$

（3） $r_{be} = r'_{bb} + (1 + \beta)\dfrac{26 \text{ mV}}{I_E(\text{mA})} = \left(300 + 81 \times \dfrac{26}{0.8}\right)\Omega = 2\,900 \, \Omega = 2.9 \text{ k}\Omega$

所以

$$A_v = -\beta \frac{R'_L}{r_{be} + (1 + \beta)R_e} = -80 \times \frac{9.4 \times 10^3}{2.9 \times 10^3 + 81 \times 150} \approx -50$$

7. 单管放大电路如图 4.24 所示，已知 BJT 的电流放大系数 $\beta = 50$，$R_s = 500 \, \Omega$，$R_b = 300 \text{ k}\Omega$，$R_c = 4 \text{ k}\Omega$，$V_{CC} = 12 \text{ V}$，$C_{b1} = 50 \, \mu F$，$C_{b2} = 50 \, \mu F$。（1）估算 Q 点；（2）画出简化 H 参数小信号等效电路；（3）估算 BJT 的输入电阻 r_{be}；（4）如输出端接入 $4 \text{ k}\Omega$ 的负载电阻，计算 $A_v = v_o/v_i$ 及 $A_{vs} = v_o/v_s$。

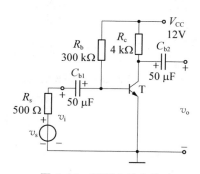

图 4.24 习题 7 的电路

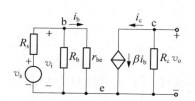

图 4.25 习题 7 的小信号等效电路

解 （1）估算 Q 点。

$$I_{BQ} \approx \frac{V_{CC}}{R_b} = \frac{12 \text{ V}}{300 \text{ k}\Omega} = 40 \, \mu A$$

$$I_{CQ} = \beta I_{BQ} = 50 \times 0.04 \, \text{mA} = 2 \, \text{mA}$$
$$V_{CEQ} = V_{CC} - I_{CQ}R_c = (12 - 2 \times 4) \, \text{V} = 4 \, \text{V}$$

（2）简化的 H 参数小信号等效电路如图 4.25 所示。

（3）求 r_{be}。

$$r_{be} = 200 \, \Omega + (1 + \beta)\frac{26 \, \text{mV}}{I_{EQ}(\text{mA})} \approx 200 \, \Omega + (1 + 50)\frac{26 \, \text{mV}}{2 \, \text{mA}} = 863 \, \Omega$$

（4）求 A_v。

$$A_v = \frac{v_o}{v_i} = -\frac{\beta(R_c /\!/ R_L)}{r_{be}} = -\frac{50 \times \left(\frac{4 \times 4}{4 + 4}\right) \text{k}\Omega}{0.863 \, \text{k}\Omega} \approx -116$$

（5）求 A_{vs}。

$$A_{vs} = \frac{v_o}{v_s} = \frac{v_o}{v_i} \cdot \frac{v_i}{v_s} = A_v \frac{R_i}{R_i + R_s} = A_v \frac{R_b /\!/ r_{be}}{R_s + (R_b /\!/ r_{be})}$$

$$= -116 \times \frac{\left(\frac{300 \times 0.863}{300 + 0.863}\right) \text{k}\Omega}{0.5 \, \text{k}\Omega + \left(\frac{300 \times 0.863}{300 + 0.863}\right) \text{k}\Omega} \approx -73$$

8. 电路如图 4.26 所示，晶体管的 $\beta = 80$，$r_{be} = 1 \, \text{k}\Omega$。（1）求出 Q 点；（2）分别求出 $R_L = \infty$ 和 $R_L = 3 \, \text{k}\Omega$ 时电路的 A_v 和 R_i；（3）求出 R_o。

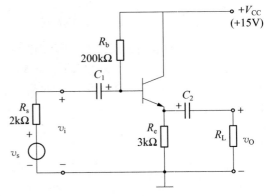

解 （1）求解 Q 点：

$$I_{BQ} = \frac{V_{CC} - V_{BEQ}}{R_b + (1 + \beta)R_e}$$

$$= \frac{15 - 0.7}{200 + (1 + 80) \times 3} \times 10^{-3} \, \text{A}$$

$$\approx 32.3 \, \mu\text{A}$$

$$I_{EQ} = (1 + \beta)I_{BQ} \approx 2.61 \, \text{mA}$$

$$V_{CEQ} = V_{CC} - I_{EQ}R_e = (15 - 2.61 \times 3) \, \text{V}$$

$$\approx 7.17 \, \text{V}$$

图 4.26 习题 8 的电路

（2）求解电压放大倍数和输入电阻。

当 $R_L = \infty$ 时，

$$R_i = R_b /\!/ [r_{be} + (1 + \beta)R_e] = 200 \, \text{k}\Omega /\!/ [1 + (1 + 80) \times 3] \, \text{k}\Omega \approx 110 \, \text{k}\Omega$$

$$A_v = \frac{(1 + \beta)R_e}{r_{be} + (1 + \beta)R_e} = \frac{(1 + 80) \times 3}{1 + (1 + 80) \times 3} \approx 0.996$$

当 $R_L = 3 \, \text{k}\Omega$ 时，

$$R_i = R_b \mathbin{/\mkern-5mu/} [r_{be} + (1+\beta)(R_e \mathbin{/\mkern-5mu/} R_L)] \approx 76\,\text{k}\Omega$$

$$A_v = \frac{(1+\beta)(R_e \mathbin{/\mkern-5mu/} R_L)}{r_{be} + (1+\beta)(R_e \mathbin{/\mkern-5mu/} R_L)} \approx 0.992$$

(3)求解输出电阻:$R_o = R_e \mathbin{/\mkern-5mu/} \dfrac{R_s \mathbin{/\mkern-5mu/} R_b + r_{be}}{1+\beta} = 3 \mathbin{/\mkern-5mu/} \dfrac{(2 \mathbin{/\mkern-5mu/} 200) + 1}{1+80} \approx 36\,\Omega$

9. 设图 4.27 所示电路的静态工作点合适,电容 C_1、C_2、C_3 对交流信号可视为短路。(1)写出静态电流 I_{CQ} 及电压 V_{CEQ} 的表达式;(2)写出电压增益 A_v、输入电阻 R_i 和输出电阻 R_o 的表达式;(3)若将电容 C_3 开路,对电路会产生什么影响?

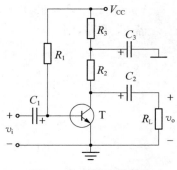

解 (1)I_{CQ}、V_{CEQ} 的表达式为

$$I_{CQ} = \beta I_{BQ} = \beta\,\frac{V_{CC} - V_{BEQ}}{R_1} \approx \beta\,\frac{V_{CC}}{R_1}\ (\text{当}\ V_{CC} \gg V_{BEQ}\ \text{时})$$

$$V_{CEQ} = V_{CC} - I_{CQ}(R_2 + R_3)$$

图 4.27 习题 9 的电路

(2)A_v、R_i、R_o 的表达式为

$$A_v = -\frac{\beta(R_2 \mathbin{/\mkern-5mu/} R_L)}{r_{be}}$$

$$R_i = R_1 \mathbin{/\mkern-5mu/} r_{be}$$

$$R_o \approx R_2$$

(3)C_3 开路后,将使电压增益的大小增加,

$$A_v = -\frac{\beta[(R_2 + R_3) \mathbin{/\mkern-5mu/} R_L]}{r_{be}}$$

同时 R_o 也将增加,$R_o \approx R_2 + R_3$。

10. 电路如图 4.28 所示,晶体管的 $\beta = 60$,$r_{bb'} = 100\,\Omega$。(1)求解 Q 点,A_v,R_i,R_o。(2)设 $V_s = 10\,\text{mV}$(有效值),问 V_i、V_o 为多少? 若 C_3 开路,则 V_i、V_o 为多少?

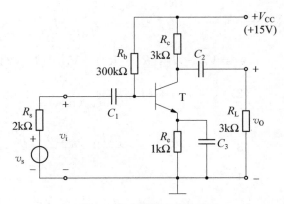

解 (1)$I_{BQ} = \dfrac{V_{CC} - V_{BEQ}}{R_b + (1+\beta)R_e}$

$$= \frac{12 - 0.7}{300 + (1+60) \times 1}\,\text{mA}$$

$$\approx 31.4\,\mu\text{A}$$

$$I_{CQ} = \beta I_{BQ} = 1.88\,\text{mA}$$

$$I_{EQ} = (1+\beta)I_{BQ} = 1.91\,\text{mA}$$

图 4.28 习题 10 的电路

$$V_{CEQ} = V_{CC} - I_{CQ}R_c - I_{EQ}R_e = 12\,\text{V} - 1.88 \times 3\,\text{V} - (1.88 + 0.031) \times 1\,\text{V} = 4.48\,\text{V}$$

$$r_{be} = r_{bb'} + (1+\beta)\frac{26\,\text{mV}}{I_{EQ}} \approx 930\,\Omega$$

$$R_i = R_b \mathbin{/\mkern-5mu/} r_{be} \approx 927\,\Omega$$

$$A_v = -\frac{\beta(R_c \mathbin{/\mkern-5mu/} R_L)}{r_{be}} = \frac{-60 \times (3 \mathbin{/\mkern-5mu/} 3)}{0.93} \approx -96.8$$

$$R_o = R_c = 3\,\mathrm{k\Omega}$$

(2) $V_i = \dfrac{R_i}{R_s + R_i} \cdot V_s = \dfrac{0.927}{2 + 0.927} \times 10\,\mathrm{V} \approx 3.167\,\mathrm{mV}$

$V_o = |A_v| V_i = 96.8 \times 3.167\,\mathrm{mV} \approx 306.57\,\mathrm{mV}$

若 C_e 开路,则

$$R_i = R_b \mathbin{/\mkern-5mu/} [r_{be} + (1+\beta)R_e] = 300 \mathbin{/\mkern-5mu/} [0.93 + (1+60) \times 1] \approx 51.33\,\mathrm{k\Omega}$$

$$A_v = -\frac{\beta \cdot R'_L}{r_{be} + (1+\beta)R_e} = \frac{-60 \times (3 \mathbin{/\mkern-5mu/} 3)}{0.93 + 61 \times 1} = -1.43$$

$$V_i = \frac{R_i}{R_s + R_i} \cdot V_s \approx 9.62\,\mathrm{mV}$$

$$V_o = |A_v| V_i = 1.43 \times 9.62\,\mathrm{mV} \approx 13.76\,\mathrm{mV}$$

11. 射极偏置电路如图 4.29 所示,已知 $\beta = 60$, $R_c = 3\,\mathrm{k\Omega}$, $R_{b1} = 60\,\mathrm{k\Omega}$, $R_e = 2\,\mathrm{k\Omega}$, $R_L = 60\,\mathrm{k\Omega}$, $R_{b2} = 20\,\mathrm{k\Omega}$, $C_1 = C_2 = 30\,\mu\mathrm{F}$, $C_3 = 50\,\mu\mathrm{F}$, V_{CC} 为 16 V。(1)用估算法求 Q 点;(2)求输入电阻 r_{be};(3)用小信号模型分析法求电压增益 A_v;(4)电路其他参数不变,如果要使 $V_{CEQ} = 4\,\mathrm{V}$,问基极上偏流电阻 R_{b1} 为多大?

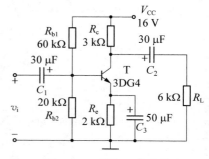

图 4.29 习题 11 的电路

解 (1)估算法求 Q 点:

$$V_{BQ} = \frac{R_{b2}}{R_{b1} + R_{b2}} V_{CC} = \frac{20 \times 10^3}{(20 + 60) \times 10^3} \times 16\,\mathrm{V} = 4\,\mathrm{V}$$

$$I_{CQ} = \frac{V_{BQ} - V_{BEQ}}{R_e} = \frac{4 - 0.7}{2}\,\mathrm{mA} = 1.65\,\mathrm{mA}$$

$$I_{BQ} = \frac{I_{CQ}}{\beta} = \frac{1.65\,\mathrm{mA}}{60} \approx 28\,\mu\mathrm{A}$$

$$V_{CEQ} = V_{CC} - I_{CQ}(R_c + R_e) = V_{CC} - I_{CQ}(2\,\mathrm{k\Omega} + 3\,\mathrm{k\Omega}) = (16 - 1.65 \times 5)\,\mathrm{V} = 7.75\,\mathrm{V}$$

(2) $r_{be} = r_{bb'} + (1+\beta)\dfrac{26\,\mathrm{mV}}{I_{EQ}(\mathrm{mA})} = \left(200 + 61 \times \dfrac{26}{1.65}\right)\Omega \approx 1.16\,\mathrm{k\Omega}$

(3) $A_v = -\dfrac{\beta R'_L}{r_{be}} = -\dfrac{\beta(R_c \mathbin{/\mkern-5mu/} R_L)}{r_{be}} = -\dfrac{60 \times \left(\dfrac{3 \times 6}{3 + 6}\right)\mathrm{k\Omega}}{1.16\,\mathrm{k\Omega}} \approx -103$

(4) 当 $V_{CEQ} = 4\,\mathrm{V}$ 时,

$$I_{CQ} = \frac{V_{CC} - V_{CEQ}}{R_c + R_e} = \frac{16 - 4}{3 + 2}\,\mathrm{mA} = 2.4\,\mathrm{mA}$$

$$V_{BQ} = V_{EQ} + V_{BEQ} = I_{CQ}R_e + V_{BEQ} = (2.4 \times 2 + 0.7)\,\mathrm{V} = 5.5\,\mathrm{V}$$

基极上偏流电阻 $R_{b1} = \dfrac{V_{CC} - V_{BQ}}{V_{BQ}} \cdot R_{b2} = \left(\dfrac{16 - 5.5}{5.5} \times 20\right)\mathrm{k\Omega} \approx 38.2\,\mathrm{k\Omega}$

12. 电路如图 4.30 所示，已知 $\beta = 100$，$r_{bb'} = 300\,\Omega$，$V_{BE} = 0.2\,V$，$R_{b1} = 33\,k\Omega$，$R_{b2} = 10\,k\Omega$，$R_c = 3.3\,k\Omega$，$R_e = 0.2\,k\Omega$，$R'_e = 1.8\,k\Omega$，$R_L = 5.1\,k\Omega$，$R_s = 0.6\,k\Omega$。试计算：(1)静态工作点；(2)画出等效电路；(3)R_i，R_o，A_v，A_{vs}。

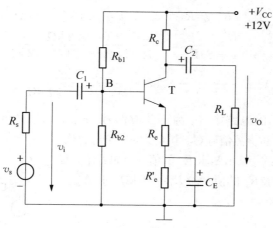

图 4.30　习题 12 的电路

解　(1) 静态工作点。

$$V_B = \frac{R_{b2}V_{CE}}{R_{b1} + R_{b2}} = \frac{10\,k\Omega \times 12\,V}{(33 + 10)k\Omega} = 2.79\,V$$

$$V_E = V_B - V_{BE} = 2.79\,V - 0.2\,V = 2.59\,V$$

$$I_E = \frac{V_E}{R_e + R'_e} = \frac{2.59\,V}{(1.8 + 0.2)\,k\Omega} = 1.3\,mA$$

$$V_{CE} = V_{CC} - I_C(R_c + R_e + R'_e) = 12\,V - 1.3\,mA \times (3.3 + 1.8 + 0.2)\,k\Omega = 5.13\,V$$

(2) 微变等效电路如图 4.31 所示。

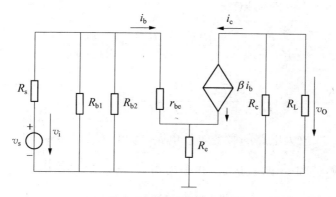

图 4.31　微变等效电路

(3)　　　$r_{be} = 300\,\Omega + (1 + \beta)\dfrac{26\,mV}{I_E} = 300\,\Omega + 101 \times \dfrac{26\,mV}{1.3\,mA} = 2.32\,k\Omega$

$$R_i = R_{b1} \ /\!/ \ R_{b2} \ /\!/ \ [r_{be} + (1+\beta)R_e]$$
$$= 10\,\text{k}\Omega \ /\!/ \ 33\,\text{k}\Omega \ /\!/ \ [2.32\,\text{k}\Omega + 101 \times 0.2\,\text{k}\Omega]$$
$$= 5.72\,\text{k}\Omega$$

$$r_o \approx R_c = 3.3\,\text{k}\Omega$$

$$R'_L = R_c \ /\!/ \ R_L = 3.3\,\text{k}\Omega \ /\!/ \ 5.1\,\text{k}\Omega = 2\,\text{k}\Omega$$

$$A_v = -\frac{\beta R'_L}{r_{be} + (1+\beta)R_e} = -\frac{100 \times 2\,\text{k}\Omega}{2.32\,\text{k}\Omega + 101 \times 0.2\,\text{k}\Omega} = -8.88$$

$$A_{vs} = A_v \frac{R_i}{R_s + R_i} = -8.88 \times \frac{5.72\,\text{k}\Omega}{(0.6 + 5.72)\,\text{k}\Omega} = -8.04$$

13. 在图 4.32 所示的电路中，v_s 为正弦波信号，$R_{si} = 500\,\Omega$，BJT 的 $\beta = 100$，对交流信号 C_{b1} 和 C_{b2} 的容抗可忽略。(1)为使发射极电流 I_{EQ} 约为 1 mA，求 R_e 的值；(2)如需建立集电极电压 V_{CQ} 为 +5 V，求 R_c 的值；(3) $R_L = 5\,\text{k}\Omega$，求 A_{vs}。

解 （1）求 R_e。因

$$I_{BQ} \approx \frac{I_{EQ}}{\beta} = 0.01\,\text{mA}$$

故 $$V_{BQ} \approx 0,\ V_{EQ} = -0.7\,\text{V}$$

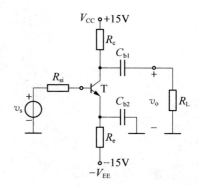

图 4.32　习题 13 的电路

$$R_e = \frac{V_{Re}}{I_{EQ}} = \frac{V_{EQ} - V_{EE}}{I_{EQ}} = \frac{-0.7\,\text{V} - (-15)\,\text{V}}{1\,\text{mA}} = 14.3\,\text{k}\Omega$$

（2）$$R_c = \frac{V_{CC} - V_{CQ}}{I_{CQ}} \approx \frac{V_{CC} - V_{CQ}}{I_{EQ}} = \frac{(15-5)\,\text{V}}{1\,\text{mA}} = 10\,\text{k}\Omega$$

（3）求 A_{vs}。

$$r_{be} = r_{bb'} + (1+\beta)\frac{26\,\text{mV}}{I_{EQ}(\text{mA})} = 200\,\Omega + 101 \times \frac{26\,\text{mV}}{1\,\text{mA}} \approx 2.83\,\Omega$$

$$R_i = r_{be} \approx 2.83\,\text{k}\Omega$$

$$A_{vs} = \frac{v_o}{v_s} = \frac{v_o}{v_i} \cdot \frac{v_i}{v_s} = A_v \frac{R_i}{R_{si} + R_i} = -\frac{\beta(R_C \ /\!/ \ R_L)}{r_{be}} \times \frac{r_{be}}{R_{si} + r_{be}}$$

$$= -\frac{\beta(R_C \ /\!/ \ R_L)}{R_{si} + r_{be}} = -\frac{100 \times \left(\frac{10 \times 5}{10+5}\right)\,\text{k}\Omega}{(0.5 + 2.83)\,\text{k}\Omega} \approx -100$$

14. 画出图 4.33 放大电路的微变等效电路，写出计算电压放大倍数 $\dfrac{v_{o1}}{v_i}$ 和 $\dfrac{v_{o2}}{v_i}$ 的表达式，并画出当 $R_c = R_e$ 时的两个输出电压 v_{o1} 和 v_{o2} 的波（与正弦波 v_i 相对应）。

解　根据微变等效电路法作出的微变等效电路如图 4.34（a）所示。由图可知：

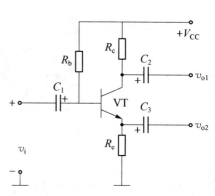

图 4.33　习题 14 的电路

$$\frac{v_{o1}}{v_i} = -\frac{\beta R_c}{r_{be}+(1+\beta)R_e}, \qquad \frac{v_{o2}}{v_i} = -\frac{(1+\beta)R_c}{r_{be}+(1+\beta)R_e}$$

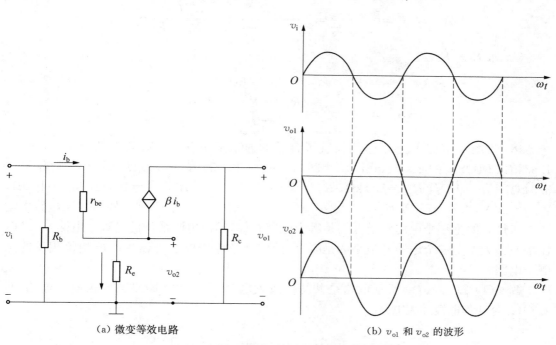

(a) 微变等效电路 　　　　　　　　 (b) v_{o1} 和 v_{o2} 的波形

图 4.34　微变等效电路以及 v_{o1} 和 v_{o2} 的波形

可见当 $R_c = R_e$ 时，$v_{o1} = -v_{o2}$，此时 $v_{o1} \approx -v_{o2}$ 波形见图 4.34(b)。

15. 电路如图 4.35 所示，设 $\beta = 100$，$R_{si} = 2\,\text{k}\Omega$，$R_{b1} = 20\,\text{k}\Omega$，$R_{b2} = 15\,\text{k}\Omega$，$R_c = R_e = 2\,\text{k}\Omega$，$V_{CC} = 10\,\text{V}$。试求：(1) Q 点；(2) 输入电阻 R_i；(3) 电压增益 $A_{vs1} = v_{o1}/v_s$ 和 $A_{vs2} = v_{o2}/v_s$；(4) 输入电阻 R_{o1} 和 R_{o2}。

解　(1) 求 Q 点。

$$V_{BQ} = \frac{R_{b2}}{R_{b1}+R_{b2}}V_{CC} \approx 4.3\,\text{V}$$

$$I_{CQ} \approx I_{EQ} = \frac{V_{BQ}-V_{BEQ}}{R_e} = 1.8\,\text{mA}$$

$$V_{CEQ} = V_{CC} - I_{CQ}(R_c+R_e) = 2.8\,\text{V}$$

$$I_{BQ} = \frac{I_{CQ}}{\beta} = 18\,\mu\text{A}$$

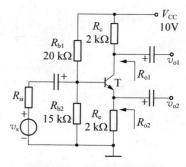

图 4.35　习题 15 的电路

(2) 求 r_{be} 及 R_i。

$$r_{be} = r_{bb'} + (1+\beta)\frac{26\,\text{mV}}{I_{EQ}(\text{mA})} \approx 1.66\,\text{k}\Omega$$

$$R_i = R_{b1}\,/\!/\,R_{b2}\,/\!/\,[r_{be}+(1+\beta)R_e] \approx 8.2\,\text{k}\Omega$$

(3) 求 A_{vs1}、A_{vs2}。

$$A_{vs1} = \frac{v_{o1}}{v_s} = \frac{v_{o1}}{v_i} \cdot \frac{v_i}{v_s} = -\frac{\beta R_c}{r_{be} + (1+\beta)R_e} \cdot \frac{R_i}{R_{si} + R_i} \approx -0.79$$

$$A_{vs2} = \frac{v_{o2}}{v_s} = \frac{v_{o2}}{v_i} \cdot \frac{v_i}{v_s} = \frac{\beta R_e}{r_{be} + (1+\beta)R_e} \cdot \frac{R_i}{R_{si} + R_i} \approx 0.8$$

(4) 求 R_{o1}、R_{o2}。

$$R_{o1} \approx R_c = 2\,\text{k}\Omega$$

$$R_{o2} = R_e \,//\, \frac{r_{be} + (R_{b1} \,//\, R_{b2} \,//\, R_{si})}{1+\beta} \approx 31\,\Omega$$

16. 设图 4.36 所示各电路均设置了合适的静态工作点。已知 BJT 的 $\beta = 50$，$r_{be} = 1.53\,\text{k}\Omega$，MOS 管的 $g_m = 1\,\text{mS}$，$R_{b1} = 36\,\text{k}\Omega$，$R_{b2} = 18\,\text{k}\Omega$，$R_c = 3.3\,\text{k}\Omega$，$R_L = 5.1\,\text{k}\Omega$，$R_e = 3.3\,\text{k}\Omega$，$V_{CC} = 12\,\text{V}$，$R_{g1} = 300\,\text{k}\Omega$，$R_{g2} = 100\,\text{k}\Omega$，$R_{g3} = 2\,\text{M}\Omega$，$R_2 = 10\,\text{k}\Omega$，$R_d = 10\,\text{k}\Omega$，$V_{DD} = 20\,\text{V}$，$C = 47\,\mu\text{F}$，$C_1 = 0.02\,\mu\text{F}$，$C_2 = 4.7\,\mu\text{F}$。试回答下列问题：(1)三电路中输入电阻最高的是哪个电路？最低的是哪个电路？(2)输出电阻最低的是哪个电路？(3)电压增益最大的是哪个电路？最小的是哪个电路？(4)输出电压与输入电压相位相反的是哪个电路？

解 (1) 图 4.36(a)所示电路是共基极放大电路，图 4.36(b)是共源极放大电路，图 4.36(c)是共集电极放大电路。

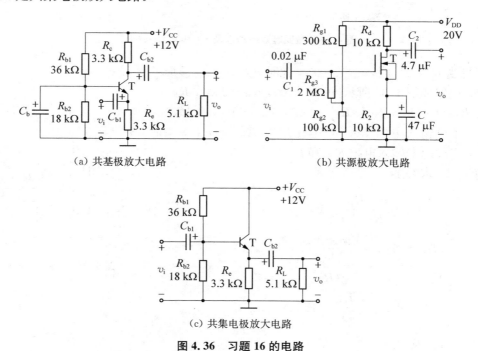

(a) 共基极放大电路   (b) 共源极放大电路

(c) 共集电极放大电路

图 4.36 习题 16 的电路

由于 MOS 管的输入电阻 $r_{gs} \approx \infty$，因此图 4.36(b)所示共源极放大电路的输入电阻最大，为

$$R_i = R_{g3} + R_{g1} \,//\, R_{g2} = 2\,075\,\text{k}\Omega$$

图 4.36(a)所示共基极放大电路的输入电阻最小,为

$$R_i = R_e \ // \ \frac{r_{be}}{1+\beta} = \left(\frac{3.3 \times \dfrac{1.53}{51}}{3.3 + \dfrac{1.53}{51}} \right) k\Omega \approx 30 \, \Omega$$

图 4.36(c)所示电路的输入电阻为

$$R_i = R_{b1} \ // \ R_{b2} \ // \ [r_{be} + (1+\beta)(R_e \ // \ R_L)] \approx 10.8 \, k\Omega$$

(2) 图 4.36(a)所示共基极放大电路的输出电阻 $R_o \approx R_c = 3.3 \, k\Omega$,图 4.36(b)所示共源极放大电路的输出电阻 $R_o \approx R_d = 10 \, k\Omega$,而图 4.36(c)所示共集电极放大电路的输出电阻为 $R_o \approx R_e \ // \ \dfrac{r_{be}}{1+\beta} \approx 30 \, \Omega$。 所以图 4.36(c)所示电路的输出电阻最小。

(3) 图 4.36(c)所示共集电极放大电路的电压增益最小,其 $A_v \approx 1$,只有电压跟随作用。

图 4.36(a)所示电路的电压增益为

$$A_v = \frac{\beta(R_c \ // \ R_L)}{r_{be}} \approx 65$$

图 4.36(b)所示电路的电压增益 $A_v = -g_m R_d \approx -10$。 由此可见,图 4.36(a)所示共基极放大电路的电压增益最大,图 4.36(b)所示电路的电压增益值小的原因是所用 MOS 管的互导 g_m 太小。

(4) 输出电压与输入电压相位相反的是图 4.36(b)所示的共源极放大电路。

17. 两级阻容耦合放大电路如图 4.37 所示,已知三极管 T_1 和 T_2 的 $\beta_1 = 80$,$\beta_2 = 100$。(1)求出各级的输入电阻和输出电阻;(2)求出各极的电压放大倍数和两级总的电压放大倍数(信号源内阻 $R_s = 0$);(3)如果信号源内阻 $R_s = 600 \, \Omega$,试问当信号源电压 $V_s = 1 \, mV$(有效值)时,放大电路的输出电压 v_{o2} 为多大?

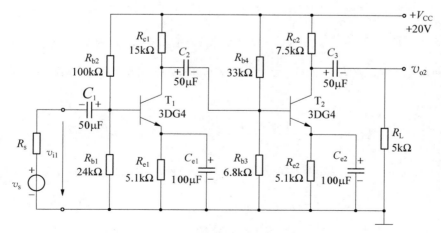

图 4.37 习题 17 的电路

解 首先进行静态工作点的计算（用估算法），即

$$V_{B1} = \frac{R_{b1}}{R_{b1} + R_{b2}} \cdot V_{CC} = \left[\frac{24 \times 10^3}{(100 + 24) \times 10^3} \times 20 \right] V = 3.87\,V$$

$$I_{C1} \approx I_{E1} = \frac{V_{B1} - V_{BE1}}{R_{e1}} = \frac{3.87 - 0.7}{5.1}\,mA \approx 0.62\,mA$$

$$r_{be1} = r_b + (1 + \beta_1)\frac{26\,mV}{I_{E1}(mA)} = \left(300 + 81 \times \frac{26}{0.62} \right)\Omega = 3\,700\,\Omega = 3.7\,k\Omega$$

$$V_{B2} = \frac{R_{b3}}{R_{b3} + R_{b4}} \cdot V_{CC} = \frac{6.8}{6.8 + 33} \times 20\,V = 3.42\,V$$

$$I_{C2} \approx I_{E2} = \frac{V_{B2} - V_{BE2}}{R_{e2}} = \frac{3.42 - 0.71}{2}\,mA \approx 1.36\,mA$$

$$r_{be} = r_b + (1 + \beta_2)\frac{26\,mV}{I_{E2}(mA)} = \left(300 + 101 \times \frac{26}{1.36} \right)\Omega = 2\,200\,\Omega \approx 2.2\,k\Omega$$

画出其微变等效电路如图 4.38。

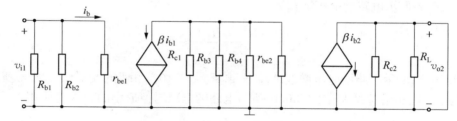

图 4.38 微变等效电路

（1）求输入电阻为

$$R_i = R_{i1} = R_{b1}\,/\!/\,R_{b2}\,/\!/\,r_{be1} = 3.1\,k\Omega$$

输出电阻为

$$R_0 = R_2 = R_{c2} = 7.5\,k\Omega$$

（2）$\quad A_{v1} = -\frac{\beta_1 R'_{L1}}{r_{be1}}, \quad R'_{L1} = R_{c1}\,/\!/\,R_{i2}, \quad R_{i2} = R_{b3}\,/\!/\,R_{b4}\,/\!/\,r_{be2}$

$$R'_{L1} = R_{c1}\,/\!/\,R_{b3}\,/\!/\,R_{b4}\,/\!/\,r_{be2} = 15\,k\Omega\,/\!/\,6.8\,k\Omega\,/\!/\,33\,k\Omega\,/\!/\,2.2\,k\Omega \approx 1.43\,k\Omega$$

所以

$$A_{v1} \approx -\frac{80 \times 1.43 \times 10^3}{3.7 \times 10^3} \approx -31, \quad A_{v2} = -\frac{\beta_2 R'_{L2}}{r_{b2}}$$

$$R'_{L2} = R_{c2}\,/\!/\,R_L = \frac{7.5 \times 5}{7.5 + 5}\,k\Omega = 3\,k\Omega$$

所以

$$A_{v2} = -100\frac{3 \times 10^3}{2.2 \times 10^3} = -136$$

所以

$$A_v = A_{v1} \times A_{v2} = -31 \times (-136) = 4\,216$$

（3）当 $R_s = 600\,\Omega$ 时，

$$A_{v1} = -\beta_1 \frac{R'_{L1}}{r_{be1}} \times \frac{R_i}{R_s + R_i} = -31 \times \frac{3.1 \times 10^3}{(3.10.6) \times 10^3} \approx -26$$

$$A_{v2} = -\beta_2 \frac{R'_{L2}}{r_{be2}} = -100 \frac{3 \times 10^3}{2.2 \times 10^3} = -136$$

所以

$$A_v = A_{v1} \cdot A_{v2} = -26 \times (-136) = 3\,536$$

所以，当 $V_s = 1\,\text{mV}$ 时，$V_{o2} = A_v V_s = 3\,536 \times 1\,\text{mV} = 3.536$。

18. 电路如图 4.39 所示，设 FET 的互导为 g_m，r_{ds} 很大；BJT 的电流放大系数为 β，输入电阻为 r_{be}。（1）画出该电路的小信号等效电路；（2）说明 T_1、T_2 各组成什么组态；（3）求该电路的电压增益 A_v、输入电阻 R_i 及输出电阻 R_o 的表达式。

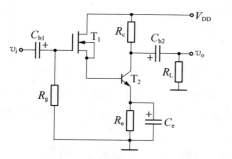

图 4.39　习题 18 的电路

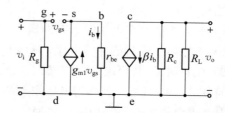

图 4.40　习题 18 的小信号等效电路

解　（1）该电路的小信号等效电路如图 4.40 所示。

（2）T_1、T_2 的组态：T_1 为源极输出器，T_2 为共射极电路。

（3）求 A_v、R_i、R_o 的表达式。

$$A_{v1} \approx \frac{g_m r_{be}}{1 + g_m r_{be}}$$

$$A_{v2} \approx \frac{-\beta(R_c /\!/ R_L)}{r_{be}}$$

$$A_v = A_{v1} A_{v2} = -\frac{g_m \beta(R_c /\!/ R_L)}{1 + g_m r_{be}}$$

$$R_i \approx R_g$$

$$R_o \approx R_c$$

4.6 自测题及答案解析

4.6.1 自测题

1. 填空题

(1) 测得某电路中锗三极管的三个电极 A、B、C 对地电位分别为 $V_A = -9\,\text{V}$, $V_B = -6\,\text{V}$, $V_C = -6.2\,\text{V}$, 则该 BJT 处于（   ）工作区。

(2) 在三极管放大电路中, 测得三极管三个电极 A、B、C 对地电位 $V_A = 6\,\text{V}$, $V_B = 3.7\,\text{V}$, $V_C = 3\,\text{V}$, 则可判断 A 为三极管的（   ）极, B 为三极管的（   ）极, C 为三极管的（   ）极。

(3) 两级放大电路, $A_{v1} = -20$, $A_{v2} = 30$, 若输入电压 $v_i = 5\,\text{mV}$, 则输出电压 v_o 为（   ）V。

(4) 为消除固定偏流共射极放大电路中出现的饱和失真, 基极偏流电阻 R_b 应（   ）。

(5) 双极型晶体管工作在放大区的偏置条件是发射结（   ）、集电结（   ）。

(6) 晶体管穿透电流 I_{CEO} 是集电极-基极反向饱和电流 I_{CBO} 的（   ）倍。在选用管子时, 一般希望 I_{CEO} 尽量（   ）。

(7) 射极跟随器在连接组态方面属共（   ）极接法, 它的电压放大倍数接近（   ）。

(8) 半导体三极管的穿透电流 I_{CEO} 随温度升高而（   ）, β 随温度升高而（   ）。

(9) 在共射极、共集电极、共基极三种放大电路组态中, 希望既能放大电压, 又能放大电流, 应选用（   ）组态。被称为电压跟随器的是（   ）组态。

(10) 多级放大电路常用的级间耦合方式有直接耦合、（   ）、变压器耦合。

2. 选择题

(1) 放大电路和测得的信号电压波形如图 4.41 所示, 试问该放大电路产生（   ）（A. 饱和失真; B. 截止失真）, 为了减小失真, R_b 应（   ）（A. 增大 B. 减小）。

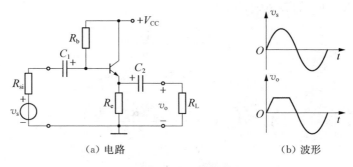

(a) 电路 (b) 波形

图 4.41　自测题 2(1) 的电路和波形

(2) 下图给出了四个 BJT 各个电极的电位, 判定处于正常放大工作状态的 BJT 为（   ）。

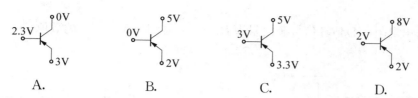

A.   B.   C.   D.

（3）晶体管放大电路中,输入及输出波形见图 4.42,为使输出波形不失真,可采用的方法为（　　）。

A. 增大 R_c 值　　　B. 减小 R_b 值　　　C. 减小输入信号　　　D. 增大 R_b 值

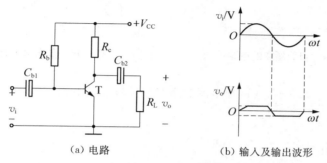

（a）电路　　　　　　　　　（b）输入及输出波形

图 4.42　自测题 2(3)的电路和输入及输出波形

（4）当一个 NPN 三极管工作于放大状态时,其三个电极的偏置电压满足关系式（　　）。

A. $V_B > V_E$; $V_B > V_C$ 　　　　　　　B. $V_B < V_E$; $V_B < V_C$

C. $V_C > V_B > V_E$ 　　　　　　　　　D. $V_C < V_B < V_E$

（5）可以实现电路间阻抗变换使负载获得最大输出功率的耦合方式是（　　）。

A. 变压器耦合　　　B. 直接耦合　　　C. 阻容耦合　　　D. 以上三种均可

（6）基本共集电极放大电路,输入中频信号时,输出与输入电压的相位移为（　　）。

A. $-180°$ 　　　　　B. $-90°$ 　　　　　C. $180°$ 　　　　　D. $360°$

（7）多级放大电路与单级放大电路相比,电压增益和通频带（　　）。

A. 电压增益减小,通频带变宽　　　　　B. 电压增益减小,通频带变窄

C. 电压增益提高,通频带变宽　　　　　D. 电压增益提高,通频带变窄

（8）复合管中两个三极管的电流放大系数分别为 30、40,则复合管的 β 约为（　　）。

A. 70 　　　　　B. 120 　　　　　C. 1 200 　　　　　D. 12 000

3. 图 4.43 所示的电路中,T 管的 $\beta = 100$, $V_{BE} = 0.7\text{V}$, $r_{bb'} = 100\Omega$。（1）估算电路的静态工作点。（2）画出简化的 H 参数小信号等效电路,并求 A_v, R_i 和 R_o。(所有电路对交流视为短路)。（3）若电容 C_e 开路,电路的静态工作点及 A_v 是否发生变化? 如何变化?

4. 在图 4.44 所示电路中,已知晶体管静态时 $V_{BE} = 0.7\text{V}$,电流放大系数为 $\beta = 80$, $r_{be} = 1.2\text{k}\Omega$, $R_b = 500\text{k}\Omega$, $R_c = R_L = 5\text{k}\Omega$, $V_{CC} = 12\text{V}$。（1）估算电路的静态工作点;（2）画出 H 参数小信号等效电路;（3）计算电压放大倍数、输

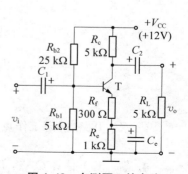

图 4.43　自测题 3 的电路

入电阻和输出电阻;(4)估算信号源内阻为 $R_s = 1.2\,\text{k}\Omega$ 时,$A_{vs} = \dfrac{v_o}{v_s}$ 的数值。

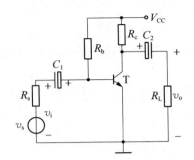

图 4.44　自测题 4 的电路

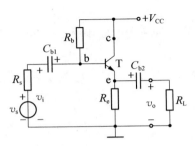

图 4.45　自测题 5 的电路

5. 电路如图 4.45 所示。(1)画出该电路的小信号等效电路,写出 r_{be} 的表达式。(2)写出 A_v、R_i 表达式。

4.6.2　答案解析

1. 填空题

(1) 放大　(2) 集电,基,发射　(3) -3　(4) 增大　(5) 正偏,反偏　(6) $1+\beta$,小

(7) 集电,1　(8) 增大,增大　(9) 共射极,共集电极　(10) 阻容耦合

2. 选择题

(1) A,A　(2) A　(3) C　(4) C　(5) A　(6) D　(7) D　(8) C

3. 解　(1)

$$V_{BQ} \approx \frac{R_{b1}}{R_{b1}+R_{b2}} \cdot V_{CC} = 2\,\text{V}$$

$$I_{EQ} = \frac{V_{BQ}-V_{BEQ}}{R_f+R_e} \approx 1\,\text{mA}$$

$$I_{BQ} = \frac{I_{EQ}}{1+\beta} \approx 10\,\mu\text{A}$$

$$V_{CEQ} \approx V_{CC} - I_{EQ}(R_c+R_f+R_e) = 5.7\,\text{V}$$

$$r_{be} = r_{bb'} + (1+\beta)\frac{26\,\text{mV}}{I_{EQ}} \approx 2.73\,\text{k}\Omega$$

(2)

$$A_v = -\frac{\beta(R_c \mathbin{/\mkern-5mu/} R_L)}{r_{be}+(1+\beta)R_f} \approx -7.57$$

$$R_i = R_{b1} \mathbin{/\mkern-5mu/} R_{b2} \mathbin{/\mkern-5mu/} [r_{be}+(1+\beta)R_f] \approx 3.7\,\text{k}\Omega$$

$$R_o = R_c = 5\,\text{k}\Omega$$

(3) C_e 开路,静态工作点无变化;$|A_v|$ 减小,$A_v \approx -\dfrac{R_L'}{R_f+R_e} \approx -1.86$。

4. 解　(1)估算 Q 点:$I_{BQ} \approx \dfrac{V_{CC}-V_{BEQ}}{R_b} = \dfrac{12\,\text{V}-0.7\,\text{V}}{500\,\text{k}\Omega} = 22.6\,\mu\text{A}$

$$I_{CQ} = \beta I_{BQ} = 1.8\,\text{mA}$$

$$V_{CEQ} = V_{CC} - I_{CQ}R_c = 12 - 1.8\,\text{mA} \times 5\,\text{k}\Omega = 3\,\text{V}$$

（2）简化的 H 参数小信号等效电路如图 4.46 所示。

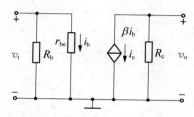

图 4.46 自测题 4 的小信号等效电路

（3）$A_v = \dfrac{v_o}{v_i} = -\dfrac{\beta R_L'}{r_{be}} = -\dfrac{\beta(R_c /\!/ R_L)}{r_{be}}$

$$= -\dfrac{80 \times 2.5}{1.2} \approx -167$$

$$R_i = R_b /\!/ r_{be} \approx r_{be} = 1.2\,\text{k}\Omega$$

$$R_o = R_c = 5\,\text{k}\Omega$$

（4）$A_{vs} = \dfrac{v_o}{v_s} = \dfrac{v_o}{v_i} \cdot \dfrac{v_i}{v_s}$

$$= A_v \dfrac{R_i}{R_i + R_s} = -167 \dfrac{1.2}{1.2 + 1.2}$$

$$\approx -83.5$$

5. 解 （1）小信号等效电路如图 4.47 所示。

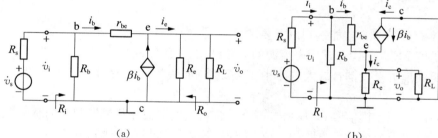

(a)

(b)

图 4.47 自测题 5 的小信号等效电路

$$r_{be} = r_{bb'} + (1+\beta)\dfrac{26\,\text{mV}}{I_E} \quad \text{或} \quad r_{be} = 200\,\Omega + (1+\beta)\dfrac{26\,\text{mV}}{I_E}$$

（2）$A_v = \dfrac{v_o}{v_i} = \dfrac{(1+\beta)(R_e /\!/ R_L)}{r_{be} + (1+\beta)(R_e /\!/ R_L)}$，$R_i = R_b /\!/ \left[r_{be} + (1+\beta)(R_e /\!/ R_L)\right]$

第 5 章

模拟集成电路

5.1　教学要求

把整个电路中的元器件制作在一块硅基片上，构成特定功能的电子电路，称为集成电路。按功能分，有数字集成电路和模拟集成电路。模拟集成电路种类繁多，是本章的主干内容，它是集成电路设计与制造工艺不断发展的成果。本章主要讨论组成模拟集成电路的主要单元电路、典型的实际电路和性能参数，其中以差分放大电路的工作原理和指标分析为重点。

通过本章的学习希望能达到以下要求：

(1) 了解 FET 或 BJT 常用电流源的电路结构、工作原理和应用。

(2) 正确理解直接耦合放大电路中零点漂移(简称零漂)产生的原因，以及零漂指标的定义方法。

(3) 熟练掌握差模信号、共模信号、差模增益、共模增益和共模抑制比的基本概念。

(4) 熟练掌握差分放大电路的组成、工作原理以及抑制零点漂移的原理。

(5) 熟练掌握差分放大电路的静态工作点和动态指标的计算。

(6) 了解集成运放主要参数的定义，以及它们对运放性能的影响。

5.2　内容精炼

本章首先介绍模拟集成电路中普遍使用的直流偏置技术，包括用集成工艺制造的各种 FET 或 BJT 电流源。其次介绍用 FET 或 BJT 组成的差分放大电路，重点讨论了其工作原理和主要技术指标的计算，两种电路的传输特性和电路的特点。接着分析 FET、BJT 和 BiJFET 三种集成运放的实际电路，介绍了集成运放的技术参数。最后对变跨导模拟乘法器及其应用和放大电路中的噪声和干扰的来源及其抑制措施作了简要的介绍。

5.2.1　模拟集成电路中的直流偏置技术

电流源电路具有输出电流稳定和输出电阻大等特点。因此，在集成电路中常用来给三极管提供稳定的偏置电流和有源负载。几种常用的电流源如表 5.1 所示。

表 5.1　几种常见的电流源

电流源	微电流源	比例电流源	镜像电流源
电路结构	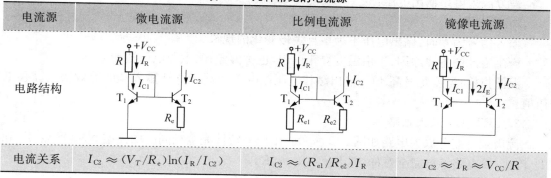		
电流关系	$I_{C2} \approx (V_T/R_e)\ln(I_R/I_{C2})$	$I_{C2} \approx (R_{e1}/R_{e2})I_R$	$I_{C2} \approx I_R \approx V_{CC}/R$

1. FET 电流源电路

（1）MOSFET 镜像电流源；

（2）串级镜像电流源；

（3）多路电流源电路；

（4）JFET 电流源。

2. BJT 电流源电路

（1）镜像电流源；

（2）微电流源；

（3）高输出阻抗电流源。

5.2.2　差分放大电路

1. 差分放大电路的基本概念

图 5.1 是差分放大电路的结构示意图，两输入端的电压分别为 v_{i1} 和 v_{i2}。

图 5.1　差分放大电路结构示意图

差模信号：$v_{id} = v_{i1} - v_{i2}$，定义为两输入信号之差。

共模信号：$v_{ic} = (v_{i1} + v_{i2})/2$，定义为两输入信号的算术平均值。

$v_{i1} = v_{ic} + \dfrac{1}{2}v_{id}$，$v_{i2} = v_{ic} - \dfrac{1}{2}v_{id}$，将输入信号表示为差模和共模信号。共模信号相当于两个输入端信号中相同的部分；差模信号相当于两个输入端信号中不同的部分。两输入端中的共模信号大小相等，相位相同；差模信号大小相等，相位相反。

差模电压增益：$A_{vd} = v_{od}/v_{id}$，v_{od} 差模信号产生的输出。

共模电压增益：$A_{vc} = v_{oc}/v_{ic}$，v_{oc} 共模信号产生的输出。

差分放大电路输出电压：$v_o = A_{vd}v_{id} + A_{vc}v_{ic}$。

2. 零点漂移

输入信号为零时，输出电压不为零且缓慢变化的现象。

产生零漂的主要原因：①由温度变化引起，也称温漂；②电源电压波动。

温漂指标：温度每升高1℃，输出漂移电压按电压增益折算到输入端的等效输入漂移电压值。

3. FET 差分放大电路

源极耦合差分放大电路如图 5.2 所示。由两只特性完全相同的增强型 NMOS 管 T_1 和 T_2 构成，设电路参数完全对称，即 $R_{d1} = R_{d2} = R_d$。

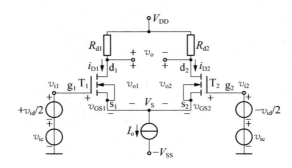

图 5.2　源极耦合差分放大电路

（1）差分放大电路的类型。

电路共有 2 个输入端、2 个输出端。按输入和输出的连接方式分为四种类型：

信号由 v_{i1} 和 v_{i2} 两端之间输入、v_o 输出时，称为双端输入、双端输出。

信号由 v_{i1} 和 v_{i2} 两端之间输入、v_{o1} 或 v_{o2} 输出时，称为双端输入、单端输出。

信号由 v_{i1} 或 v_{i2} 输入、v_o 输出时，称为单端输入、双端输出。

信号由 v_{i1} 或 v_{i2} 输入、v_{o1} 或 v_{o2} 输出时，称为单端输入、单端输出。

（2）差分放大电路的特点。

① 电路对称性：T_1 和 T_2 管的参数相同，$R_{d1} = R_{d2} = R_d$，电路两边完全对称。

② 抑制零点漂移：温度变化或电压波动会引起两管的电流及电压发生相同的变化，由于电路两边完全对称，双端输出时电路的零点漂移为零。单端输出时射极电流源的共模负反馈具有抑制零点漂移的能力。

③ 抑制共模信号：当两个输入信号为大小相等、相位相同的"共模信号"时，由于电路的对称性和共模负反馈的作用，输出共模信号很小。双端输出时，共模输出近似为零。

④ 放大差模信号：当两个输入信号为大小相等、相位相反的"差模信号"时，由于电路的对称性，在两个输出端会得到大小相等、相位相反的"差模信号"输出。双端输出时，输出信号等于两边输出信号之和，表明电路有放大差模信号的能力。

⑤ 共模抑制比 K_{CMR}：定义为 $K_{CMR} = \left| \dfrac{A_{vd}}{A_{vc}} \right|$，$K_{CMR}$ 越大越好。由于差分放大电路能放大差模信号，抑制共模信号，因此差模放大倍数 A_{vd} 大，共模放大倍数 A_{vc} 小，所以差分放大

电路的 K_{CMR} 大。

（3）静态分析。

利用电路的对称性，将电路从中间分成两半，电路中的源极电流 I_o 在分开的各电路中取 $I_o/2$，根据电路列方程求解静态工作点。

（4）动态分析。

① 差模电压增益。

a. 当双端输入、双端输出时，电压增益为

$$A_{vd} = \frac{v_o}{v_{id}} = \frac{v_{o1} - v_{o2}}{v_{i1} - v_{i2}} = \frac{2v_{o1}}{2v_{i1}} = -g_m R_d$$

与单管共源极放大电路的电压增益相同。

当双端输出带负载时，负载电阻两端电位的变化大小相等、方向相反，所以其中点电位始终保持不变，相当于交流接地。对于单边来说，负载的大小等于 $R_L/2$，此时电压增益为

$$A'_{vd} = -g_m R'_L，其中 R'_L = R_d \;/\!/\; (R_L/2)$$

b. 当双端输入、单端输出时，输出电压取自其中一管的集电极（v_{o1} 或 v_{o2}），电压的变化量只有双端输出的一半。对于图 5.2 中的电路，如果从 v_{o1} 输出，则单端输出时差模电压增益为

$$A_{vd1} = \frac{1}{2}A_{vd} = -\frac{g_m R_d}{2} = -\sqrt{\frac{K_n I_o}{2}} \cdot R_d \text{ 或 } A_{vd2} = -\frac{1}{2}A_{vd} = +\frac{g_m R_d}{2} = +\sqrt{\frac{K_n I_o}{2}} \cdot R_d$$

电压增益只有双端输出时的一半。

c. 当单端输入时，单端输入的差模电压增益表达式与双端输入的表达式是一样的。

② 共模电压增益。

a. 当双端输出时，由于电路的对称性，两管的共模输出电压相等，所以 $v_{oc} = v_{oc1} - v_{oc2} = 0$，共模电压增益为

$$A_{vc} = \frac{v_{oc}}{v_{ic}} = \frac{v_{oc1} - v_{oc2}}{v_{ic}} = 0$$

b. 当单端输出时，共模电压增益为

$$A_{vc1} = \frac{v_{oc1}}{v_{ic}} = \frac{v_{oc2}}{v_{ic}} = \frac{-g_m R_d}{1 + 2g_m r_o} = \frac{-R_d}{\dfrac{1}{g_m} + 2r_o}$$

r_o 为电流源动态电阻，一般 $r_o \gg 1/g_m$，所以 $A_{vc1} \approx -\dfrac{R_d}{2r_o}$。

r_o 越大，A_{vc1} 越小，抑制共模信号的能力越强。

③ 共模抑制比。

通常用共模抑制比 K_{CMR} 来综合衡量差分放大电路性能。

$$K_{CMR} = \left| \frac{A_{vd}}{A_{vc}} \right| \text{ 或 } K_{CMR} = 20\lg \left| \frac{A_{vd}}{A_{vc}} \right| \text{ (dB)}$$

差模电压增益越大，共模电压增益越小，则共模抑制能力越强，放大电路性能越优良，因

此希望 K_{CMR} 越大越好。

双端输出时,在电路完全对称的理想情况下,共模增益 $A_{vc}=0$,所以 $K_{CMR}=\infty$。

单端输出时,$K_{CMR1}=\left|\dfrac{A_{vd1}}{A_{vc1}}\right| \approx \dfrac{1+2g_m r_o}{2} \approx g_m r_o$。

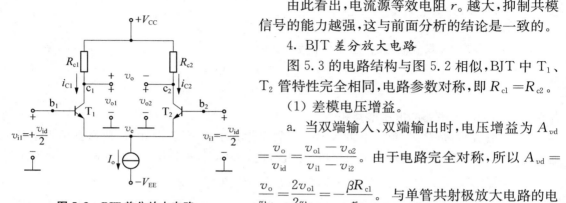

图 5.3　BJT 差分放大电路

由此看出,电流源等效电阻 r_o 越大,抑制共模信号的能力越强,这与前面分析的结论是一致的。

4. BJT 差分放大电路

图 5.3 的电路结构与图 5.2 相似,BJT 中 T_1、T_2 管特性完全相同,电路参数对称,即 $R_{c1}=R_{c2}$。

(1) 差模电压增益。

a. 当双端输入、双端输出时,电压增益为 $A_{vd}=\dfrac{v_o}{v_{id}}=\dfrac{v_{o1}-v_{o2}}{v_{i1}-v_{i2}}$。由于电路完全对称,所以 $A_{vd}=\dfrac{v_o}{v_{id}}=\dfrac{2v_{o1}}{2v_{i1}}=-\dfrac{\beta R_{c1}}{r_{be}}$。与单管共射极放大电路的电压增益相同。当双端输出带负载时,电压增益为

$$A_{vd}=\dfrac{v_{od}}{v_{id}}=-\dfrac{\beta\left(R_{c1} /\!/ \dfrac{1}{2}R_L\right)}{r_{be}}$$

b. 当双端输入、单端输出时,电压增益为

$$A_{vd1}=\dfrac{v_{od}}{v_{id}}=\dfrac{v_{o1}}{2v_{i1}}=-\dfrac{\beta R_{c1}}{2r_{be}}=\dfrac{1}{2}A_{vd}$$

带负载时,差模电压增益为

$$A_{vd1}=\dfrac{v_{o1}}{v_{id}}=-\dfrac{\beta\left(R_{c1} /\!/ R_L\right)}{2r_{be}}$$

c. 当单端输入时,差模电压增益表达式与双端输入的表达式是一样的。

(2) 共模电压增益。

a. 当双端输出时,由于电路的对称性,两集电极的共模输出电压 $v_{oc1}=v_{oc2}$,因此 $v_{oc}=v_{oc1}-v_{oc2}=0$,共模电压增益为

$$A_{vc}=\dfrac{v_{oc}}{v_{ic}}=\dfrac{v_{oc1}-v_{oc2}}{v_{ic}}\approx 0$$

b. 当单端输出时,共模电压增益为

$$A_{vc1}=\dfrac{v_{oc1}}{v_{ic}}=\dfrac{v_{oc2}}{v_{ic}}=-\dfrac{\beta R_c}{r_{be}+(1+\beta)2r_o}\approx -\dfrac{R_c}{2r_o}$$

其中,$R_c=R_{c1}=R_{c2}$。

由上式看出,r_o 对共模电压增益有很大影响。

r_o 越大,共模电压增益越小,抑制共模信号的能力越强。

单端输出带负载时，共模电压增益为

$$A_{vc1} \approx - \frac{R_c /\!/ R_L}{2r_o}$$

（3）共模抑制比。

a. 双端输出时，在电路完全对称的理想情况下，共模电压增益 $A_{vc} = 0$，所以 $K_{CMR} = \infty$。

b. 单端输出时，$K_{CMR} = \left| \dfrac{A_{vd1}}{A_{vc1}} \right| \approx \dfrac{\beta R_o}{r_{be}}$。

5.3　难点释疑

5.3.1　电流源电路

电流源电路不是放大电路，不能用来放大信号，它只是一个单口网络。要求电路中的 FET 或 BJT 工作在线性放大区。

5.3.2　抑制零点漂移的原理

直接耦合放大电路存在零点漂移现象：静态输出电压偏离零点作无规则的缓慢变化。

（1）只有在直接耦合放大电路中，前级的零点漂移才能被逐级放大，并最终传送出。

（2）第一级的漂移影响最大，对放大电路的总漂移起着决定性作用。

（3）当漂移电压的大小可以与有效信号电压相比时，将"淹没"有效信号。严重时甚至使后级放大电路进入饱和或截止状态而无法正常工作。

显然，放大电路的增益越高，输出端的漂移电压也就越大。为了能对不同增益放大电路的零漂进行方便的比较，通常将输出端的漂移电压除以放大电路电压增益，折算为输入端的等效输入漂移电压，作为零漂的衡量指标。当考虑温度的影响时，还应除以温度的变化量，即 $\Delta V_i = \Delta V_o / (A_v \Delta T)$。$\Delta V_i$ 称为温漂指标，ΔV_o 为输出端漂移电压，A_v 为放大电路的电压增益，ΔT 为温度变化量。

零漂主要由输入级引起，因而在多级直接耦合放大电路中输入级采用差分放大电路，利用电路的对称性和发射极电阻 R_e 或恒流源形成的共模负反馈，有效抑制共模干扰，从而有效抑制零漂。温度变化时，会引起两管集电极电流以及相应的集电极电压相同的变化。因此，在电路完全对称的情况下，双端输出（两集电极间）的电压可以始终保持为零，从而抑制了零点漂移。尽管在实际情况下，要做到两管电路完全对称是比较困难的，但输出漂移电压仍将大大减小。

5.3.3　旁路电容

在差分放大电路的射极电阻 R_e 上是否要加旁路电容 C_e？不能加。因为 R_e 电阻对输入信号的差模分量，其上电流的变化量为零，所以不必加旁路电容 C_e。再者 R_e 对输入信号的共模分量，形成较强的负反馈来抑制零漂，所以不能加旁路电容 C_e。

5.4 典型例题分析

例 5.1 集成运放的输入级为什么采用差分放大电路？对集成运放的中间级和输出级各有什么要求？一般采用什么样的电路形式？

解 集成运算放大器是一个高增益直接耦合多级放大电路，直接耦合多级放大电路存在零点漂移现象，尤以输入级的零点漂移最为严重。差动放大电路利用电路的对称性和发射极电阻 R_e 或恒流源形成的共模负反馈，对零点漂移有很强的抑制作用，所以输入级常采用差分放大电路，它对共模信号有很强的抑制力。

中间级主要是提供高的电压增益，中间级的电路形式多为差分电路和带有源负载的高增益放大器。

输出级主要是降低输出电阻，提高带负载能力。输出级主要由 PNP 和 NPN 两种极性的三极管或复合管组成，以获得正负两个极性的输出电压或电流。

例 5.2 电流源在模拟集成电路中可起到什么作用？为什么用它作为放大电路的有源负载？

解 在模拟集成电路中，电流源常作为有源负载使用。这是由于电流源具有直流电阻小而交流电阻大的特点。

例 5.3 电路如图 5.4 所示。T_1 和 T_2 参数一致且 β 足够大。

(1) T_1、T_2 和电阻 R_1 组成什么电路？该电路起什么作用？

(2) 写出 I_{c2} 的表达式。

解 (1) 三极管 T_1、T_2 和电阻 R_1 组成镜像电流源电路。在放大器中作有源负载，代替集电极电阻，由于电流源的交流电阻很大，提高了放大器的电压放大倍数；直流电阻较小，又不会影响放大器的直流工作点。

$$(2)\ I_{c2} = I_{c1} \approx I_{REF} = \frac{V_{CC} - |V_{BE1}|}{R_1}$$

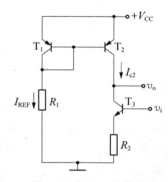

图 5.4 例 5.3 的电路

例 5.4 差分放大器如图 5.5 所示，已知 $V_{CC} = V_{EE} = 6\,\text{V}$，$R_b = 2\,\text{k}\Omega$，$R_{c1} = R_{c2} = 6\,\text{k}\Omega$，$R_e = 5.1\,\text{k}\Omega$，$V_{BE} = 0.7\,\text{V}$，$r_{bb'} = 100\,\Omega$，$\beta = 100$。计算：(1)电路静态工作点（$I_{CQ}$，$V_{CEQ}$）。(2)差模电压放大倍数。(3)差模输入电阻、输出电阻。

解 (1) 静态工作点。

思路：因为求静态工作点是电路的直流工作状态，所以 $V_{i1} = V_{i2} = 0$。

简化分析，可近似认为两三极管基极电位 $V_B = 0$。发射极电位 $V_E = -V_{BE} = -0.7\,\text{V}$，射极电阻 R_e 上电流 $I_E = (V_E + V_{EE})/R_e = 1.04\,\text{mA}$。由 T_1、T_2 的对

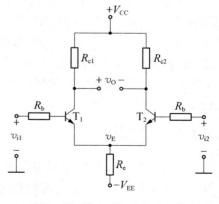

图 5.5 例 5.4 的差分放大器

称性，

$$I_{CQ1} = I_{CQ2} = I_E/2 = 0.52\,\text{mA}$$

$$V_{CEQ1} = V_{CEQ2} = V_C - V_E = (6 - R_c \times I_{CQ}) - (-0.7) = 3.58\,\text{V}$$

（2）求差模电压放大倍数。

$$A_{vd} = v_o/v_i = -\beta R_c/(R_b + r_{be})$$

$$r_{be} = r_{bb'} + (1+\beta)\frac{26\,\text{mV}}{I_{EQ}} = 100\,\Omega + (1+100)\frac{26}{0.52} = 5.15\,\text{k}\Omega$$

所以，$A_{vd} = -84$。

（3）求输入电阻及输出电阻。

由交流通路可直接求得 $R_{id} = 2(R_b + r_{be}) = 14.3\,\text{k}\Omega$，$R_{od} = 2R_c = 12\,\text{k}\Omega$。

例 5.5　若上题输出电压 V_o 从三极管 T_2 的集电极 C_2 取出，即 $V_o = V_{c2}$，其他不变，求：
（1）差模电压放大倍数 A_{vd}。（2）R_{id} 及 R_{od}。

解　（1）　　　　　　　$A_{vd} = 1/2 \times \beta R_c/(R_b + r_{be}) = 42$

　　　（2）　　　　　　　$R_{id} = 2(R_b + r_{be}) = 14.3\,\text{k}\Omega$；$R_{od} = R_c = 6\,\text{k}\Omega$

5.5　同步训练及解析

1. 图 5.6 是集成运放 BG305 偏置电路的示意图。假设 $V_{CC} = V_{EE} = 15$ V，外接电阻 $R = 100$ kΩ，其他电阻的阻值为 $R_1 = R_2 = R_3 = 1$ kΩ，$R_4 = 2$ kΩ。设三极管 β 足够大，试估算基准电流 I_{REF} 以及各路偏置电流 I_{C13}、I_{C15} 和 I_{C16}。

解　由放大电路的直流通路及 KVL 定律：

$$V_{CC} + V_{EE} - V_{BE} \approx I_{REF}(R + R_2)$$

$$I_{REF} = \frac{V_{CC} + V_{EE} + V_{BE}}{R + R_2} = \frac{15 + 15 - 0.7}{100 + 1}\,\text{mA}$$

$$= 0.29\,\text{mA} = 290\,\mu\text{A}$$

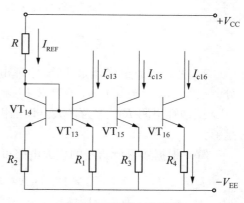

图 5.6　习题 1 的电路

下面对各路偏置电流进行估算：由于 $R_1 = R_2 = R_3$，则

$$I_{C13} = I_{C15} \approx I_{REF} = 290\,\mu\text{A}$$

$$I_{C16} \approx I_{REF} \cdot \frac{R_2}{R_4}\left(290 \times \frac{1}{2}\right)\,\mu\text{A} = 145\,\mu\text{A}$$

2. 图 5.7 是由 PMOSFET T_2，T_3 组成镜像电流源作为 T_1 的有源负载，NMOSFET T_1 构成共源放大电路。若 $r_{ds1} = r_{ds2} = 2\,\text{M}\Omega$，$V_{TN1} = 1$ V，导电系数 $K_n = 100\,\mu\text{A/V}$，$I_{REF} = 100\,\mu\text{A}$，求 A_v。

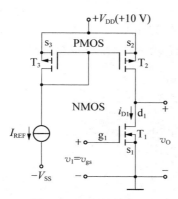

图 5.7　习题 2 的电路

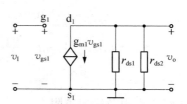

图 5.8　习题 2 中 T_1 的小信号等效电路

解　基本电流源输出电阻 $R_{o2} = r_{ds2}$，可得图 5.8 为 T_1 的小信号等效电路，由图可知

$$A_v = \frac{v_o}{v_I} = -\frac{g_m v_{gs}(r_{ds1} \mathbin{/\!/} r_{ds2})}{v_{gs}} = g_m \frac{r_{ds1}}{2}$$

因为 $i_D = K_n(v_{GS1} - V_{TN1})^2$，$I_{D1} = I_{REF}$，

$$g_{m1} = \frac{\partial i_{D1}}{\partial v_{GS1}} = 2K_n(v_{GS1} - V_{TN1}) = 2K_n \sqrt{\frac{I_{D1}}{K_n}}$$

$$= 2\sqrt{K_n \cdot I_{REF}} = 2\sqrt{100 \times 100} \ \mu S = 200 \ \mu S$$

$$A_v = -g_{m1} \frac{r_{ds1}}{2} = -200 \times 10^{-6} \times \frac{2}{2} \times 10^6 = -200$$

3. 图 5.9 是集成运放 FC3 原理电路的一部分。已知 $I_{C10} = 1.16 \text{ mA}$，若要求 $I_{C1} = I_{C2} = 18.5 \ \mu A$，试估算电阻 R_{11} 应为多大。设三极管的 β 均足够大。

解　根据题目所给定的放大电路可知

$$I_{C11} \approx I_{C1} + I_{C2} = 2 \times 18.5 \ \mu A = 37 \ \mu A$$

$$I_{C10} = 1.16 \text{ mA}$$

$$V_{BE10} - V_{BE11} = I_{C11} \cdot R_{11} = V_T \cdot \ln \frac{I_{C10}}{I_{C11}}$$

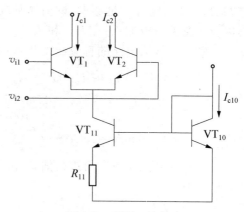

图 5.9　习题 3 的电路

$$R_{11} = \frac{V_T}{I_{C11}} \ln \frac{I_{C10}}{I_{C11}} = \frac{(26 \times 10^{-3})}{37 \times 10^{-6}} \times \ln \frac{1.16 \times 10^{-3}}{37 \times 10^{-6}} \ \Omega$$

$$\approx 2.4 \times 10^3 \ \Omega = 2.4 \text{ k}\Omega$$

4. 电路如图 5.10 所示，电路参数如图所示，已知 JFET 的 $I_{DSS} = 4 \text{ mA}$，$V_{TP} = -2 \text{ V}$，T_1，T_2 的 $g_m = 1.41 \text{ mS}$，电流源电路 T_3 的 $g_{m3} = 2 \text{ mS}$，电流源的动态电阻 $R_{AB} = 2110 \text{ k}\Omega$。(1)求电路 A_{vd2}，A_{vc2}（从 d_2 输出时）和 K_{CMR2}；(2)当 $v_{i1} = 50 \text{ mV}$，$v_{i2} = 10 \text{ mV}$ 时，求 v_{o2} 的值；(3)求差模输入电阻 R_{id}、共模输入电阻 R_{ic} 和输出电阻 R_{o2}。

解　（1）求单端输出（d_2 输出）时的 A_{vd2}，A_{vc2} 和 K_{CMR}。

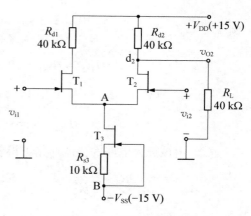

$$A_{vd2} = \frac{v_{o2}}{v_{id}} = \frac{1}{2} g_m (R_{d2} /\!/ R_L)$$

$$= \frac{1}{2} \times 1.41 \times 20 = 14.1$$

$$A_{vc2} = \frac{v_{o2}}{v_{ic}} \approx - \frac{R_{d2} /\!/ R_L}{2R_{AB}}$$

$$= - \frac{20\,\text{k}\Omega}{2 \times 2\,110\,\text{k}\Omega} \approx -4.7 \times 10^{-3}$$

$$K_{CMR2} = |A_{vd2}/A_{vc2}| = \frac{14.1}{4.7 \times 10^{-3}} = 3\,000$$

图 5.10　习题 4 的电路

（2）求输出电压 v_{o2}。

$$v_{id} = v_{i1} - v_{i2} = (50 - 10)\,\text{mV} = 40\,\text{mV}$$

$$v_{ic} = (v_{i1} + v_{i2})/2 = [(50 + 10)/2]\,\text{mV} = 30\,\text{mV}$$

$$v_{o2} = A_{vd2} \times v_{id} + A_{vc2} \times v_{ic}$$

$$= [14.1 \times 40 + (-4.7 \times 10^{-3} \times 30)]\,\text{mV} = (564 - 0.141)\,\text{mV}$$

$$\approx 563.86\,\text{mV}$$

（3）差模输入电阻 $R_{id} = \infty$；共模输入电阻 $R_{ic} = \infty$；输出电阻 $R_{o2} = R_{d2} = 40\,\text{k}\Omega$。

5. 在图 5.11 中，假设三极管的 $\beta = 40$，$r_{be} = 8.2\,\text{k}\Omega$，$V_{CC} = V_{EE} = 15\,\text{V}$，$R_{c1} = R_{c2} = 75\,\text{k}\Omega$，$R_e = 56\,\text{k}\Omega$，$R_1 = R_2 = 1.8\,\text{k}\Omega$，$R_w = 1\,\text{k}\Omega$，$R_w$ 的滑动端处于中点，负载电阻 $R_L = 30\,\text{k}\Omega$。（1）求静态工作点；（2）求差模电压放大倍数；（3）求差模输入电阻。

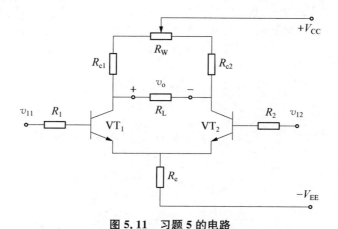

图 5.11　习题 5 的电路

解　（1）由三极管的基极回路可知

$$V_{EE} - V_{BEQ} = I_{BQ} \cdot R + (1 + \beta) \cdot I_{BQ} \cdot 2R_e$$

则
$$I_{BQ} = \frac{V_{EE} - V_{BEQ}}{R + 2(1+\beta)R_O} = \frac{15 - 0.7}{1.8 + 2 \times 41 \times 56} \, \text{mA} = 3 \, \mu\text{A}$$

$$I_{CQ} = \beta I_{BQ} = 40 \times 3 \, \mu\text{A} = 120 \, \mu\text{A} = 0.12 \, \text{mA}$$

$$V_{CQ} = V_{CC} - I_{CQ}\left(\frac{R_W}{2} + R_c\right) = \left[15 - 0.12 \times \left(\frac{1}{2} + 75\right)\right] \text{V} = 5.94 \, \text{V}(\text{对地})$$

$$V_{BQ} = -I_{BQ} \cdot R = -3 \times 1.8 \, \text{mV} = -5.4 \, \text{mV}(\text{对地})$$

（2）由该放大电路的交流通路可得差模电压放大倍数为

$$A_{vd} = -\frac{\beta R_L}{R + r_{be}}, \quad R_L' = \left[R_c + \frac{R_W}{2}\right] /\!/ \frac{R_L}{2} = \left[\left(75 + \frac{1}{2}\right) /\!/ \frac{30}{2}\right] \text{k}\Omega \approx 12.5 \, \text{k}\Omega$$

$$A_{vd} = -\frac{40 \times 12.5}{1.8 + 8.2} = -50$$

（3）$R_{id} = 2(R + r_{be}) = 2 \times (1.8 + 8.2) \, \text{k}\Omega = 20 \, \text{k}\Omega$

6. 在图 5.12 所示的射极耦合差分放大电路中，$+V_{CC} = +10 \, \text{V}$，$-V_{EE} = -10 \, \text{V}$，$I_O = 1 \, \text{mA}$，$r_o = 25 \, \text{k}\Omega$（电路中未画出），$R_{c1} = R_{c2} = 10 \, \text{k}\Omega$，BJT 的 $\beta = 200$，$V_{BE} = 0.7 \, \text{V}$。（1）当 $v_{i1} = v_{i2} = 0$ 时，求 I_C，V_E，V_{CE1} 和 V_{CE2}；（2）当 $v_{i1} = v_{i2} = +\frac{v_{id}}{2}$ 时，求双端输出时的 A_{vd}，以及单端输出时的 A_{vd1}，A_{vc1} 和 K_{CMR1} 的值。

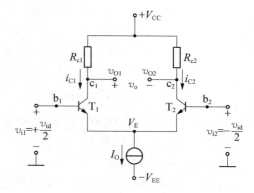

图 5.12　习题 6 的电路

解　（1）$I_{C1} = I_{C2} = I_O/2 = 0.5 \, \text{mA}$，当 $v_{i1} = v_{i2} = 0$ 时，$V_E = 0 - V_{BE} = -0.7 \, \text{V}$，则

$$V_{CE2} = V_{CE1} = V_{CC} - I_{C1}R_{c1} - V_E$$
$$= (10 - 0.5 \times 10 + 0.7)\text{V} = 5.7 \, \text{V}$$

（2）双端输出时，

$$A_{vd} = -\frac{\beta R_c}{r_{be1}} = -\frac{200 \times 10 \, \text{k}\Omega}{10.7 \, \text{k}\Omega} = -186.9$$

式中，
$$r_{be1} = \left[200 + (1 + 200)\frac{26}{0.5}\right]\Omega \approx 10.7 \, \text{k}\Omega$$

单端输出时，
$$A_{vd1} = \frac{A_{vd}}{2} = -93.45$$

$$A_{vc1} \approx -\frac{R_c}{2 \times r_o} = -\frac{10 \, \text{k}\Omega}{2 \times 25 \, \text{k}\Omega} = -0.2$$

$$K_{CMR1} = \left|\frac{A_{vd1}}{A_{vc1}}\right| = 467.25$$

7. 电路如图 5.13 所示，$R_{e1} = R_{e2} = 100 \, \Omega$，BJT 的 $\beta = 100$，$V_{BE} = 0.6 \, \text{V}$，电流源动态输出电阻 $r_o = 100 \, \text{k}\Omega$（图中未画出）。（1）当 $v_{i1} = 0.01 \, \text{V}$，$v_{i2} = -0.01 \, \text{V}$ 时，求输出电压 $v_o =$

$v_{o1} - v_{o2}$ 的值。(2)当 c_1、c_2 间接入负载电阻 $R_L = 5.6\,k\Omega$ 时，求 v'_o 的值。(3)单端输出且 $R_L = \infty$ 时，v_{o2} 等于多少? 求 A_{vd2}，A_{vc2} 和 K_{CMR2} 的值。(4)求电路的差模输入电阻 R_{id}、共模输入电阻 R_{ic} 和不接 R_L 时，单端输出的输出电阻 R_{o2}。

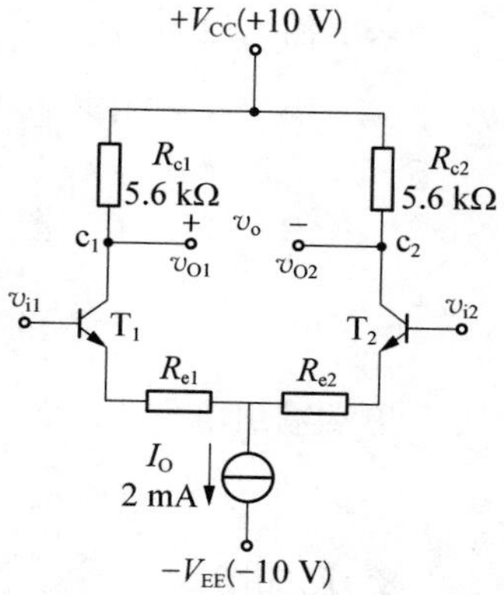

解　(1)当 $v_{i1} = 0.01\,V$，$v_{i2} = -0.01\,V$ 时，求输出电压 v_o 的值。

$$I_O = 2\,mA,\ I_{c1} = \frac{1}{2}I_O = \frac{2}{2}\,mA = 1\,mA$$

$$r_{be1} = 200 + (1+\beta)\frac{V_T}{I_{E1}} = \left(200 + 101 \times \frac{26\,mV}{1\,mA}\right)\Omega \approx 2.8\,k\Omega$$

$$A_{vd} \approx -\frac{\beta R_c}{r_{be1} + (1+\beta)R_{e1}}$$

$$= \frac{-100 \times 5.6}{2.8 + (1+100) \times 100 \times 10^{-3}} = -43.41$$

$$v_o = A_{vd}v_{id} = -43.41 \times [0.01 - (-0.01)]V \approx -0.87\,V$$

(2)当 c_1、c_2 间接入 $R_L = 5.6\,k\Omega$ 时，求 v'_o。

$$A'_{vd} = -\frac{\beta\left[R_{c1} \,//\, \left(\frac{1}{2}R_L\right)\right]}{r_{be1} + (1+\beta)R_{e1}} = -\frac{100 \times 1.87}{2.8 + (1+100) \times 100 \times 10^{-3}} \approx -14.5$$

$$v'_o = A'_{vd}v_{id} = -14.5 \times 0.02\,V = -0.29\,V$$

(3)单端输出，且 $R_L = \infty$ 时，差模电压增益为

$$A_{vd2} = \frac{1}{2} \cdot \frac{\beta R_{c2}}{r_{be} + (1+\beta)R_{e2}} = \frac{100 \times 5.6\,k\Omega}{2 \times [2.8 + (1+100) \times 0.1]k\Omega} \approx 21.7$$

输出电压为

$$v_{o2} = A_{vd2} \cdot v_{id} = 21.7 \times 0.02\,V \approx 0.43\,V$$

共模电压增益为

$$A_{vc2} \approx -\frac{R_c}{2r_o} = -\frac{5.6}{2 \times 100} = -0.028$$

共模抑制比为

$$K_{CMR2} = \left|\frac{A_{vd2}}{A_{vc2}}\right| = \frac{21.7}{0.028} \approx 775$$

(4)求电路的 R_{id}、R_{ic} 和 R_{o2}。

差模输入电阻为

$$R_{id} = 2[r_{be} + (1+\beta)R_{e1}]$$

$$= 2 \times [2.8 + (1+100) \times 100 \times 10^{-3}]k\Omega = 25.8\,k\Omega$$

图中右侧电路：

$+V_{CC}(+10\,V)$

R_{c1} $5.6\,k\Omega$　　R_{c2} $5.6\,k\Omega$

c_1　$+ \atop v_{O1}$　v_o　$- \atop v_{O2}$　c_2

v_{i1}　T_1　　T_2　v_{i2}

R_{e1}　R_{e2}

I_O $2\,mA$

$-V_{EE}(-10\,V)$

图 5.13　习题 7 的电路

共模输入电阻为

$$R_{ic} = \frac{1}{2}\big[r_{be} + (1+\beta)(R_{e1} + 2r_o)\big]$$

$$= \frac{1}{2} \times \big[2.8 + (1+100)(100 \times 10^{-3} + 2 \times 100)\big]k\Omega$$

$$\approx 10.1\,M\Omega$$

单端输出电阻为

$$R_{o2} = R_c = 5.6\,k\Omega$$

8. 已知图 5.14 中三极管的 $\beta = 80$，$V_{BEQ} = 0.6\,V$，$V_{CC} = V_{EE} = 15\,V$，$R_{c1} = R_{c2} = 20\,k\Omega$，$R_{e3} = 7.5\,k\Omega$，$R_{e4} = 750\,k\Omega$，$R = 27\,M\Omega$。（1）试估算放大管的 I_c 和 V_{CQ}（对地）;（2）估算 A_{vd}、R_{id} 和 R_o;（3）若要求静态时放大管的 $V_{CQ} = 12\,V$（对地），则偏置电路的电阻 R 应为多大？

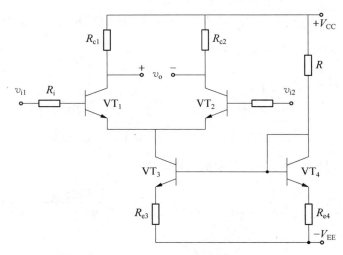

图 5.14　习题 8 的电路

解　（1）由放大电路的直流通路的 KVL 定律，恒流源部分由比例电流源提供，VT_3 为恒流管，忽略 VT_3 的基极电流时可得如下关系式：

$$V_{CC} + V_{EE} = I_{CQ4}(R + R_{e4}) + V_{BE4}$$

则

$$I_{CQ4} = \frac{V_{CC} + V_{EE} - V_{BE4}}{R + R_{e4}} = \frac{15 + 15 - 0.6}{27 \times 10^3 + 750}\,mA \approx 1.06\,\mu A$$

$$I_{EQ4} \approx I_{CQ4} = 1.06\,\mu A$$

由比例电流源各电流之间的关系，可得

$$I_{CQ3} \approx I_{EQ3} = \frac{R_{e4}}{R_{e3}} \times I_{EQ4} = \frac{750}{7.5} \times 1.06\,\mu A = 106\,\mu A$$

$$I_{CQ1} = I_{CQ2} = \frac{1}{2}I_{CQ3} = \frac{1}{2} \times 106\,\mu A = 53\,\mu A$$

$$V_{CQ1}=V_{CQ2}=V_{CC}-I_{CQ1}R_C=(15-53\times20\times10^{-3})\text{V}=13.94\text{ V}$$

（2）VT_1、VT_2 的极间电阻为

$$r_{be}=r'_{bb}+(1+\beta)\cdot\frac{26}{I_{EQ1}}\approx r'_{bb}+(1+\beta)\cdot\frac{26}{I_{CQ1}}$$

$$=\left[300+(1+80)\cdot\frac{26}{53\times10^{-3}}\right]\Omega\approx400\text{ k}\Omega$$

差模电压放大倍数为

$$A_{vd}=-\frac{\beta R_c}{r_{be}}=-\frac{80\times20}{40}=-40$$

$$R_{id}=2r_{be}=2\times40\text{ k}\Omega=80\text{ k}\Omega$$

$$R_o=2R_c=2\times20\text{ k}\Omega=40\text{ k}\Omega$$

（3）当 $V_{CQ}=12\text{ V}$ 时，由 $V_{CQ}=V_{CC}-I_{CQ}R_C$ 得

$$I_{CQ1}=\frac{V_{CC}-V_{CQ}}{R_c}=\frac{15-12}{20}\text{mA}=0.15\text{ mA}$$

$$I_{EQ3}\approx I_{CQ3}=2I_{CQ1}=2\times0.15\text{ mA}=0.3\text{ mA}$$

$$I_{CQ4}\approx I_{EQ4}=I_{CQ3}\cdot\frac{R_{s3}}{R_{s4}}=0.3\text{ mA}\times\frac{7.5}{750}=3\text{ μA}$$

对偏置电路运用 KVL 定律：$V_{CC}+V_{EE}=I_{CQ4}(R+R_{e4})+V_{BE4}$

则 $$R=\frac{V_{CC}+V_{EE}-V_{BE4}}{I_{CO4}}-R_{e4}=\left(\frac{15+15-0.6}{3\times10^{-3}}-750\right)\text{k}\Omega=9.05\text{ M}\Omega$$

9. 两级放大电路如图 5.15 所示，g_m，β 和 r_{be} 均已知。（1）求出电压放大倍数 A_v 的表达式；（2）求出输出电阻 R_o 的表达式；（3）说明该电路的特点。

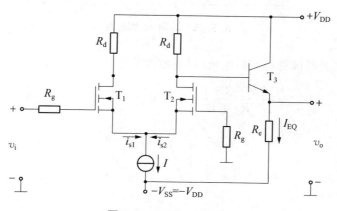

图 5.15 习题 9 的电路

解 （1） $$A_{v1}=\frac{1}{2}g_m\{R_d\mathbin{/\!/}[r_{be}+(1+\beta)R_e]\}$$

$$A_{v2} = \frac{(1+\beta)R_e}{r_{be} + (1+\beta)R_e}$$

$$A_v = A_{v1} \cdot A_{v2} = \frac{g_m R_d (1+\beta)R_e}{2[R_d + r_{be} + (1+\beta)R_e]}$$

(2)
$$R_o = \frac{R'_s + r_{be}}{1+\beta} /\!/ R_e = \frac{R_d + r_{be}}{1+\beta} /\!/ R_e$$

(3) T_3 管采用双电源,可以实现零输入零输出,输入电阻极高,输出电阻很低,该电路从信号源吸取的电流近似于零,具有较强的带负载能力。

10. 电路如图 5.16 所示,各晶体管的 β 均为 80,$V_{BE} = 0.6\,V$,$r_{bb'} = 300\,\Omega$,基极电流均可忽略,R_W 滑动端处于中间位置,试求:(1) T_3 的静态工作点;(2) 电压放大倍数 $A_v = \frac{v_o}{v_i}$;(3) 输入电阻 R_i 和输出电阻 R_o。(4) 不失真的最大输入信号 v_{im} 为多少(设 T_3 的 $V_{CES3} = 1\,V$)?

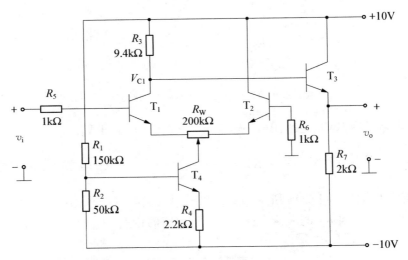

图 5.16 习题 10 的电路

解 (1) 忽略各晶体管的基极电流,可近似计算如下:

$$V_{R2} = \frac{10\,V - (-10\,V)}{R_1 + R_2} \times R_2 = \frac{20}{200} \times 50\,V = 5\,V$$

$$I_{EQ4} = \frac{V_{R2} - V_{BE4}}{R_4} = \frac{5 - 0.6}{2.2}\,mA = 2\,mA$$

$$I_{EQ1} = I_{EQ2} = \frac{1}{2} I_{CQ4} \approx \frac{1}{2} I_{EQ4} = 1\,mA$$

$$I_{CQ1} \approx I_{EQ1} \approx 1\,mA$$

$$V_{CQ1} \approx 10\,V - R_3 I_{CQ1} \approx (10 - 9.4 \times 1)\,V = 0.6\,V$$

$$V_{EQ3} = V_o = V_{CQ1} - V_{BE} = 0\,V$$

$$I_{EQ3} = \frac{V_{EQ3} - (-10\,V)}{R_7} = 5\,mA$$

$$I_{CQ3} \approx I_{EQ3} = 5\,\mathrm{mA}$$

$$V_{CEQ3} = 10\,\mathrm{V} - V_{EQ3} = 10\,\mathrm{V}$$

(2)　　　$r_{be1} = 300\,\Omega + (1+\beta)\dfrac{26}{I_{EQ1}}\,\Omega = \left(300 + 81 \times \dfrac{26}{1}\right)\Omega \approx 2.4\,\mathrm{k}\Omega$

$$r_{be3} = 300\,\Omega + (1+\beta)\dfrac{26}{I_{EQ3}}\,\Omega = \left(300 + 81 \times \dfrac{26}{5}\right)\Omega \approx 0.72\,\mathrm{k}\Omega$$

$$R_{i3} = r_{be3} + (1+\beta)R_7 = (0.72 + 81 \times 2)\,\mathrm{k}\Omega = 162.72\,\mathrm{k}\Omega$$

$$R'_{L1} = R_3 \;/\!/\; R_{i3} = 9.4 \;/\!/\; 162.72\,\mathrm{k}\Omega \approx 8.89\,\mathrm{k}\Omega$$

$$A_{v1} = -\frac{1}{2} \cdot \frac{\beta R'_{L1}}{R_5 + r_{be1} + (1+\beta) \times \frac{1}{2}R_w} = -\frac{1}{2} \cdot \frac{81 \times 8.89}{1 + 2.4 + 81 \times 0.5 \times 0.2} \approx -31.3$$

$$A_{v2} = \frac{(1+\beta)R_7}{r_{be3} + (1+\beta)R_7} = \frac{81 \times 2}{162.72} \approx 0.996$$

$$A_v = A_{v1} \cdot A_{v2} \approx -31.3 \times 0.9956 \approx -31.16$$

(3)　$R_i = 2\left[R_5 + r_{be1} + (1+\beta)\dfrac{1}{2}R_w\right] = 2[1 + 2.4 + 81 \times 0.1]\,\mathrm{k}\Omega = 23\,\mathrm{k}\Omega$

$$R_o = \frac{R_3 + r_{be3}}{1+\beta} \;/\!/\; R_7 = \frac{9.4 + 0.72}{81} \;/\!/\; 2\,\Omega \approx 118\,\Omega$$

(4)　　　　$v_{om} = 10\,\mathrm{V} - v_{CES3} = 10\,\mathrm{V} - 1\,\mathrm{V} = 9\,\mathrm{V}$

$$v_{im} = \frac{v_{om}}{|A_v|} \approx 289\,\mathrm{mV}$$

5.6　自测题及答案解析

5.6.1　自测题

1. 填空题

（1）在两边完全对称的差分放大电路中,若两输入端电压 $v_{i1} = v_{i2}$,差模电压增益 $A_{vd} = -40$,则双端输出电压 $v_o = (\quad\quad)$。

（2）在完全对称的差分放大电路中,若 $v_{i1} = 18\,\mathrm{mV}$, $v_{i2} = 10\,\mathrm{mV}$,则输入差模电压 $v_{id} = (\quad\quad)\mathrm{mV}$;若空载时双端输出的差模电压增益 $A_{vd} = -100$,则差分放大电路的两输出端的空载电压 $V_o = (\quad\quad)\mathrm{mV}$。

（3）差分放大器的基本特点是放大（　　　　　　）、抑制（　　　　　　　　）。

（4）甲、乙、丙三个直接耦合放大电路,甲电路的放大倍数为 1 000,乙电路的放大倍数为 50,丙电路的放大倍数是 20,当温度从 20℃升到 25℃时,甲电路的输出电压漂移了 10 V,乙电路的输出电压漂移了 1 V,丙电路的输出电压漂移了 0.5 V,（　　　）电路的温漂参数最小。

（5）在两边完全对称的理想差分放大电路中,共模抑制比 $K_{CMR} = (\quad\quad)$;若 $v_{i1} = $

$3.5\,\text{mV}$, $v_{i2}=2.5\,\text{mV}$,则差分放大电路的差模输入电压 $v_{id}=$（   ）mV。

（6）由于电流源具有直流电阻（   ）而交流电阻很（   ）的特点,在模拟电路中,广泛地把它作为负载使用,称为有源负载。

（7）在相同条件下阻容耦合放大电路的零点漂移比直接耦合放大电路（   ）。

（8）在两边完全对称的差分放大电路中,若两输入端电压 $v_{i1}=v_{i2}$,则双端输出电压 $v_o=$（   ）V;若 $v_{i1}=4.5\,\text{mV}$, $v_{i2}=3.5\,\text{mV}$,则差分放大电路的差模输入电压 $v_{id}=$（   ）mV,共模输入信号 $v_{ic}=$（   ）mV。

（9）表征差动放大电路抑制零点漂移能力的参数是（   ）。

（10）差分放大电路的等效差模输入信号 v_{id} 等于两个输入信号 v_1 和 v_2 的（   ）,等效共模输入信号 v_{ic} 是两个输入 v_1 和 v_2 的（   ）。

2. 选择题

（1）共模抑制比是差分放大电路的一个主要技术指标,它反映放大电路（   ）的能力。

A. 放大差模抑制共模　　　　　　　　B. 输入电阻高

C. 输出电阻低　　　　　　　　　　　D. 放大信号

（2）差分放大电路由双端输入变为单端输入,差模电压增益（   ）。

A. 增加一倍　　　　　　　　　　　　B. 为双端输入时的 $1/2$

C. 不变　　　　　　　　　　　　　　D. 不确定

（3）理想情况下,差分放大器的差模输入电阻为（   ）。

A. 1　　　　　　B. 0　　　　　　C. ∞　　　　　　D. 100

（4）为了减小零点漂移,多级直流放大器的第一级通常采用（   ）。

A. 固定偏置放大电路　　　　　　　　B. 分压式偏置放大电路

C. 差分放大电路　　　　　　　　　　D. 射极跟随器

（5）在差分放大电路中,适当地增大射极公共电阻 R_e 将会提高电路的（   ）

A. 输入电阻　　　　　　　　　　　　B. 差模电压增益

C. 共模电压增益　　　　　　　　　　D. 共模抑制比

（6）双端输出的差分放大电路主要是（   ）来抑制零点漂移的。

A. 通过增加一级放大　　　　　　　　B. 利用两个输入端

C. 利用参数对称的对管　　　　　　　D. 利用电路的对称性

（7）差分放大电路由双端输出变为单端输出,共模电压放大倍数（   ）。

A. 变大　　　　　　B. 变小　　　　　　C. 不变　　　　　　D. 不确定

（8）差分放大电路由双端输入变为单端输入,差模电压放大倍数（   ）

A. 减小一半　　　　　　　　　　　　B. 增加一倍

C. 不变　　　　　　　　　　　　　　D. 按指数规律变化

（9）差分放大电路是为了（   ）而设置的。

A. 稳定电压增益　　　　　　　　　　B. 提供负载能力

C. 扩展频带　　　　　　　　　　　　D. 抑制零点漂移

（10）共模抑制比 K_{CMR} 是指（   ）。

A. 差模输入信号与共模输入信号之比　　B. 输出量中差模成分与共模成分之比

C. 差模放大倍数与共模放大倍数之比　　D. 交流放大倍数与直流放大倍数之比

3. 带恒流源的差动放大电路如图 5.17 所示。$V_{CC} = V_{EE} = 12\,V$, $R_c = 5\,k\Omega$, $R_b = 1\,k\Omega$, $R_W = 100\,\Omega$, 滑动头位于其中间, $R_e = 3.6\,k\Omega$, $R = 3\,k\Omega$, $\beta_1 = \beta_2 = 50$, $R_L = 10\,k\Omega$, $V_{BE1} = V_{BE2} = 0.7\,V$, $V_Z = 8\,V$。

（1）估算电路的静态工作点 I_{C1Q}、V_{C1Q}、I_{C2Q} 和 V_{C2Q}；

（2）计算差模放大倍数 A_{vd}；

（3）计算差模输入电阻 R_{id} 和差模输出电阻 R_{od}。

4. 差动放大器如图 5.18(a)和(b)所示。设 $\beta_1 = \beta_2 = 60$, $r_{be1} = r_{be2} = 1\,k\Omega$, $R_W = 2\,k\Omega$, 滑动端调在 $R_W/2$ 处, $R_{c1} = R_{c2} = 10\,k\Omega$, $R_e = 5.1\,k\Omega$, $R_{b1} = R_{b2} = 2\,k\Omega$, $+V_{CC} = 12\,V$, $-V_{EE} = -12\,V$。试比较这两种差动放大电路的 A_{vd}、R_{id}、R_o。

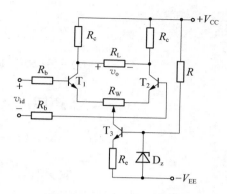

图 5.17　自测题 3 的电路

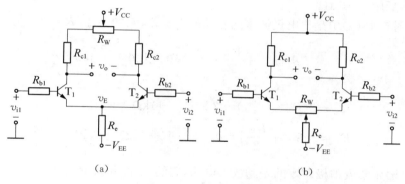

（a）　　　　　　　　　　　（b）

图 5.18　自测题 4 的电路

5.6.2　答案解析

1. 填空题

（1）0　（2）8, -800　（3）差模信号, 共模信号　（4）甲　（5）∞, 1　（6）小, 大　（7）小　（8）0, 1, 4　（9）共模抑制比(K_{CMR})　（10）差, 算术平均值

2. 选择题

（1）A　（2）C　（3）C　（4）C　（5）D　（6）D　（7）A　（8）C　（9）D　（10）C

3. 解　（1）求电路的静态工作点。

$$I_{C3} = \frac{V_Z - V_{BE}}{R_e} = \frac{8 - 0.7}{3.6 \times 10^3}\,mA \approx 2\,mA$$

$$I_{C1Q} = I_{C2Q} = \frac{I_{C3}}{2} = 1\,mA$$

$$V_{C1Q} = V_{C2Q} = V_{CC} - I_{C1Q}R_c = 12\,V - 1 \times 5\,V = 7\,V$$

（2）交流通路如图 5.19 所示。

$$r_{\text{bel}} = r_{\text{be2}} = r_{\text{bb}'} + (1+\beta)\frac{26\,\text{mV}}{I_{\text{E1Q}}}$$

$$= 200\,\Omega + 51 \times \frac{26}{1}\,\text{k}\Omega = 1.5\,\text{k}\Omega$$

$$A_{vd} = \frac{-\beta_1\left(R_c \,/\!/\, \dfrac{R_L}{2}\right)}{R_b + r_{\text{bel}} + (1+\beta_1)\dfrac{R_w}{2}}$$

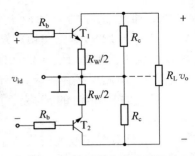

图 5.19　自测题 3 的交流通路

$$= -\frac{50 \times \left(5 \,/\!/\, \dfrac{10}{2}\right)}{1 + 1.5 + 51 \times 0.05} \approx -25$$

$(3)\ R_{\text{id}} = 2\left[R_b + r_{\text{bel}} + (1+\beta_1)\dfrac{R_w}{2}\right] = 2(1 + 1.5 + 51 \times 0.05)\,\text{k}\Omega \approx 10\,\text{k}\Omega$

$\qquad R_{\text{od}} = 2R_c = 10\,\text{k}\Omega$

4. 解　图 5.18(a)中是集电极调零的差动放大电路,它的 A_{vd}、R_{id}、R_o 为

$$A_{vd} = -\frac{\beta_1\left(R_{c1} + \dfrac{R_w}{2}\right)}{R_{b1} + r_{\text{bel}}} = -\frac{60 \times \left(10 + \dfrac{2}{2}\right)}{2+1} = -220$$

$$R_{\text{id}} = 2(R_{b1} + r_{\text{bel}}) = 2 \times (2+1)\,\text{k}\Omega = 6\,\text{k}\Omega$$

$$R_o = 2\left(R_{c1} + \dfrac{R_w}{2}\right) = 2 \times \left(10 + \dfrac{2}{2}\right)\,\text{k}\Omega = 22\,\text{k}\Omega$$

图 5.18(b)中是发射极调零的差动放大电路,它的 A_{vd}、R_{id}、R_o 为

$$A_{vd} = -\frac{\beta_1 R_{c1}}{R_{b1} + r_{\text{bel}} + (1+\beta_1)\dfrac{R_w}{2}} = -\frac{60 \times 10}{2 + 1 + 61 \times \dfrac{2}{2}} \approx -9.4$$

$$R_{\text{id}} = 2\left[R_{b1} + r_{\text{bel}} + (1+\beta_1)\dfrac{R_w}{2}\right] = 2 \times (2 + 1 + 61 \times 2/2)\,\text{k}\Omega = 128\,\text{k}\Omega$$

$$R_o = 2R_{c1} = 2 \times 10\,\text{k}\Omega = 20\,\text{k}\Omega$$

第 6 章

反馈放大电路

6.1　教学要求

在电子电路中,反馈的应用极为广泛。按照极性的不同,反馈分为负反馈和正反馈两种类型,它们在电子电路中所起的作用不同。在所有实用的放大电路中都要适当地引入负反馈,用于改善或控制放大电路的一些性能指标,但这些性能的改善都是以降低增益为代价的。在某些情况下,放大电路中的负反馈可能转变为正反馈。正反馈会造成放大电路的工作不稳定,但在波形产生电路中则要有意地引入正反馈,以构成自激振荡的条件。

反馈放大电路是模拟电路中的重点和难点内容之一。通过本章学习应达到以下要求:

(1) 正确理解反馈的基本概念、负反馈对放大电路性能的影响、负反馈放大电路的自激振荡的原因和条件及稳定性分析。

(2) 熟练掌握负反馈放大电路的基本类型及判别方法,会根据需要正确引入反馈。

(3) 熟练掌握负反馈放大电路增益的一般表达式,掌握深度负反馈条件下放大电路闭环增益的估算,熟练运用虚短和虚断的概念解题。

(4) 了解负反馈放大电路消除自激振荡的方法。

6.2　内容精炼

本章介绍了反馈的基本概念及负反馈放大电路的类型,然后介绍了负反馈放大电路增益的一般表达式,负反馈对放大电路性能的影响,闭环电压增益的近似计算,以及负反馈放大电路的设计,最后讨论了负反馈放大电路的稳定性问题。

6.2.1　反馈的基本概念与分类

1. 反馈的基本概念

在电子电路中,将电路输出电量(电压或电流)的一部分或全部通过反馈网络,用一定的方式送回到输入回路,以影响输入、输出电量(电压或电流)的过程,称为反馈。

2. 直流反馈与交流反馈

放大电路中既含有直流分量,也含有交流分量,存在于放大电路的直流通路中的反馈为直流反馈,主要影响放大电路的直流性能,如静态工作点。存在于交流通路中的反馈为交流反馈,主要影响放大电路的交流性能,如增益、输入电阻、输出电阻和带宽等。本章重点讨论交流反馈。

3. 正反馈与负反馈

当电路中引入反馈后,反馈信号削弱了外加输入信号的作用,使净输入减小,称为负反馈。负反馈能使输出信号维持稳定。反之,反馈信号增强了外加输入信号的作用,使净输入增加,称为正反馈。正反馈将破坏电路的稳定性。常用瞬时极性法判断正反馈与负反馈。

4. 串联反馈与并联反馈

在反馈放大电路的输入回路,反馈网络的输出端口与基本放大电路的输入端口串联连接的,称为串联反馈;反馈网络的输出端口与基本放大电路的输入端口并联连接的,称为并联反馈。常用的判断方法:当反馈信号与输入信号分别接至基本放大电路的不同输入端时,引入的是串联反馈;当反馈信号与输入信号分别接至基本放大电路的同一个输入端时,引入的是并联反馈,如图 6.1 所示。

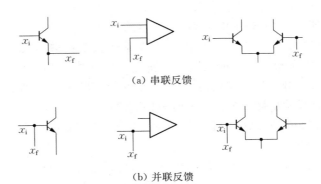

(a) 串联反馈

(b) 并联反馈

图 6.1　串联反馈与并联反馈

5. 电压反馈与电流反馈

如果反馈信号取自输出电压,称为电压反馈;如果反馈信号取自输出电流,称为电流反馈。电压负反馈能稳定输出电压;电流负反馈能稳定输出电流。常采用"输出短路法"来判断电压反馈与电流反馈。

6. 负反馈放大电路的四种组态

综上,可得到负反馈放大电路的四种基本类型:电压串联负反馈,电压并联负反馈,电流串联负反馈和电流并联负反馈。四种负反馈放大电路的方框图如图 6.2 所示。

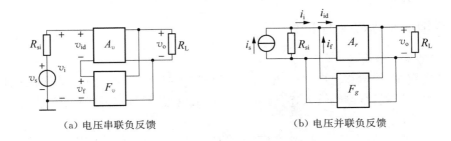

(a) 电压串联负反馈　　　　　　　　　　(b) 电压并联负反馈

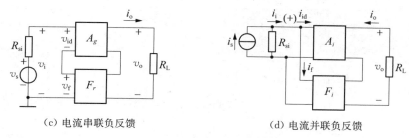

（c）电流串联负反馈　　　　　　　　　（d）电流并联负反馈

图 6.2　四种负反馈放大电路的方框图

6.2.2　负反馈放大电路增益的一般表达式

负反馈放大电路的组成框图如图 6.3 所示。

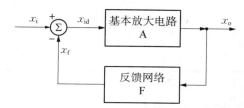

图 6.3　负反馈放大电路的组成框图

图 6.3 中，x_i 是输入信号；x_o 是输出信号；x_f 是反馈信号；x_{id} 是净输入信号。这些信号可以是电压，也可以是电流。

负反馈放大电路的增益（闭环增益）为

$$A_f = \frac{x_o}{x_i} = \frac{x_o}{x_{id} + x_i} = \frac{x_o}{\dfrac{x_o}{A} + F x_o} = \frac{A}{1 + AF}$$

式中，$A = \dfrac{x_o}{x_{id}}$ 为开环增益；$F = \dfrac{x_f}{x_o}$ 为反馈系数。

一般情况下，A 和 F 都是频率的函数，当考虑信号频率的影响时，A_f、A 和 F 分别用 $\dot{A}_f$、$\dot{A}$ 和 $\dot{F}$ 表示。

把 $|1 + \dot{A}\dot{F}|$ 称为反馈深度。

若 $|1 + \dot{A}\dot{F}| \gg 1$，称为深度负反馈。

若 $|1 + \dot{A}\dot{F}| > 1$，则 $|\dot{A}_f| < |\dot{A}|$，即引入反馈后，增益下降了，这时的反馈为负反馈。

若 $|1 + \dot{A}\dot{F}| < 1$，则 $|\dot{A}_f| > |\dot{A}|$，即引入反馈后，增益增加了，这时的反馈为正反馈。

若 $|1 + \dot{A}\dot{F}| = 0$，则 $|\dot{A}_f| \to \infty$，表示放大电路在没有输入信号时，也有输出信号，说明电路产生了自激振荡。

四种负反馈放大电路中，A_f、A 和 F 的含义如表 6.1 所示。

表 6.1　负反馈放大电路中各种信号量的含义

信号量或 信号传递比	负反馈类型			
	电压串联	电流并联	电压并联	电流串联
x_o	电压	电流	电压	电流
x_i、x_f、x_{id}	电压	电流	电流	电压
$A = \dfrac{x_o}{x_{id}}$	$A_v = \dfrac{v_o}{v_{id}}$	$A_i = \dfrac{i_o}{i_{id}}$	$A_r = \dfrac{v_o}{i_{id}}$	$A_g = \dfrac{i_o}{v_{id}}$
$F = \dfrac{x_f}{x_o}$	$F_v = \dfrac{v_f}{v_o}$	$F_i = \dfrac{i_f}{i_o}$	$F_g = \dfrac{i_f}{v_o}$	$F_r = \dfrac{v_f}{i_o}$
$A_f = \dfrac{x_o}{x_i}$ $= \dfrac{A}{1+AF}$	$A_{vf} = \dfrac{v_o}{v_i}$ $= \dfrac{A_v}{1+A_vF_v}$	$A_{if} = \dfrac{i_o}{i_i}$ $= \dfrac{A_i}{1+A_iF_i}$	$A_{rf} = \dfrac{v_o}{i_i}$ $= \dfrac{A_r}{1+A_rF_g}$	$A_{gf} = \dfrac{i_o}{v_i}$ $= \dfrac{A_g}{1+A_gF_r}$
功能	v_i 控制 v_o， 电压放大	i_i 控制 i_o， 电流放大	i_i 控制 v_o， 电流转换为电压	v_i 控制 i_o， 电压转换为电流

6.2.3　负反馈对放大电路性能的影响

在放大电路中引入负反馈后,虽然会导致闭环增益的下降,但能使放大电路的许多性能得到改善。

1. 提高增益的稳定性

引入负反馈后,闭环增益的相对变化量为开环增益相对变化量的 $\dfrac{1}{1+AF}$,如式(6-1),即闭环增益的相对稳定度提高了,$|1+AF|$ 越大,即负反馈越深,$\dfrac{\mathrm{d}A_f}{A_f}$ 越小,闭环增益的稳定性越好。

$$\frac{\mathrm{d}A_f}{A_f} = \frac{1}{1+AF} \cdot \frac{\mathrm{d}A}{A} \tag{6-1}$$

2. 减小非线性失真

引入负反馈后,可减小反馈环内的非线性失真。如果输入波形本身就是失真的,这时即使引入负反馈,也是无济于事的。

3. 抑制反馈环内噪声

引入负反馈可对反馈环内的噪声和干扰有抑制作用。若噪声或干扰来自反馈环外,则引入负反馈也无济于事。

4. 扩展带宽

引入负反馈后,中频闭环增益下降为 $\dot{A}_M/(1+\dot{A}_M\dot{F})$,上限频率扩展为 $(1+\dot{A}_M\dot{F})f_H$,即通频带扩展到无反馈时的 $(1+\dot{A}_M\dot{F})$ 倍。

5. 对输入电阻和输出电阻的影响

负反馈对放大电路输入电阻和输出电阻的影响如表6.2所示。

表6.2 负反馈对放大电路输入电阻和输出电阻的影响

比较项	电压串联	电压并联	电流串联	电流并联
R_{if}	增大	减小	增大	减小
R_{of}	减小	减小	增大	增大
特点	稳定输出电压		稳定输出电流	
用途	电压放大	电流-电压变换	电压-电流变换	电流放大

6.2.4 深度负反馈条件下的近似计算

负反馈放大电路的分析,常用深度负反馈条件下的近似计算法。一般情况下,负反馈放大电路,特别是由集成运放组成的放大电路都能满足深度负反馈的条件。

深度负反馈的条件是

$$|1+\dot{A}\dot{F}| \gg 1$$

相应的闭环放大倍数近似为

$$\dot{A}_f = \frac{\dot{A}}{1+\dot{A}\dot{F}} \approx \frac{1}{F}$$

根据 $\dot{A}_f$ 和 $\dot{F}$ 的定义,

$$\dot{A}_f = \frac{\dot{X}_o}{\dot{X}_i}, \qquad \frac{1}{\dot{F}} = \frac{\dot{X}_o}{\dot{X}_f}$$

由于 $\dot{A}_f = \frac{1}{\dot{F}}$,则 $\frac{\dot{X}_o}{\dot{X}_i} = \frac{\dot{X}_o}{\dot{X}_f}$,所以有 $x_i \approx x_f$。

因此,当 $|1+\dot{A}\dot{F}| \gg 1$ 时,反馈信号 x_f 与输入信号 x_i 相差甚微,净输入信号 x_{id} 甚小,因而有 $x_{id} = x_i - x_f \approx 0$。

对于串联负反馈,有 $v_i \approx v_f$,$v_{id} \approx 0$(虚短);对于并联负反馈,有 $i_i \approx i_f$,$i_{id} \approx 0$(虚断)。利用虚短、虚断的概念可以快速方便地估算出负反馈放大电路的闭环增益或闭环电压增益。

6.2.5 负反馈放大电路的设计

设计负反馈放大电路的一般步骤如下。

1. 选定需要的反馈类型

(1)为了稳定静态工作点,应引入直流负反馈;为了改善放大电路的动态性能,应引入交流负反馈(在中频段的极性)。

(2) 要求提高输入电阻或信号源内阻较小时,应引入串联负反馈;要求降低输入电阻或信号源内阻较大时,应引入并联负反馈。

(3) 根据负载对放大电路输出电量或输出电阻的要求,决定是引入电压还是电流负反馈。若负载要求提供稳定的电压信号(输出电阻小),则应引入电压负反馈;若负载要求提供稳定的电流信号,输出电阻大,则应引入电流负反馈。

(4) 在需要进行信号变换时,应根据四种类型的负反馈放大电路的功能选择合适的组态。例如,要求实现电流-电压信号的转换时,应在放大电路中引入电压并联负反馈等。

2. 确定反馈系数的大小

通常情况下,假设引入的是深度负反馈,由设计指标及 $A_f \approx 1/F$ 的关系确定反馈系数 F 的大小。

3. 适当选择反馈网络中的电阻阻值

多数情况下,反馈网络由电阻或电阻和电容组成。一个给定的反馈系数值,往往可由不同的电阻值组合获得。

4. 检验

用仿真软件进行分析,检验是否符合设计要求。

6.2.6 负反馈放大电路的稳定性

由放大电路的频率响应可知,放大电路在高频区和低频区将会产生附加相移,当附加相移达到一定程度时,就会使电路中的负反馈变成正反馈,从而有可能引起电路自激振荡。

1. 产生自激振荡的条件

负反馈放大电路产生自激振荡的条件是环路增益 $\dot{A}\dot{F} = -1$。 它包括幅值条件和相位条件,即

$$\begin{cases} |\dot{A}\dot{F}| = 1, \\ \varphi_a + \varphi_f = (2n+1)\pi, \end{cases} \quad n = 0, 1, 2, \cdots$$

为了突出附加相移,上述自激振荡的条件也常写成

$$\begin{cases} |\dot{A}\dot{F}| = 1, \\ \Delta\varphi_a + \Delta\varphi_f = \pm\pi \end{cases}$$

当幅值条件和相位条件同时满足时,负反馈放大电路就会产生自激。在 $\Delta\varphi_a + \Delta\varphi_f = \pm\pi$ 及 $|\dot{A}\dot{F}| > 1$ 时,更加容易产生自激振荡。

2. 稳定工作的条件

由自激振荡的条件可知,如果环路增益 $\dot{A}\dot{F}$ 的幅值条件和相位条件不能同时满足,负反馈放大电路就不会产生自激振荡。故负反馈放大电路稳定工作的条件是:

当 $|\dot{A}\dot{F}| = 1$ 时,$|\varphi_a + \varphi_f| < \pi$;当 $\varphi_a + \varphi_f = \pm\pi$ 时,$|\dot{A}\dot{F}| < 1$

3. 稳定裕度

(1) 增益裕度 G_m。

定义 $f = f_{180}$ 时对应的 $20\lg|\dot{A}\dot{F}|$ 为增益裕度,用 G_m 表示:

$$G_m = 20\lg|\dot{A}\dot{F}|_{f=f_{180}} (dB)$$

一般要求 $G_m \leqslant -10\ dB$,保证电路有足够的增益裕度。

(2) 相位裕度 φ_m。

定义 $f = f_0$ 时,$|\varphi_a + \varphi_f|$ 与 $180°$ 的差值为相位裕度,用 φ_m 表示:

$$\varphi_m = 180° - |\varphi_a + \varphi_f|_{f=f_0}$$

一般要求 $\varphi_m \geqslant 45°$,保证电路有足够的相位裕度。

4. 消除自激振荡的方法

发生在负反馈放大电路中的自激振荡是有害的,必须设法消除,常采用频率补偿法消除。通常是在放大电路中加入 RC 相位补偿网络,改善放大电路的频率特性,使放大电路具有足够的增益裕度和相位裕度。

6.3 难点释疑

6.3.1 反馈元件的确定

反馈信号是通过反馈网络(或元件)从输出回路反送到输入回路的。因此,要寻找反馈元件,首先应该把架于这两个回路之间的"桥梁"即所谓的反馈支路找出来。

6.3.2 反馈类型的判断

(1) 有、无反馈的判断方法:看放大电路的输出回路与输入回路之间是否存在反馈网络(或反馈通路),若有则存在反馈,电路为闭环的形式;否则就不存在反馈,电路为开环的形式。

(2) 交、直流反馈的判断方法:存在于放大电路交流通路中的反馈为交流反馈;存在于直流通路中的反馈为直流反馈。

(3) 电压、电流反馈的判断方法:常用"输出短路法",假设负载短路,即 $R_L = 0$(或 $v_o = 0$),若反馈信号不存在了,则是电压反馈;若反馈信号仍然存在,则是电流反馈。

(4) 串联、并联反馈的判断方法:观察反馈网络输出端口与基本放大电路的输入端口连接方式。若二者以串联方式连接,则为串联反馈,此时 x_f 与 x_i 以电压形式比较;若二者以并联方式连接,则为并联反馈,此时 x_f 与 x_i 以电流形式比较。为了使负反馈的效果更好,当信号源内阻较小时,宜采用串联负反馈;当信号源内阻较大时,宜采用并联负反馈。

6.3.3 反馈极性的判断

正反馈、负反馈的判断方法:常用"瞬时极性法",即假设输入信号在某瞬时的极性为"+",再根据各类放大电路输出信号与输入信号间的相位关系,逐级标出电路中各有关点电位的瞬时极性或各有关支路电流的瞬时流向,最后看反馈信号是削弱还是增强了净输入信号,若是削弱了净输入信号,则为负反馈;反之则为正反馈。

6.4 典型例题分析

例 6.1 判断下列电路的反馈极性及反馈组态。

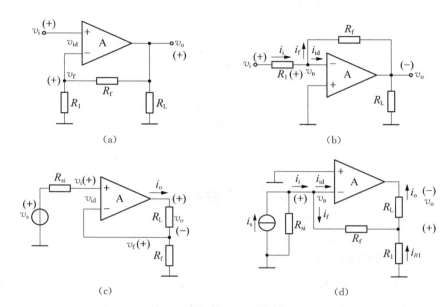

图 6.4 例 6.1 的电路

解 （a）反馈信号 v_f 和输入信号 v_i 接于基本放大电路 A 的不同输入端,是串联反馈;将负载电阻 R_L 短路,经电阻 R_f 引回的反馈量不复存在,故为电压反馈;按瞬时极性法,设 v_i 在某一瞬时的极性为（+）,经放大电路 A 进行同相放大后,v_o 也为（+）,与 v_o 成比例的 v_f 也为（+）,使净输入电压 $v_{id}(=v_i-v_f)$ 比没有反馈时减小了,故为负反馈。

综上可以确定图（a）电路的反馈为电压串联负反馈的组态。

（b）反馈元件为 R_f,经 R_f 引回的反馈信号与输入信号接至运放的同一输入端,故引入的是并联反馈;如将负载电阻 R_L 短路,经电阻 R_f 引回的反馈量不复存在,故为电压反馈;按瞬时极性法,设交流输入信号 v_i 在某一瞬时的极性为（+）,则 v_n 也为（+）,经运放 A 反相放大后,输出电压 v_o 为（－）,电流 i_i、i_f、i_{id} 的瞬时流向如图中箭头所示。净输入电流 $i_{id}(=i_i-i_f)$ 比没有反馈时减小了,故为负反馈。

综上可以确定图（b）电路的反馈为电压并联负反馈的组态。

（c）反馈信号与输入信号接在放大电路的不同输入端,是串联反馈;如将负载电阻 R_L 短路,反馈信号仍存在,故为电流反馈;按瞬时极性法,设 v_s、v_i 在某一瞬时的极性为（+）,经运放 A 同相放大后,v_o 及 v_f 的瞬时极性也为（+）,使净输入电压 $v_{id}(=v_i-v_f)$ 比没有反馈时减小了,故为负反馈。

综上可以确定图（c）电路的反馈为电流串联负反馈的组态。

（d）反馈信号与输入信号接至同一个节点,是并联反馈;将负载电阻 R_L 短路,经电阻

R_f 引回的反馈量仍存在,故为电流反馈;按瞬时极性法,设运放反相输入端交流电位 v_n 的瞬时极性为(＋),则输出交流电压的极性应为(－),电流 i_i、i_o、i_f、i_{id} 的瞬时流向如图中箭头所示。净输入电流 i_{id}(＝i_i － i_f) 比没有反馈时减小了,故为负反馈。

综上可以确定图(d)电路的反馈为电流并联负反馈的组态。

例 6.2　试判断图 6.5 所示各电路中级间交流反馈的类型。

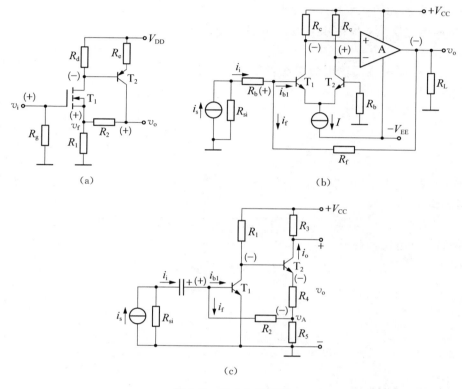

图 6.5　例 6.2 的电路

解　(a) 电阻 R_1 和 R_2 构成级间反馈通路。由于反馈信号与输入信号接至放大电路的不同端,是串联反馈;令 v_o＝0,没有反馈信号,因此是电压反馈;按瞬时极性法,设 v_i 的瞬时极性为(＋),经 T_1 构成的共源电路放大后,T_2 基极的交流电位为(－),因 T_2 组成共射电路,其输出信号与输入信号反相,所以 v_o 及 v_f 为(＋),使净输入电压 v_{gs}(＝v_i － v_f) 比没有反馈时减小了,故为负反馈。

综上可以确定图(a)电路的级间反馈为电压串联负反馈。

(b) 电阻 R_f 构成级间反馈通路。由于反馈信号与输入信号接于放大电路的同一个输入端,是并联反馈;用输出短路法令 R_L＝0,v_o＝0,反馈信号不复存在,因此是电压反馈;按瞬时极性法,设 T_1 基极交流电位 v_{b1} 的瞬时极性为(＋),则 T_1 集电极的 v_{c1} 为(－),T_2 集电极的 v_{c2} 为(＋),第二级的输出电压 v_o 为(－),电流 i_i、i_f 及 i_{b1} 的瞬时流向如图中箭头所示。净输入电流 i_{id}(＝i_{b1}＝i_i － i_f) 比没有反馈时减小了,故为负反馈。

综上可以确定图(b)电路的级间反馈为电压并联负反馈。

（c）电阻 R_5、R_2 构成级间反馈通路。由于反馈信号与输入信号接于放大电路的同一个输入端,是并联反馈;用输出短路法令 $v_o = 0$,仍有反馈信号,因此是电流反馈;按瞬时极性法,设 T_1 基极交流电位 v_{b1} 的瞬时极性为（＋）,则 T_1 集电极的 v_{c1} 为（－）,T_2 发射极的 v_{e2} 为（－）,电流 i_i、i_f 及 i_{b1} 的瞬时流向如图中箭头所示。净输入电流 i_{id}（$= i_{b1} = i_i - i_f$）比没有反馈时减小了,故为负反馈。

综上可以确定图（c）电路的级间反馈为电流并联负反馈。

例 6.3 电路如图 6.6 所示,满足 $1 + AF \gg 1$ 的条件,判断电路反馈的极性和类型,写出闭环电压增益表达式。

解 由瞬时极性法及输出短路法可判断出,该电路反馈为电压串联负反馈。

电路的闭环电压增益为

$$A_{vf} = \frac{v_o}{v_i} \approx 1 + \frac{R_f}{R_{b2}}$$

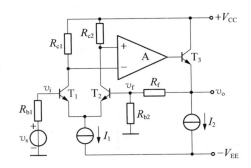

图 6.6 例 6.3 的电路

例 6.4 判断图 6.7 电路的反馈极性和类型,写出闭环电压增益表达式。

解 由瞬时极性法及输出短路法可判断出,该电路反馈为电压并联负反馈。

电路的闭环电压增益为

$$A_{vf} = \frac{v_o}{v_i} = -\frac{R_f}{R_1}$$

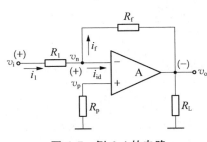

图 6.7 例 6.4 的电路

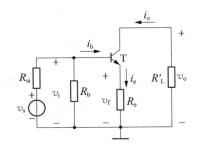

图 6.8 例 6.5 的电路

例 6.5 某射极偏置电路的交流通路如图 6.8 所示。试判断电路的反馈极性和类型,并近似计算它的闭环电压增益 A_{vf}。

解 由瞬时极性法及输出短路法可判断出,该电路反馈为电流串联负反馈。

电路的闭环电压增益为

$$A_{vf} = \frac{v_o}{v_i} \approx \frac{v_o}{v_f} \approx -\frac{R'_L}{R_e}$$

例 6.6 某电路的交流通路如图 6.9 所示,试判断电路的反馈极性和类型,并近似计算它的闭环电流增益,定性分析它的输入电阻。

解　由瞬时极性法及输出短路法可判断出,该电路反馈为电流并联负反馈。

在深度负反馈条件下,可得

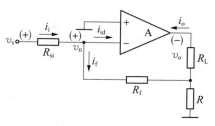

图 6.9　例 6.6 的电路

$$i_f = \frac{R}{R_f + R} i_o$$

则闭环电流增益为

$$A_{if} = \frac{i_o}{i_i} \approx \frac{i_o}{i_f} = \frac{R_f + R}{R}$$

输入电阻的定性分析:考虑到 $i_{id} \approx 0$ 和 $v_n \approx 0$,所以该电路的输入电阻近似地表示为 $R_{if} \approx v_n / i_i \approx 0$,接近于理想值。从负反馈效果最佳的角度考虑,这种电路适合用高内阻的电流源作为信号源。

例 6.7　图 6.10 为某反馈放大电路的交流通路。电路的输出端通过电阻 R_f 与电路的输入端连接,形成大环反馈。(1)试判断电路中大环反馈的组态;(2)判断 T_2 和 T_3 之间所引反馈的极性;(3)求该电路闭环互阻增益的近似表达式;(4)定性分析该电路的输入电阻和输出电阻。

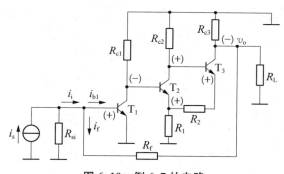

图 6.10　例 6.7 的电路

解　(1)由瞬时极性法及输出短路法可判断出,该大环反馈为电压并联负反馈。

(2) T_2 和 T_3 之间由 R_1、R_2 所引的反馈为正反馈。

(3)闭环互阻增益 $A_{rf} = v_o / i_i = -R_f$。

(4)定性分析闭环输入电阻和输出电阻:并联负反馈使输入电阻 R_{if} 减小。在深度负反馈条件下, $i_{b1} \approx 0$、$v_{ve1} \approx 0$,故 $R_{if} = v_{ve1} / i_i \approx 0$。 电压负反馈使输出电阻 R_{of} 减小,其值趋于零。

6.5　同步训练及解析

1. 判断图 6.11 所示各电路中是否引入了负反馈? 是直流反馈还是交流反馈,是正反馈还是负反馈? 设图中所有电容对交流信号均可视为短路。

解　图 6.11(a)为直流负反馈,因电容 C 交流短路无交流反馈。

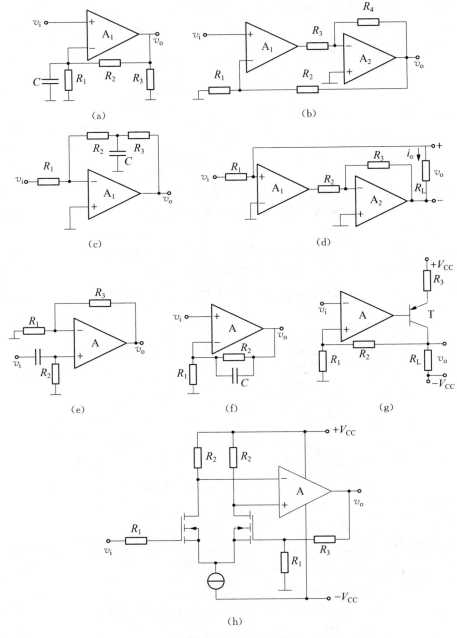

图 6.11　习题 1 的电路

图 6.11(b)为两级之间即整体引入交、直流正反馈，A_2 引入交、直流负反馈。

图 6.11(c)为直流负反馈，因电容 C 交流短路无交流反馈。

图 6.11(d)为两级之间引入交、直流负反馈，A_2 引入交、直流负反馈。

图 6.11(e)为交、直流负反馈。

图 6.11(f)为交、直流负反馈。电容 C 的存在与否不影响反馈类型，只影响反馈强弱。

图 6.11(g)为交、直流负反馈。

图 6.11(h)为交、直流负反馈。

2. 电路如图 6.12 所示，判断各电路中是否引入了负反馈？是直流反馈还是交流反馈，是正反馈还是负反馈？设图中所有电容对交流信号均可视为短路。

解　图 6.12(a)为交、直流负反馈。

图 6.12(b)为两级之间引入交、直流负反馈，T_1 和 T_2 也分别引入了交、直流负反馈。

图 6.12(c)为 R_s' 引入交、直流负反馈，C_2、R_g 则引入交流正反馈。

图 6.12(d)为两级之间引入交直流负反馈，T_1、T_2 也分别引入了交、直流负反馈。

图 6.12(e)为两级之间引入交、直流负反馈，T_2 引入了交直流负反馈。

图 6.12(f)为两级之间引入交、直流负反馈，T_3 引入了交、直流负反馈。

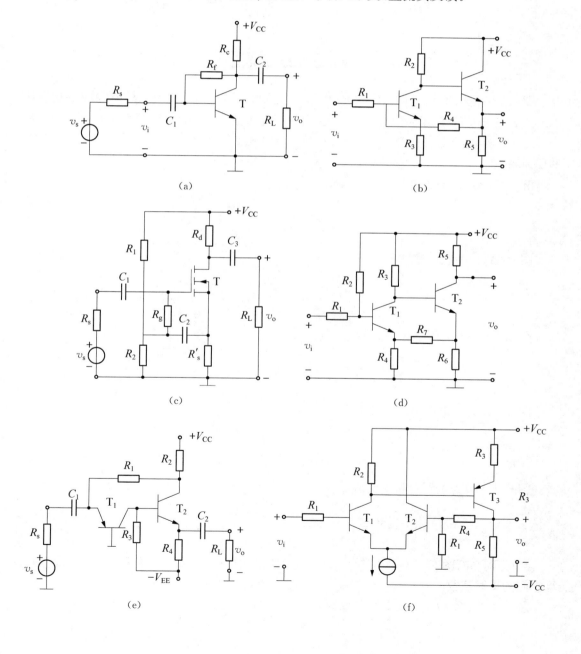

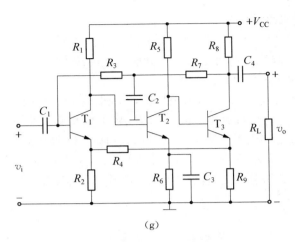

(g)

图 6.12 习题 2 的电路

图 6.12(g)为两级之间由 R_3 和 R_7 引入了直流负反馈,因 C_2 交流短路,故无交流反馈;R_4 引入了交、直流负反馈。另外,T_1 和 T_3 分别引入了交、直流负反馈,而 T_2 只引入了直流负反馈。

3. 分别判断图 6.11(d)~(h)所示各电路中引入了哪种组态的交流负反馈,并计算它们的反馈系数。

解 图 6.11(d)为电流并联负反馈,

$$\dot{F} = \frac{i_f}{i_0} = 1$$

图 6.11(e)为电压串联负反馈,

$$\dot{F} = \frac{v_f}{v_o} = \frac{R_1}{R_1 + R_3}$$

图 6.11(f)为电压串联负反馈,

$$\dot{F} = \frac{v_f}{v_o} = 1$$

图 6.11(g)为电压串联负反馈,

$$\dot{F} = \frac{v_f}{v_o} = \frac{R_1}{R_1 + R_2}$$

图 6.11(h)为电压串联负反馈,

$$\dot{F} = \frac{v_f}{v_o} = \frac{R_1}{R_1 + R_3}$$

4. 分别判断图 6.12(a)(b)(e)(f)(g)所示电路中引入了哪种组态的交流负反馈,并计算它们的反馈系数。

解 图 6.12(a)为电压并联负反馈,

$$\dot{F} = \frac{i_{\rm f}}{v_{\rm o}} = \frac{v_{\rm o}/R_{\rm f}}{v_{\rm o}} = -\frac{1}{R_{\rm f}}$$

图 6.12(b)为电压并联负反馈，

$$\dot{F} = \frac{i_{\rm i}}{v_{\rm o}} = \frac{-v_{\rm o}/R_4}{v_{\rm o}} = -\frac{1}{R_4}$$

图 6.12(e)为电流并联负反馈，

$$\dot{F} = \frac{i_{\rm f}}{i_{\rm o}} = \frac{i_{\rm f}}{i_{\rm c2}} = \frac{R_2}{R_1 + R_2}$$

图 6.12(f)为电压串联负反馈，

$$\dot{F} = \frac{v_{\rm f}}{v_{\rm o}} = \frac{R_1}{R_1 + R_4}$$

图 6.12(g)为电流串联负反馈，

$$\dot{F} = \frac{v_{\rm f}}{i_{\rm o}} = \frac{i_{\rm e3}R_9 R_2/(R_2 + R_4 + R_9)}{i_{\rm o}} \approx \frac{R_9 R_2}{R_2 + R_4 + R_9}$$

5. 估算图 6.11(d)～(h)所示各电路在深度负反馈条件下的电压放大倍数。

解 图 6.11(d)：

$$A_{if} = \frac{1}{\dot{F}} = 1$$

$$A_{vf} = \frac{v_{\rm o}}{v_{\rm i}} = \frac{i_{\rm o}R_{\rm L}}{i_{\rm i}R_1} \approx \frac{i_{\rm o}}{i_{\rm f}}\frac{R_{\rm L}}{R_1} = A_{if}\frac{R_{\rm L}}{R_1} = \frac{R_{\rm L}}{R_1}$$

图 6.11(e)：

$$A_{vf} = \frac{1}{\dot{F}} = \frac{R_1 + R_3}{R_1}$$

图 6.11(f)：

$$A_{vf} = \frac{1}{\dot{F}} = 1$$

图 6.11(g)：

$$A_{vf} = \frac{1}{\dot{F}} = \frac{R_1 + R_2}{R_1}$$

图 6.11(h)：

$$A_{vf} = \frac{1}{\dot{F}} = \frac{R_1 + R_3}{R_1}$$

6. 估算图 6.12(e)(f)(g)所示各电路在深度负反馈条件下的电压放大倍数。

解 图 6.12(e)：

$$A_{if} = \frac{1}{\dot{F}} = \frac{R_1 + R_2}{R_2}$$

$$A_{vsf} = \frac{v_{\rm o}}{v_{\rm s}} \approx \frac{i_{\rm o}(R_4 /\!/ R_{\rm L})}{i_{\rm i}R_{\rm s}} \approx \frac{i_{\rm o}(R_4 /\!/ R_{\rm L})}{i_1 R_{\rm s}}$$

$$= A_{if}\frac{R_4 /\!/ R_{\rm L}}{R_{\rm s}} = \frac{R_1 + R_2}{R_2} \cdot \frac{R_4 /\!/ R_{\rm L}}{R_{\rm s}}$$

图 6.12(f)：

$$A_{vf} = \frac{1}{\dot{F}} = \frac{R_1 + R_4}{R_1}$$

图 6.12(g)：

$$A_{gf} = \frac{1}{\dot{F}} = \frac{R_2 + R_4 + R_9}{R_2 R_9}$$

$$A_{vf} = \frac{v_o}{v_i} \approx \frac{-i_o(R_7 \parallel R_8 \parallel R_L)}{v_1} = -A_{gf}(R_7 \parallel R_8 \parallel R_L)$$

$$= -\frac{(R_2 + R_4 + R_9)(R_7 \parallel R_8 \parallel R_1)}{R_2 R_9}$$

7. 在图 6.13 所示的两电路中，从反馈的效果来考虑，对信号源内阻 R_{si} 的大小有何要求？

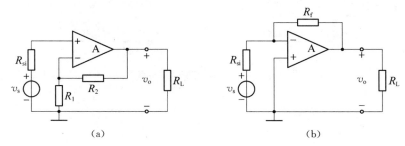

图 6.13 习题 7 的电路

解 （a）中引入串联负反馈，R_{si} 越小越好。（b）中引入并联负反馈，R_{si} 越大越好。

8. 以集成运放作为放大电路，并引入合适的负反馈达到以下目的，要求分别画出电路图。（1）实现电流-电压转换电路；（2）实现电压-电流转换电路；（3）实现输入电阻高、输出电压稳定的电压放大电路；（4）实现输入电阻低、输出电流稳定的电流放大电路。

解 符合要求的电路如图 6.14 所示。

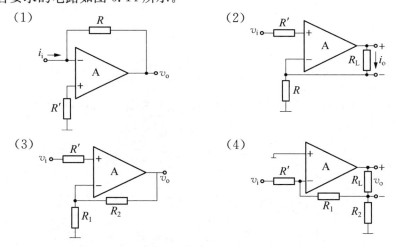

图 6.14 习题 8 的电路

9. 由集成运放 A 及 BJT T_1、T_2 组成的放大电路如图 6.15 所示,试分别按下列要求将信号源 v_s、电阻 R_f 正确接入该电路。(1)引入电压串联负反馈;(2)引入电压并联负反馈;(3)引入电流串联负反馈;(4)引入电流并联负反馈。

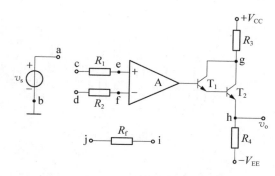

解 (1) a 接 c,b 接 d,h 接 i,j 接 f。

(2) a 接 d,b 接 c,h 接 i,j 接 f。

(3) a 接 d,b 接 c,g 接 i,j 接 e。

(4) a 接 c,b 接 d,g 接 i,j 接 e。

图 6.15 习题 9 的电路

10. 分别判断图 6.16 各电路中反馈的极性和组态,如为正反馈,试改接成为负反馈,并估算各电路的电压放大倍数。设其中的集成运放均为理想运放。

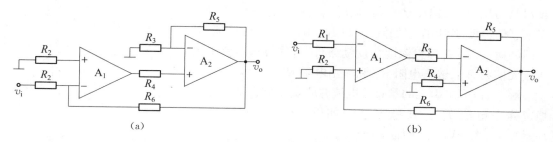

(a)   (b)

图 6.16 习题 10 的电路

解 (a) 电压并联负反馈。由于是电压并联负反馈,故

$$i_f = i_i, \quad i_i = \frac{v_i}{R_2}, \quad i_f = \frac{v_o}{R_6}, \quad A_{vf} = -\frac{R_6}{R_2}$$

(b) 电压串联负反馈。由于是电压串联负反馈,则电压放大倍数为

$$A_{vf} \approx \frac{1}{\dot{F}} = \frac{R_2 + R_6}{R_2} = 1 + \frac{R_6}{R_2}$$

11. 图 6.17(a)(b)分别是两个 MOS 管放大电路的交流通路,试分析两电路中各能引入下列反馈中的哪几种,并将反馈电阻 R_f 正确接入两电路的输入和输出回路中:(1)电压串联负反馈;(2)电压并联负反馈;(3)电流并联负反馈;(4)电流串联负反馈。

解 (1) 要想在图 6.17(a)所示电路中引入电压串联反馈,则必须将③—⑤、②—⑥连接,但用瞬间极性法判断便知,此反馈是正反馈,故只能在图 6.17(b)所示电路中实现引入电压串联负反馈的要求,将其中的 d_2—B、A—s_1 连接即可。

(2) 在图 6.17(a)所示电路中,将③—⑤、⑥—①连接可引入电压并联负反馈。但在图 6.17(b)所示电路中连接 d_2—B、A—g_1 时,引入的则是正反馈。

(3) 在图 6.17(b)所示电路中,将 s_2—B、A—g_1 连接可引入电流并联负反馈。但在图 6.17(a)所示电路中连接④—⑤、⑥—①时,引入的则是正反馈。

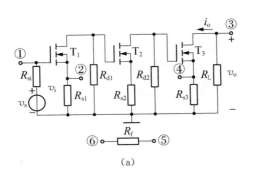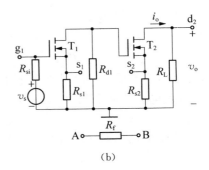

$$\text{图 6.17 习题 11 的电路}$$

(4) 在图 6.17(a)所示电路中,将④—⑤、⑥—②连接可引入电流串联负反馈。但在图 6.17(b)所示电路中连接 s_2—B、A—s_1 时,引入的则是正反馈。

12. 图 6.18 所示为高输出电压音频放大器电路,$R_{E1} = 4.7\,\text{k}\Omega$,$R_{F1} = 150\,\text{k}\Omega$,$R_{F2} = 47\,\text{k}\Omega$。解答下列问题:(1) R_{F1} 引入了何种反馈,其作用如何?(2) R_{F2} 引入了何种反馈,其作用如何?(3) 在理想深度负反馈条件下,估算该电路的电压放大倍数 A_{vf}、输入电阻 R_{if} 和输出电阻 R_{of}。

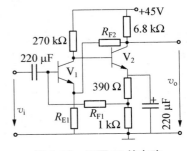

$$\text{图 6.18 习题 12 的电路}$$

解 (1) R_{F1} 引入的是直流电流并联负反馈。其作用是稳定静态电流 I_{E2}。其稳定过程如下:$I_{E2}\uparrow \rightarrow V_{E2}\uparrow \rightarrow I_{B1}\uparrow \rightarrow I_{C1}\uparrow \rightarrow V_{C1}\downarrow \rightarrow I_{B2}\downarrow \rightarrow I_{E2}\downarrow$

由此可见直流负反馈的作用是稳定静态工作点。

(2) R_{F2} 引入的是交、直流电压串联负反馈。其作用是:交流电压串联负反馈可改善放大器的性能,如提高电压放大倍数的稳定性减小非线性失真、抑制干扰和噪声、展宽放大电路的通频带等。电压负反馈还可使反馈环路内的输出电阻减小为原来的 $1/(1+A_F)$,串联反馈可使反馈环路内的输入电阻增加 $(1+A_F)$ 倍。R_{F2} 引入的直流电压串联负反馈的作用是稳定静态电压 V_{C2},其稳定过程如下:

$$V_{C2}\uparrow \rightarrow V_{E1}\uparrow \rightarrow I_{B1}\downarrow \rightarrow I_{C1}\downarrow \rightarrow V_{C1}\uparrow \rightarrow I_{C2}\uparrow \rightarrow V_{C2}\downarrow$$

(3) 在理想深负反馈条件下,电压串联负反馈的电压放大倍数可由下式求得:

$$A_{vf} \approx \frac{1}{F_v} = \frac{1}{\dfrac{R_{E1}}{R_{E1}+R_{F2}}} = 1 + \frac{R_{F2}}{R_{E1}}$$

输入电阻 $R_i \approx \infty$,输出电阻 $R_o \approx 0$。

13. 电路如图 6.19 所示。(1)分别说明由 R_{f1}、R_{f2} 引入的两路反馈的类型及各自的主要作用。(2)指出这两路反馈在影响该放大电路性能方面可能出现的矛盾是什么。(3)为了消除上述可能出现的矛盾,有人提出将 R_{f2} 断开,此办法是否可行?为什么?怎样才能消除这个矛盾?

解 (1) R_{f1} 在第一、三级间引入交、直流负反馈,此直流负反馈能稳定前三级的静态工作点,其交流反馈为电流串联负反馈,可稳定第三级的输出电流,同时提高整个放大电路的输入电阻;R_{f2} 在第一、四级间引入交、直流负反馈,其中直流负反馈为 T_1 提供直流偏置,且稳定各级的静态工作点,而其交流反馈为电压并联负反馈,可稳定该电路的输出电压,即降低电路的输出电阻,另外也降低了整个电路的输入电阻。

（2）R_{f1} 的引入使 R_{if} 上升,而 R_{f2} 的引入使 R_{if} 下降,产生矛盾。

（3）不能断开 R_{f2},因 R_{f2} 是 T_1 的偏置电阻,否则电路不能正常工作。消除上述矛盾的方法是在 R'_{e4} 的两端并一容量足够大的电容器,去掉 R_{f2} 上的交流负反馈,这对输出电压的稳定不会有很大影响,因为 T_4 是射极输出器。

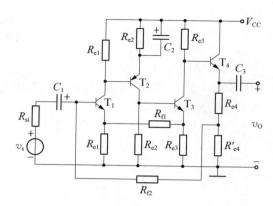

图 6.19　习题 13 的电路

14. 在图 6.20 所示电路中,按下列要求分别接成所需的两级反馈放大电路:(1)具有低输入电阻和稳定的输出电流;(2)具有高输入电阻和低输出电阻;(3)具有低输入电阻和稳定的输出电压;(4)具有高输入电阻和高输出电阻。

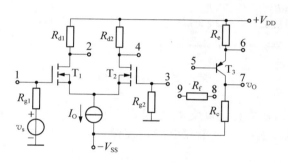

图 6.20　习题 14 的电路

解　（1）应引入电流并联负反馈,故将 2—5、6—8、9—1 连线。

（2）应引入电压串联负反馈,故将 2—5、7—8、9—3 连接。

（3）应引入电压并联负反馈,故将 4—5、7—8、9—1 连接。

（4）应引入电流串联负反馈,故将 4—5、6—8、9—3 连接。

15. 电路如图 6.21 所示,试近似计算它的闭环电压增益并定性地分析它的输入电阻和输出电阻。

解　电路中引入了电压串联负反馈,设为深度负反馈,由虚短的概念有

$$v_i \approx v_f = \frac{R_{b2}}{R_{b2} + R_f} v_o$$

则闭环电压增益为

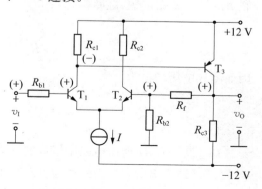

图 6.21　习题 15 的电路

$$A_{vf} = \frac{v_o}{v_i} \approx 1 + \frac{R_f}{R_{b2}}$$

此负反馈使 R_{if} 上升，R_{of} 下降。

16. 一磁带录音机的前置放大级如图 6.22 所示，试分析图中有哪些反馈支路，各是什么类型的反馈。

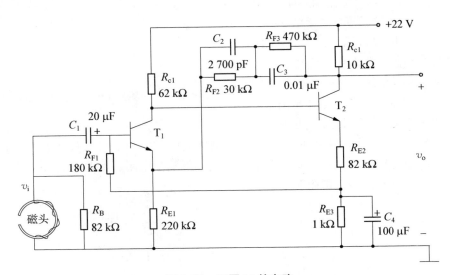

图 6.22 习题 16 的电路

解 R_{F1}，R_{E3}，C_4，构成直流负反馈，稳定直流工作点。

C_2，C_3，R_{F2}，R_{F3}，R_{E1} 构成串联电压负反馈。R_{F3}，C_3 在频率较高时阻抗小，负反馈强。

R_{E1} 对本极既有交流负反馈，又有直流负反馈。

R_{E2}，R_{E3} 对本极有直流负反馈。R_{E2} 在本极形成串联电流负反馈。

17. 电路如图 6.23 所示，试在深度负反馈的条件下，近似计算它的闭环电压增益。

解 图 6.23 所示电路中，由电阻 R_1 和 R_2 引入电压串联负反馈。根据虚短、虚断概念，有

$$v_i \approx v_f = \frac{R_1}{R_1 + R_2} v_o$$

因而闭环电压增益为

$$A_{vf} = \frac{v_o}{v_i} \approx 1 + \frac{R_2}{R_1}$$

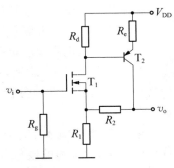

图 6.23 习题 17 的电路

18. 设图 6.24 所示电路中运放的开环增益 A_{vo} 很大，其中 $R_1 = 10\,\text{k}\Omega$，$R_2 = 10\,\text{k}\Omega$，$R_3 = 10\,\Omega$。(1)指出所引反馈的类型；(2)写出输出电流 i_o 的表达式；(3)说明该电路的功能。

解 (1)由 R_2、R_3 引入了电流并联负反馈。

（2）在深度负反馈条件下（因开环增益很大），由虚短、虚断可知

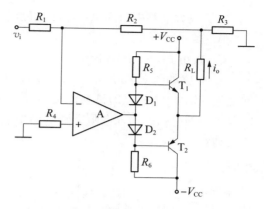

$$v_n \approx v_p \approx 0, \quad i_f \approx -i_i = -\frac{v_i}{R_1}$$

又

$$i_f = \frac{R_3}{R_2 + R_3} i_o$$

故

$$i_o = -\frac{R_2 + R_3}{R_1 R_3} v_i$$

图 6.24　习题 18 的电路

已知 $R_1 = R_2 = 10\,\text{k}\Omega$，$R_3 = 10\,\Omega$，$R_2 \gg R_3$，则

$$i_o \approx -\frac{v_i}{R_3} = \frac{-v_i}{10}$$

（3）此电路可视为压控电流源。

6.6　自测题及答案解析

6.6.1　自测题

1. 填空题

（1）负反馈放大器出现自激振荡的条件为（　　　）。

（2）在放大电路中，若要实现稳定输出电流、增大输入电阻的目的，所需引入的反馈的类型为（　　　）负反馈。

（3）负反馈系统产生自激的振幅条件是（　　　　　），相位条件是（　　　　　）。

2. 选择题

（1）为使某电路输入电阻减小，输出电阻增加，应引入（　　　）。

A. 电压串联负反馈　　　　　　　　　B. 电压并联负反馈

C. 电流串联负反馈　　　　　　　　　D. 电流并联负反馈

（2）当负载变化时，要使输出电流稳定不变，并可提高输入电阻，应引入（　　　）。

A. 电压并联　　　　　　　　　　　　B. 电流并联

C. 电压串联　　　　　　　　　　　　D. 电流串联

（3）在输入量不变的情况下，若引入反馈后（　　　），则说明引入的反馈是负反馈。

A. 输入电阻增大　　　　　　　　　　B. 输出量增大

C. 净输入量增大　　　　　　　　　　D. 净输入量减小

（4）希望接上负载 R_L 后，v_o 基本不变，应引入（　　　）负反馈。

A. 电压　　　　　　B. 电流　　　　　　　C. 串联　　　　　　　D. 并联

（5）放大电路中引入电压串联负反馈，可使其输入电阻比无反馈时（　　）。

A. 减小 F 倍

B. 增大 F 倍

C. 减小 $(1+AF)$ 倍

D. 增大 $(1+AF)$ 倍

3. 电路如图 6.25 所示。（1）说明该电路中由哪些元件组成了级间反馈通路，并判断级间交流反馈的组态。（2）试在深度负反馈条件下，近似计算该电路的闭环电流增益。（3）要求既提高该电路的输入电阻又降低输出电阻，应该采用哪种反馈组态？图中的连接应作哪些变动？

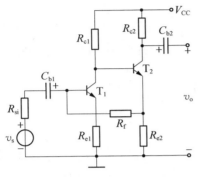
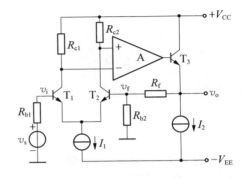

图 6.25　自测题 3 的电路　　　　　　　图 6.26　自测题 4 的电路

4. 根据图 6.26 所示电路：（1）判断电路中引入交流反馈的极性及组态；（2）说明引入该反馈的作用；（3）求出深度负反馈条件下电压放大倍数 $A_{vf}=\dfrac{v_o}{v_i}$。设运放是理想的。

5. 如图 6.27 所示设计电路，试回答下列问题：（1）要使电路具有稳定的输出电压和高的输入电阻，应接入何种负反馈？ R_f 应如何接入？（在图中连接）（2）根据前一问的反馈组态确定运放输入端的极性（在图中"□"处标出），并根据已给定的电路输入端极性在图中各"○"处标注极性。（3）近似估算电压放大倍数 A_{vf}。

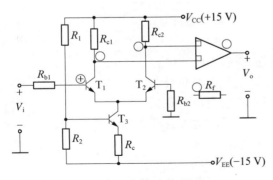
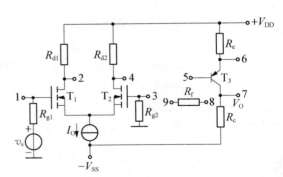

图 6.27　自测题 5 的电路　　　　　　　图 6.28　自测题 6 的电路

6. 如图 6.28 设计一个反馈放大器：（1）具有稳定输出电压和高的输入电阻，应引入哪种组态的反馈？（2）根据前一问的反馈组态，完成电路连线（用序号表示）。（3）为满足设计需要，$R_{g2}=1\text{ k}\Omega$，要使 $A_{vf}=20$，R_f 应如何选取？

6.6.2 答案解析

1. 填空题

(1) $AF = -1$ (2) 电流串联 (3) $|\dot{A}\dot{F}| = 1$，$\varphi_a + \varphi_f = (2n+1)\pi$

2. 选择题

(1) D (2) D (3) D (4) A (5) D

3. 解 (1) R_f、R_{e2} 组成电流并联负反馈。

(2) $A_{if} = \dfrac{i_o}{i_i} \approx \dfrac{i_o}{\dfrac{R_{e2}}{R_f + R_{e2}} i_o} = \dfrac{R_f + R_{e2}}{R_{e2}}$

(3) 应该采用电压串联负反馈。R_f 的左端接到 T_1 的发射极，右端接到 T_2 的集电极。

4. 解 (1) 电压串联负反馈。

(2) 稳定输出电压，增大输入电阻，减小输出电阻，提高增益的恒定性，减小非线性失真，扩展频带，抑制噪声。

(3) $A_{vf} = \dfrac{V_o}{V_i} = 1 + \dfrac{R_f}{R_{b2}}$

5. 解 (1) 应接入电压串联负反馈，R_f 接法如图 6.29 所示。

(2) 见图 6.29 中标识。

(3) $A_{vf} = 1 + \dfrac{R_f}{R_{b2}}$

6. 解 (1) 电压串联负反馈。

(2) 2—5，7—8，9—3

(3) $A_{vf} = 1 + \dfrac{R_f}{R_{g2}} = 1 + \dfrac{R_f}{1\,\text{k}\Omega} = 20$

$R_f = 19\,\text{k}\Omega$

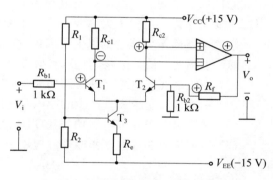

图 6.29 自测题 5 中 R_f 的接法

第 7 章

功率放大电路

7.1 教学要求

功率放大电路是主要用于向负载提供功率的放大电路,简称功放。从能量控制上来看,功率放大电路和电压放大电路没有本质的区别。但是,功率放大电路和电压放大电路所要完成的任务是不同的。电压放大电路主要是在输出端得到不失真的电压信号,而功率放大电路主要是获得一定的不失真或失真较小的输出功率。

学完本章后希望能达到以下要求:

(1) 了解功率放大电路的特点和分类;

(2) 熟练掌握双电源互补对称功放(OCL)的工作原理、指标的估算;

(3) 正确理解交越失真产生的原因及消除方法;

(4) 掌握单电源互补对称功放(OTL)的工作原理、指标的估算;

(5) 了解集成功放的工作原理和应用。

7.2 内容精炼

本章以分析功率放大电路的输出功率、效率和非线性失真三者之间的矛盾为主线,并从解决矛盾的措施上展开讨论。在电路上,以 BJT 互补对称功率放大电路为重点进行分析和计算。介绍了乙类互补对称功率放大电路的组成、分析计算和功率 BJT 的选择,甲乙类互补对称功放电路的工作原理及计算。

7.2.1 功率放大电路的一般问题

1. 功率放大电路的特点

(1) 功率放大电路是一种以输出较大功率为目的的放大电路;

(2) 要求同时输出较大的电压和电流;

(3) 管子工作在接近极限状态;

(4) 一般直接驱动负载,带载能力要强。

2. 要解决的问题

(1) 输出功率尽可能大;

(2) 效率更高;

(3) 非线性失真要小;

(4) 功率器件的散热问题。

7.2.2　功率放大电路的分类

输入为正弦波,根据同一周期内管子导通时间的长短,可以分为甲类、乙类、甲乙类三种,如表 7.1 所示。

表 7.1　甲类、乙类、甲乙类功放电路的特点

类别	工作点位置	电流波形	特　点
甲类	i_C 图 (Q点)	i_C 波形 θ	(1) 管子的导通角 $\theta = 2\pi$; (2) 静态电流不为零,电路的电源供给的功率始终等于静态功率损耗; (3) 电路的静态功耗大,效率低; (4) 非线性失真小
乙类	i_C 图 (Q点)	i_C 波形 θ	(1) 管子的导通角 $\theta = \pi$; (2) 静态电流和功耗均为零; (3) 效率高; (4) 非线性失真大
甲乙类	i_C 图 (Q点)	i_C 波形 θ	(1) $\pi < \theta < 2\pi$; (2) 静态电流和功耗都很小; (3) 效率较高; (4) 非线性失真比甲类大,比乙类小

7.2.3　乙类双电源互补对称功率放大电路

1. 电路组成

乙类双电源互补对称功率放大电路如图 7.1 所示。由一对 NPN、PNP 特性相同的互补三极管组成,采用正、负双电源供电。这种电路也称为 OCL 电路。两个三极管在信号正、负半周轮流导通,使负载得到一个完整的波形。

2. 分析计算

当 $V_{om} = V_{cem} = V_{CC} - V_{CES} \approx V_{CC}$(忽略 V_{CES})时:

(1) 实际输出功率为

$$P_o = V_o I_o = \frac{V_{om}}{\sqrt{2}} \cdot \frac{V_{om}}{\sqrt{2}R_L} = \frac{1}{2} \cdot \frac{V_{om}^2}{R_L}$$

最大不失真输出功率为

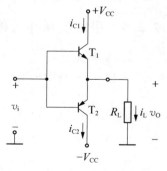

图 7.1　乙类双电源互补对称功率放大电路

$$P_{om} = \frac{1}{2} \cdot \frac{V_{om}^2}{R_L} = \frac{1}{2} \cdot \frac{V_{cem}^2}{R_L} \approx \frac{1}{2} \cdot \frac{V_{CC}^2}{R_L}$$

（2）T_1 管的管耗为

$$P_{T1} = \frac{1}{R_L}\left(\frac{V_{CC}V_{om}}{\pi} - \frac{V_{om}^2}{4}\right)$$

两管的管耗为

$$P_T = P_{T1} + P_{T2} = \frac{2}{R_L}\left(\frac{V_{CC}V_{om}}{\pi} - \frac{V_{om}^2}{4}\right)$$

（3）直流电源供给的功率为

$$P_V = P_o + P_T = \frac{2V_{CC}V_{om}}{\pi R_L}$$

当 $V_{om} \approx V_{cc}$ 时，

$$R_{Vm} = \frac{2}{\pi} \cdot \frac{V_{CC}^2}{R_L}$$

（4）效率

$$\eta = \frac{P_o}{P_V} = \frac{\pi}{4} \cdot \frac{V_{om}}{V_{CC}}$$

当 $V_{om} \approx V_{CC}$ 时，

$$\eta = \frac{P_o}{P_V} = \frac{\pi}{4} \approx 78.5\%$$

3. 功率 BJT 的选择原则
（1）每个管子的最大允许管耗 $P_{CM} \geqslant 0.2P_{om}$；
（2）管子的耐压为 $|V_{(BR)CEO}| > 2V_{CC}$；
（3）管子的集电极允许电流为 $I_{CM} > V_{CC}/R_L$。

7.2.4 甲乙类互补对称功率放大电路

1. 交越失真
乙类互补对称功率放大电路输出波形有失真，如图 7.2 所示，称为交越失真。

为了克服乙类互补对称功率放大电路输出波形的交越失真，通常给功放管提供一定的直流偏置电压，使功放管在静态时处于微导通状态，即工作于甲乙类工作状态。

2. 甲乙类双电源互补对称电路
甲乙类双电源互补对称电路如图 7.3 所示。甲乙类双电源互补对称电路的性能指标与乙类相似。

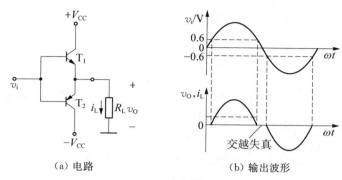

（a）电路　　　　　　　　　　　（b）输出波形

图 7.2　乙类双电源互补对称电路

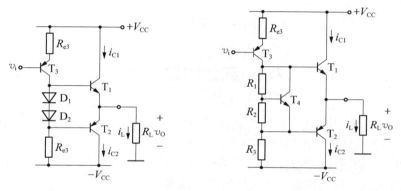

（a）利用二极管进行偏置的互补对称电路　（b）利用 V_{BE} 扩大电路进行偏置的互补对称电路

图 7.3　甲乙类双电源互补对称电路

3. 甲乙类单电源互补对称电路

甲乙类单电源互补对称电路中,每只功率管的工作电源不是原来双电源中的 V_{CC},而是 $V_{CC}/2$,所以,在计算各项性能指标时要用 $V_{CC}/2$ 代替原公式中的 V_{CC}。

7.3　难点释疑

7.3.1　交越失真

乙类互补对称电路中,由于没有直流偏置,功率管的 i_B 必须在 $|V_{BE}|$ 大于某一个数值(即门坎电压,NPN 型硅管约为 0.6 V)时才有显著变化。当输入信号 v_i 低于这个数值时,T_1 和 T_2 管都截止,i_{c1} 和 i_{c2} 基本为零,负载 R_L 上无电流通过,出现一段死区,这种现象称为交越失真。

7.3.2　功放管故障分析

甲乙类单电源互补对称电路如图 7.4 所示,若 T_1、T_2 的 $|V_{(BR)CEO}| > V_{CC}$,即使电路出现故障,管压降也不可能大于 V_{CC},即不可能击穿。因此,只能因为 I_C 或 P_T 过大而损坏。

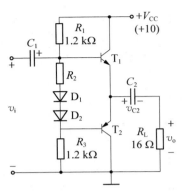

图 7.4 甲乙类单电源互补对称电路

假设 $R_1 = R_3 = 1.2\ \text{k}\Omega$,$T_1$ 和 T_2 管的 $\beta = 50$,$|V_{BE}| = 0.7\ \text{V}$,$P_{CM} = 200\ \text{mW}$。如若 D_1、D_2 和 R_2 中任意一个开路,将会产生什么后果?

由图 7.4 可知,静态时 $V_{C2} = V_{CC}/2 = 5\ \text{V}$(调整 R_1 或 R_2 阻值可满足这一要求)。动态时如果出现交越失真,应将 R_2 的阻值调大些,直至交越失真基本消失。如果 D_1、D_2 和 R_2 中任意一个开路,则流过电阻 R_1 的静态电流全部成为 T_1 和 T_2 的基极电流,T_1 和 T_2 的静态功耗为

$$P_T = \beta I_B V_{CE} = \beta\ \frac{V_{CC} - 2\,|V_{BE}|}{R_1 + R_3} \cdot \frac{V_{CC}}{2} \approx 896\ \text{mW} \gg P_{CM}$$

显然功率管将烧坏。

7.4 典型例题分析

例 7.1 设放大电路的输入信号为正弦波,问在什么情况下,电路的输出信号出现饱和及截止失真? 在什么情况下出现交越失真?

解 饱和失真和截止失真是由静态工作点设置不合理(偏高或偏低)及输入信号过大而产生的,而交越失真是由三极管输入特性的非线性造成的。

例 7.2 电路如图 7.5 所示,管子在输入信号 V_i 作用下,在一周期内 T_1 和 T_2 轮流导电约 $180°$,电源电压 $V_{CC} = 20\ \text{V}$,负载 $R_L = 8\ \Omega$,试计算:(1)在输入信号 $V_{im} = 10\ \text{V}$ 时,电路的输出功率、管耗、直流电源供给功率和效率。(2)电路的最大输出功率是多少?

解 (1) $V_{im} = 10\ \text{V}$ 时,$V_{om} = 10\ \text{V}$

$$P_o = \frac{1}{2} \cdot \frac{V_{om}^2}{R_L} = 12.5\ \text{W}$$

$$P_{T1} = \frac{1}{R_L} \cdot \left(\frac{V_{CC}V_{om}}{\pi} - \frac{V_{om}^2}{4}\right) = 4.84\ \text{W}$$

$$P_V = P_o + 2P_{T1} = 22.18\ \text{W}$$

$$\eta = \frac{P_o}{P_V} = \frac{12.5}{22.18} \times 100\% = 56.35\%$$

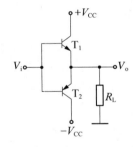

图 7.5 例 7.2 的电路

(2) $V_{im} = V_{CC} = 20\ \text{V}$, $V_{om} = 20\ \text{V}$

$$P_{om} = \frac{20 \times 20}{2 \times 8}\ \text{W} = 25\ \text{W}$$

例 7.3 在图 7.5 所示的电路中,已知 V_i 为正弦电压,$R_L = 16\ \Omega$,要求最大输出功率为 $10\ \text{W}$,设晶体管的 $V_{CES} = 0$。求:(1)正负电源 V_{CC} 的最小值(取整数);(2)根据 V_{CC} 最小值得到的 I_{CM}、$V_{(BR)CEO}$ 的最小值;(3)当输入功率最大($10\ \text{W}$)时,电源供给的功率;(4)每个管

子的管耗 P_{T1} 的最大值；(5)当输出功率最大时的输入电压有效值。

解 (1)由已知条件：$P_{om}=10\text{ W}$，$R_L=16\,\Omega$，因为 $P_{om}=\dfrac{1}{2}\cdot\dfrac{V_{CC}^2}{R_L}$，故 $V_{CC}=\sqrt{2R_LP_{om}}$

$=\sqrt{2\times16\times10}\text{ V}=17.88\text{ V}$，所以，$V_{CC}$ 取 18 V。

(2)将 $V_{CC}=18\text{ V}$ 代入公式，得

$$I_{CM}=V_{CC}/R_L=(18/16)\text{A}=1.125\text{ A}, \quad V_{(BR)REO}\geqslant 2V_{CC}=36\text{ V}$$

(3)电源供给的功率 $P_V=\dfrac{2}{\pi}\cdot\dfrac{V_{CC}^2}{R_L}=\dfrac{2}{\pi}\cdot\dfrac{(18\text{ V})^2}{16\,\Omega}=12.89\text{ W}$

(4)每个管子功率损耗 $P_{T1m}=0.2P_{om}=0.2\times10\text{ W}=2\text{ W}$

(5)输入电压有效值 $V_i=\dfrac{V_{im}}{\sqrt{2}}\approx\dfrac{V_{om}}{\sqrt{2}}=\dfrac{18}{\sqrt{2}}\text{ V}=12.7\text{ V}$

例7.4 在图 7.6 所示 OCL 电路中，已知三极管的饱和管压降和基极-发射极之间的动态电压均可忽略不计，输入电压 v_i 为正弦波，试问：

(1)若输入电压有效值 $V_i=6\text{ V}$，则输出功率 P_o、电源提供的功率 P_V 以及两只三极管的总管耗各为多少？

(2)由电源电压所限，P_{om} 可能达到的最大值为多少？

(3)计算功率管的极限参数 P_{CM}、I_{CM}、$V_{(BR)CEO}$。

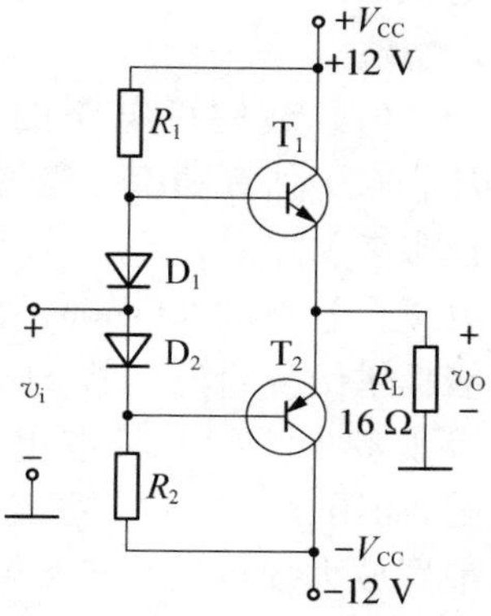

解 (1)$P_o\approx\dfrac{V_i^2}{R_L}=2.25\text{ W}$

$$P_V\approx\dfrac{1}{\pi}\int_0^\pi V_{CC}\cdot\dfrac{\sqrt{2}V_i}{R_L}\sin\omega t\cdot\mathrm{d}(\omega t)=2V_{CC}\cdot\dfrac{\sqrt{2}V_i}{\pi R_L}\approx4.05\text{ W}$$

$P_T=P_V-P_o=1.8\text{ W}$

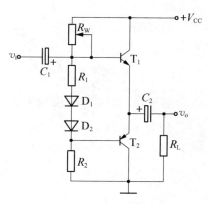

图 7.6 例 7.4 的电路

(2)$P_{om}\approx\dfrac{V_{CC}^2}{2R_L}=4.5\text{ W}$

(3)$P_{CM}\geqslant 0.2P_{om}=0.2\times4.5\text{ W}=0.9\text{ W}$

$$I_{CM}\geqslant\dfrac{V_{CC}}{R_L}=\dfrac{12\text{ V}}{16\,\Omega}=0.75\text{ A}$$

$$V_{(BR)CEO}\geqslant 2V_{CC}=24\text{ V}$$

例7.5 OTL 互补对称式输出电路如图 7.7 所示。试分析与计算：(1)该电路的工作方式为哪种类型？(2)电阻 R_1 与二极管 D_1、D_2 的作用是什么？(3)静态时 T_1 管的射极电位 V_E 是多少？(4)电位器 R_W 的作用是什么？(5)若电容 C 足够大，$V_{CC}=15\text{ V}$，三极管饱和压降 $V_{CES}=1\text{V}$，$R_L=8\,\Omega$，则负载 R_L 上得到的最大不失真输出功率 P_{om} 为多大？

解 (1)甲乙类工作方式。

图 7.7 例 7.5 的电路

（2）消除交越失真。

（3）$V_E = V_{CC}/2$。

（4）调节电位器 R_W，使 T_1、T_2 管的基极间有一个合适的电流和压降，压降确保 T_1、T_2 管在静态时处于导通状态。另外调节电位器 R_W 可以使电容 C 两端的电压为 $V_{CC}/2$。

（5）$P_{om} = \dfrac{1}{R_L} \left(\dfrac{\dfrac{V_{CC}}{2} - V_{CES}}{\sqrt{2}} \right)^2 = \dfrac{1}{8} \left(\dfrac{\dfrac{15}{2} - 1}{\sqrt{2}} \right)^2 \text{W} = 2.64\,\text{W}。$

7.5 同步训练及解析

1. 在图 7.8 所示由复合管组成的互补对称放大电路中，已知电源电压 $V_{CC} = 16\,\text{V}$，负载电阻 $R_L = 8$，设功率三极管 VT_3、VT_4 的饱和管压降 $V_{CES} = 2\,\text{V}$，电阻 R_{e3}，R_{e4} 上的压降可以忽略。

（1）试估算电路的最大输出功率 P_{om}；（2）估算功率三极管 VT_3、VT_4 的极限参数 I_{CM}、$V_{(BR)CEO}$ 和 P_{CM}；（3）假设复合管总的 $\beta = 600$，则要求前置放大级提供给复合管基极的电流最大值 I_{BM} 等于多少？（4）若本电路不采用复合管，而用 $\beta = 20$ 的功率三极管，此时要求前置放大级提供给三极管基极的电流最大值 I_{BM} 等于多少？

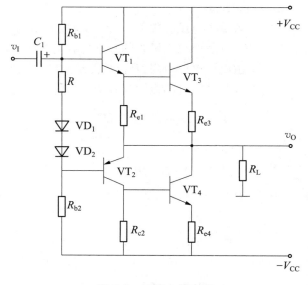

图 7.8 习题 1 的电路

解 由复合管组成的互补对称电路的特点，可得

（1）电路的最大输出功率：

$$P_{om} = \dfrac{(V_{CC} - V_{CES})^2}{2R_L} = 12.25\,\text{W}$$

若忽略 V_{CES}，可得

$$P_{om} \approx \dfrac{V_{CC}^2}{2R_L} = 16\,\text{W}$$

（2）管子的最大集电极电流：$I_{CM} \geqslant \dfrac{V_{CC}}{R_L} = 2\,\text{A}$

最大集射间耐压值：$V_{(BR)CEO} \geqslant 2V_{CC}$，所以 $V_{(BR)CEO} \geqslant 2V_{CC} = 32\,\text{V}$。

最大集电极耗散功率：$P_{CM} \geqslant 0.2P_{om}$，所以 $P_{CM} \geqslant 0.2P_{om} = 3.2\,\text{W}$。

（3）电流最大值：$I_{BM} = \dfrac{I_{CM}}{\beta} = 3.33\,\text{mA}$。

（4）$I_{BM} = \dfrac{I_{CM}}{\beta} = 100\,\text{mA}$。

2. 一对电源互补对称电路如图 7.9 所示,设已知 $V_{CC}=12\,V$, $R_L=16\,\Omega$, v_i 为正弦波。求:(1)在 BJT 的饱和压降 V_{CES} 可以忽略不计的条件下,负载上可能得到的最大输出功率 P_{om}。(2)每个管子允许的管耗 P_{CM} 至少应为多少?(3)每个管子的耐压 $|V_{(BR)CEO}|$ 应大于多少?

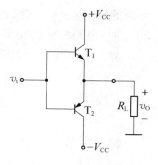

图 7.9 习题 2 的电路

解 (1) 最大输出功率为

$$P_{om}=\frac{V_{CC}^2}{2R_L}=\frac{(12)^2}{2\times16}\,W=4.5\,W$$

(2)每管允许的管耗为

$$P_{CM}\geqslant 0.2P_{om}=0.2\times4.5\,W=0.9\,W$$

(3)每管的耐压

$$|V_{(BR)CEO}|\geqslant 2V_{CC}=2\times12\,V=24\,V$$

3. 在图 7.9 所示电路中,设 v_i 为正弦波,$R_L=8\,\Omega$,要求最大输出功率 $P_{om}=9\,W$。 在 BJT 的饱和压降 V_{CES} 可以忽略不计的条件下,求:(1)正、负电源 V_{CC} 的最小值;(2)根据所求 V_{CC} 的最小值,计算相应的 I_{CM}、$|V_{(BE)CEO}|$ 的最小值;(3)输出功率最大 ($P_{om}=9\,W$) 时,电源供给的功率 P_V;(4)每个管子允许的管耗 P_{CM} 的最小值;(5)当输出功率最大 ($P_{om}=9\,W$) 时的输入电压有效值。

解 (1) 求 V_{CC} 的最小值。由 $P_{om}=\dfrac{V_{CC}^2}{2R_L}$, 可求得

$$V_{CC}\geqslant\sqrt{2R_LP_{om}}=\sqrt{2\times8\times9}\,V=12\,V$$

(2)求 I_{CM} 和 $|V_{(BR)CEO}|$ 的最小值。

$$I_{CM}\geqslant\frac{V_{CC}}{R_L}=\frac{12}{8}\,A=1.5\,A$$

$$|V_{(BR)CEO}|\geqslant 2V_{CC}=2\times12\,V=24\,V$$

(3)求 P_V。设 $I_{C(AV)}$ 为电流平均值,则

$$P_V=2V_{CC}I_{C(AV)}=\frac{2V_{CC}^2}{\pi R_L}=\frac{2\times(12\,V)^2}{\pi\times8\,\Omega}\approx11.46\,W$$

(4)P_{CM} 的最小值为

$$P_{CM}\geqslant 0.2P_{om}=0.2\times9\,W=1.8\,W$$

(5)输入电压有效值为

$$V_i\approx V_o\approx V_{CC}/\sqrt{2}\approx8.49\,V$$

4. 设电路如图 7.9 所示,管子在输入信号 v_i 作用下,在一周期内 T_1 和 T_2 轮流导电约为 $180°$,电源电压 $V_{CC}=20\,V$,负载 $R_L=8\,\Omega$,试计算:(1)在输入信号 $V_i=10\,V$ (有效值)时,

电路的输出功率、管耗、直流电源供给的功率和效率;(2)当输入信号 v_i 的幅值为 $V_{im} = V_{CC} = 20\,V$ 时,电路的输出功率、管耗、直流电源供给的功率和效率。

解 (1)当 $V_i = 10\,V$ 时,

$$V_{im} = \sqrt{2}V_i = \sqrt{2} \times 10\,V \approx 14\,V,\ A_v = 1$$
$$V_{om} = A_v V_{im} = 14\,V$$

输出功率 $\quad P_o = \dfrac{1}{2} \cdot \dfrac{V_{cem}^2}{R_L} = \dfrac{1}{2} \cdot \dfrac{V_{om}^2}{R_L} = \dfrac{1}{2} \times \dfrac{14^2}{8}\,W = 12.25\,W$

每管的管耗

$$P_{T1} = P_{T2} = \frac{1}{R_L}\left(\frac{V_{CC}V_{om}}{\pi} - \frac{V_{om}^2}{4}\right) = \frac{1}{8}\left(\frac{20 \times 14}{3.14} - \frac{14^2}{4}\right)W \approx 5.02\,W$$

两管的管耗

$$P_T = 2P_{T1} = 10.04\,W$$

电源供给的功率 $\quad P_V = P_o + P_T = (12.25 + 10.04)W = 22.29\,W$

效率 $\quad \eta = \dfrac{P_o}{P_V} \times 100\% = \dfrac{12.25}{22.29} \times 100\% \approx 54.96\%$

(2) $\qquad V_{im} = V_{CC} = 20\,V$ 时,$V_{om} = A_v V_{im} = V_{CC} = 20\,V$

$$P_o = \frac{1}{2} \cdot \frac{V_{CC}^2}{R_L} = \frac{1}{2} \times \frac{20^2}{8}\,W = 25\,W$$

$$P_T = 2P_{T1} = \frac{2}{R_L}\left(\frac{V_{CC}^2}{\pi} - \frac{V_{CC}^2}{4}\right) \approx 6.85\,W$$

$$P_V = P_o + P_T = (25 + 6.85)W = 31.85\,W$$

$$\eta = \frac{P_o}{P_V} \times 100\% = \frac{25}{31.85} \times 100\% \approx 78.5\%$$

5. 分析图 7.10 中的 OTL 电路原理,已知 $V_{CC} = 10\,V$,$R_3 = 1.2\,k\Omega$,$R_L = 16\,\Omega$,电容 C_1、C_2 足够大,试回答:(1)静态时,电容 C_2 两端的电压应该等于多少?调整哪个电阻才能达到上述要求?(2)设 $R_1 = 1.2\,k\Omega$,三极管的 $\beta = 50$,$P_{CM} = 200\,mW$,若电阻 R_2 或某一个二极管开路,三极管是否安全?

解 (1)静态时,根据 OTL 电路的工作状态可知,电容 C_2 两端的电压为

$$\frac{V_{CC}}{2} = \frac{10\,V}{2} = 5\,V$$

应调节电阻 R_1 两端的电压以达到上述要求。

(2)若 R_2 或某一个二极管开路,则

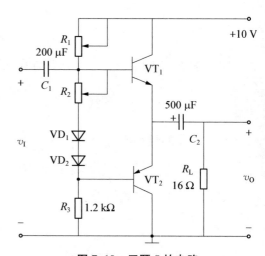

图 7.10 习题 5 的电路

$$I_{B1} = I_{B2} = \frac{V_{CC} - 2V_{BE}}{R_1 + R_3} = \frac{10 - 2 \times 0.7}{1.2 + 1.2}\,\text{mA} = 3.58\,\text{mA}$$

$$I_{C1} = I_{C2} \approx \beta I_{B1} = (50 \times 3.58)\,\text{mA} = 179\,\text{mA}$$

$$P_{T1} = P_{T2} = I_{C1}V_{CE1} = (179 \times 5)\,\text{mW} = 895\,\text{mW} > P_{CM} = 200\,\text{mW}$$

因此三极管将被烧毁。

6. 分析图 7.11 中的 OCL 电路原理,试回答:(1) 静态时,负载 R_L 中的电流应为多少?如果不符合要求,应调整哪个电阻?(2) 若输出电压波形出现交越失真,应调整哪个电阻?如何调整?(3) 若二极管 VD_1 或 VD_2 的极性接反,将产生什么后果?(4) 若 VD_1、VD_2、R_2 三个元件中任一个开路,将产生什么后果?

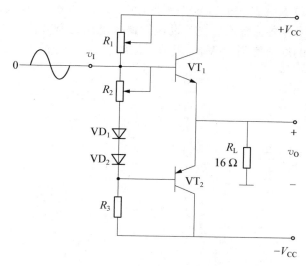

图 7.11 习题 6 的电路

解 (1) 在静态时,负载 R_L 中的电流为零,调节 R_1。

(2) 为减小或消除交越失真,应调节电阻 R_2,增大 R_2 的阻值。

(3) 若 VD_1 或 VD_2 的极性接反,将使功率三极管电流急剧增大,可能烧毁三极管。

(4) 若 VD_1、VD_2、R_2 三个元件中任一个开路,同样可能使功率三极管电流急剧增大,烧毁三极管。

7. 一单电源互补对称电路如图 7.12 所示,设 T_1、T_2 的特性完全对称,v_i 为正弦波,$V_{CC} = 12\,\text{V}$,$R_L = 8\,\Omega$。试回答下列问题:(1)静态时,电容 C_2 两端电压应是多少?调整哪个电阻能满足这一要求?(2)动态时,若输出电压 v_o 出现交越失真,应调整哪个电阻?如何调整?(3)若 $R_1 = R_2 = 1.1\,\text{k}\Omega$,$T_1$ 和 T_2 的 $\beta = 40$,$|V_{BE}| = 0.7\,\text{V}$,$P_{CM} = 400\,\text{mW}$,假设 D_1、D_2、R_2 中的任意一个开路,将会产生什么后果?

解 (1) 静态时,C_2 两端电压应为 $V_{C2} = \dfrac{1}{2}V_{CC} =$

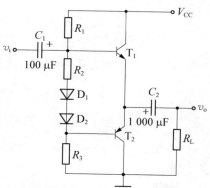

图 7.12 习题 7 的电路

6 V，调整 R_1 或 R_2 可满足这一要求。

（2）若 v_0 出现交越失真，可增大 R_2。

（3）若 D_1、D_2 或 R_2 中有一个开路，则由于 T_1、T_2 的静态功耗为

$$P_{T1} = P_{T2} = \beta I_B V_{CE} = \beta \cdot \frac{V_{CC} - 2 \mid V_{BE} \mid}{R_1 + R_3} \cdot \frac{V_{CC}}{2}$$

$$= 40 \times \frac{12 - 2 \times 0.7}{2.2} \times \frac{12}{2} \, \text{mW} = 1\,156\,\text{mW}$$

即 $P_{T1} = P_{T2} \gg P_{CM}$，因此会烧坏功放管。

8. 电路如图 7.13 所示，已知 T_1 和 T_2 的饱和管压降 $\mid V_{CES} \mid = 2\,\text{V}$，直流功耗可忽略不计。回答下列问题：（1）$R_3$、$R_4$ 和 T_3 的作用是什么？（2）负载上可能获得的最大输出功率 P_{om} 和电路的转换效率 η 各为什么？（3）设最大输入电压的有效值为 1 V。为了使电路的最大不失真输出电压的峰值达到 16 V，电阻 R_6 至少应取多少千欧？

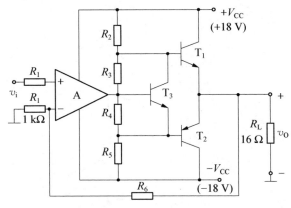

图 7.13 习题 8 的电路

解　（1）R_3、R_4 和 T_3 的作用是消除输出时出现的交越失真。

（2）最大输出功率

$$P_{om} = \frac{(V_{CC} - V_{CES})^2}{2R_L} = \frac{(18 - 2)^2}{2 \times 8} \, \text{W} = \frac{16 \times 16}{16} \, \text{W} = 16 \, \text{W}$$

转换效率 $\eta = \frac{\pi}{4} \cdot \frac{V_{om}}{V_{CC}} = \frac{\pi}{4} \times \frac{16}{18} = \frac{2\pi}{9} \approx 69.8\%$

（3）引入反馈电阻 R_6，故构成电压串联负电馈，于是电压放大倍数

$$A_v = 1 + \frac{R_6}{R_1}$$

已知 $v_i = 1\,\text{V}$，$v_o = \frac{\sqrt{2}}{2} \times 16 \, \text{V} = 8\sqrt{2} \, \text{V} \approx 11.312 \, \text{V}$（有效值）

因此　　　　$\dfrac{v_o}{v_i} = 1 + \dfrac{R_6}{R_1} \approx 11.312$，$R_6 \approx 10.312 \, \text{k}\Omega$

9. 一双电源互补对称电路如图 7.14 所示(图中未画出 T_3 的偏置电路),设输入电压 v_i 为正弦波,电源电压 $V_{CC} = 24$ V, $R_L = 16$ Ω,由 T_3 管组成的放大电路的电压增益 $\Delta v_{C3}/\Delta v_{B3} = -16$,射极输出器的电压增益为 1,试计算当输入电压有效值时,电路的输出功率 P_o、电源供给的功率 P_V、两管的管耗 P_T 以及效率 η。

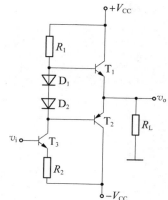

图 7.14　习题 9 的电路

解　电路的输出功率 P_o、电源供给的功率 P_V、两管的管耗 P_T 以及效率 η 分别为

$$P_o = \frac{V_O^2}{R_L} = \frac{(16V_i)^2}{16} W = 16 \text{ W}$$

$$P_T = \frac{2}{R_L}\left(\frac{V_{CC}V_{om}}{\pi} - \frac{V_{om}^2}{4}\right)$$

$$= \frac{2}{R_L}\left[\frac{V_{CC} \times 16\sqrt{2} \times 1V_i}{\pi} - \frac{(16\sqrt{2}V_i)^2}{4}\right]$$

$$= \frac{2}{16}\left[\frac{24 \times 16\sqrt{2} \times 1}{\pi} - \frac{(16\sqrt{2} \times 1)^2}{4}\right] W = 5.6 \text{ W}$$

$$P_V = P_T + P_o = (5.6 + 16) W = 21.6 \text{ W}$$

$$\eta = \frac{P_o}{P_V} \times 100\% \approx 74.1\%$$

10. 已知电路如图 7.15 所示,T_1 和 T_2 管的饱和管压降 $|V_{CES}| = 3$ V,$V_{CC} = 15$ V,$R_L = 8$ Ω,选择正确答案填入空内。

(1) 电路中 D_1 和 D_2 管的作用是消除_____。

A. 饱和失真　　B. 截止失真　　C. 交越失真

(2) 静态时,晶体管发射极电位 V_{EQ}_____。

A. > 0　　　　B. $= 0$　　　　C. < 0

(3) 最大输出功率 P_{om}_____。

A. ≈ 28 W　　B. $= 18$ W　　C. $= 9$ W

(4) 当输入为正弦波时,若 R_1 虚焊,即开路,则输出电压_____。

A. 为正弦波　　B. 仅有正半波　　C. 仅有负半波

(5) 若 D_1 虚焊,则 T_1 管_____。

A. 可能因功耗过大烧坏　　　　B. 始终饱和

C. 始终截止

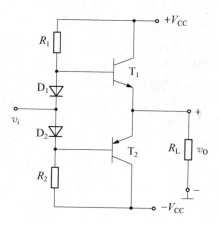

图 7.15　习题 10 的电路

解　(1) C　(2) B　(3) C　(4) C　(5) A

11. 在图 7.15 所示电路中,已知 $V_{CC} = 16$ V,$R_L = 4$ Ω,T_1 和 T_2 管的饱和管压降 $|V_{CES}| = 2$ V,输入电压足够大。试问:(1) 最大输出功率 P_{om} 和效率 η 各为多少?(2) 晶体管的最大功耗 P_{Tmax} 为多少?(3) 为了使输出功率达到 P_{om},输入电压的有效值约为多少?

解 （1）由 OCL 电路最大输出功率

$$P_{\mathrm{om}} = \frac{(V_{\mathrm{CC}} - V_{\mathrm{CES}})^2}{2R_{\mathrm{L}}} = \frac{(16-2)^2}{2 \times 4} = \frac{49}{2}\,\mathrm{W} = 24.5\,\mathrm{W}$$

电源功率

$$P_V = \frac{2}{\pi} \cdot \frac{V_{\mathrm{CC}}(V_{\mathrm{CC}} - V_{\mathrm{CES}})}{R_{\mathrm{L}}}$$

效率

$$\eta = \frac{P_{\mathrm{om}}}{P_V} = \frac{\pi(V_{\mathrm{CC}} - V_{\mathrm{CES}})}{4V_{\mathrm{CC}}} = \frac{\pi}{4} \times \frac{14}{16} \approx 68.7\%$$

（2）当 $V_{\mathrm{OM}} \approx 0.6V_{\mathrm{CC}}$ 时，每只晶体管上的最大管耗为

$$P_{\mathrm{Tmax}} = \frac{V_{\mathrm{CC}}^2}{\pi^2 R_{\mathrm{L}}} = \frac{16^2}{\pi^2 \times 4}\,\mathrm{W} = 6.49\,\mathrm{W}$$

（3）由于 $A_v \approx 1$，当输出 P_{om} 时，

$$V_{\mathrm{imax}} = V_{\mathrm{CC}} - V_{\mathrm{CES}} = 14\,\mathrm{V}$$

则有效值为

$$V_{\mathrm{i}} = \frac{14}{2}\sqrt{2}\,\mathrm{V} = 7\sqrt{2}\,\mathrm{V} = 9.899\,\mathrm{V}$$

12. 在图 7.16 所示电路中，已知二极管的导通电压 $V_{\mathrm{D}} = 0.7\,\mathrm{V}$，晶体管导通时的 $|V_{\mathrm{BE}}| = 0.7\,\mathrm{V}$，$T_2$ 和 T_4 管发射极静态电位 $V_{\mathrm{EQ}} = 0$。试问：（1）T_1、T_3 和 T_5 管基极的静态电位各为多少？（2）设 $R_2 = 10\,\mathrm{k\Omega}$，$R_3 = 100\,\mathrm{k\Omega}$。若 T_1 和 T_2 管基极的静态电流可忽略不计，则 T_3 管集电极静态电流约为多少？静态时 v_1 为多少？（3）若静态时 $i_{\mathrm{B_1}} > i_{\mathrm{B_2}}$，则应调节哪个参数可使 $i_{\mathrm{B_1}} = i_{\mathrm{B_2}}$？如何调节？（4）电路中二极管的个数可以是 1，2，3，4 吗？你认为哪个最合适？为什么？

解 （1）由于 T_2 射极电压 $V_{\mathrm{EQ}} = 0$，则

T_1 基极：$V_{\mathrm{B_1Q}} = 0.7 \times 2 = 1.4\,\mathrm{V}$

T_3 基极：$V_{\mathrm{B_3Q}} = -0.7\,\mathrm{V}$

T_5 基极：$V_{\mathrm{B_5Q}} = -18 + 0.7 = -17.3\,\mathrm{V}$

（2）R_3 上电流：

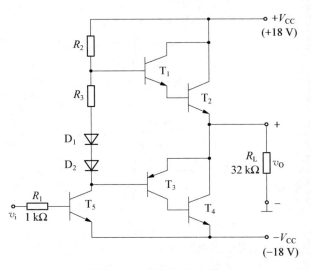

图 7.16 习题 12 的电路

$$I_{E_3Q} = \frac{3|V_{BE}| - 2V_D}{R_3} = \frac{(0.7 \times 3 - 0.7 \times 2)V}{R_3} = \frac{0.7}{100} \text{mA} = 7 \,\mu\text{A}$$

为了使输出达到 V_{om}，应有静态时 $v_i = 0$。

（3）若 $i_{B_1} > i_{B_2}$，应该调节 R_2，并使 R_2 增大。

（4）二极管个数为 3，用来补偿三个 BE 结的电压差，消除交越失真。

13. 在图 7.16 所示电路中，已知 T_2 和 T_4 管的饱和管压降 $|V_{CES}| = 2\text{V}$，静态时电源电可忽略不计。试问负载上可能获得的最大输出功率 P_{om} 和效率 η 各为多少？

解　最大输出功率

$$P_{om} = \frac{(V_{CC} - V_{CES})^2}{2R_L} = \frac{(18 - 2)^2}{64} \text{W} = 4\text{W}$$

效率

$$\eta = \frac{\pi(V_{CC} - V_{CES})}{4V_{CC}} = \frac{\pi}{4} \times \frac{16}{18} \approx 69.8\%$$

14. 为了稳定输出电压，减小非线性失真，请通过电阻 R_f 在图 7.16 所示电路中引入合适的负反馈；估算在电压放大倍数数值约为 10 的情况下，R_f 的取值。

解　将 R_f 连在 T_2 射极与 T_5 基极之间，且 $R_f = 10 \text{k}\Omega$。于是

$$A_v \approx -\frac{R_f}{R_1} = -10$$

于是，电压增益数值 $|A_v| \approx 10$。

15. 估算图 7.16 所示电路 T_2 和 T_4 管的最大集电极电流、最大管压降和集电极最大功耗。

解
$$V_{om} = V_{CC} - V_{CES}$$

而管压降
$$V_{CE} = V_{CC} - V_{om}\sin\omega t$$

因此，当 $\sin\omega t = -1$ 时，$V_{CEmax} = V_{CC} + V_{om} = 2V_{CC} - V_{CES} = 34\text{V}$

最大集电极电流

$$I_{max} = \frac{V_{om}}{R_L} = \frac{V_{CC} - V_{CES}}{R_L} = 0.5\text{A}$$

集电极最大功耗　$P_T = \dfrac{1}{2\pi}\displaystyle\int_0^\pi (V_{CC} - V_{om}\sin\omega t)\dfrac{V_{om}}{R_L}\sin\omega t \cdot \mathrm{d}\omega t$

$$= \frac{1}{R_L}\left(\frac{V_{CC}V_{om}}{\pi} - \frac{V_{om}^2}{4}\right)$$

$$= \frac{1}{R_L}\left[-\frac{V_{om}^2}{4} + \frac{V_{om}}{2} \times \frac{2V_{CC}}{\pi} - \left(\frac{V_{CC}}{\pi}\right)^2 + \left(\frac{V_{CC}}{\pi}\right)^2\right]$$

$$= \frac{1}{R_L}\left[\left(\frac{V_{CC}}{\pi}\right)^2 - \left(\frac{V_{om}}{2} - \frac{V_{CC}}{\pi}\right)^2\right]$$

当 $V_{om} = \dfrac{2}{\pi}V_{CC}$ 时，　　　$P_{Tmax} = \dfrac{1}{R_L}\left(\dfrac{V_{CC}}{\pi}\right)^2 = 1.026\text{W}$

7.6 自测题及答案解析

7.6.1 自测题

1. 填空题

(1) 双电源±20 V供电的乙类功率放大器中,每个晶体管的导通角是(   ),每个管子所承受的最大电压为(   )。

(2) 由于三极管输入特性存在死区电压,工作在乙类的互补对称功率放大电路会出现(   )失真,通常可利用二极管或V_{BE}扩大电路进行偏置消除该失真。

(3) 乙类推挽放大器的主要失真是(   ),要消除此失真,应改用(   )类推挽放大器。

(4) 设计一个输出功率为20 W的扩音机电路,若用乙类推挽功率放大,则应选至少为(   )W的功率管两个。

(5) 某晶体管的极限参数$P_{CM}=150\,mW$,$I_{CM}=100\,mA$,$V_{(BR)CEO}=30\,V$。若它的工作电压$V_{CE}=10\,V$,则工作电流I_C不得超过(   )mA;若工作电压$V_{CE}=1\,V$,则工作电流不得超过(   )mA;若工作电流$I_C=1\,mA$,则工作电压不得超过(   )V。

(6) 在甲类放大电路中,放大管的导通角为(   ),在甲乙类放大电路中,放大管的导通角为(   )。

(7) 图7.17所示的功率放大电路处于(   )类工作状态。

(8) 功率管工作在甲乙类状态的目的是(   )。

(9) 功率放大器工作在甲类放大状态时,存在功率损耗(   )的缺点;工作在乙类放大状态时,功率损耗(   ),但存在(   )失真,为此,可以让功率放大器工作在放大电路的(   )放大状态。

(10) 甲类放大电路的电源提供的功率始终等于电路的(   )。

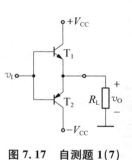

图 7.17 自测题 1(7) 的电路

2. 选择题

(1) 下列功率放大电路中哪个效率最高?(   )。

A. 甲类   B. 甲乙类

C. 乙类   D. 丙类

(2) 甲类功放效率低是因为(   )。

A. 只有一个功放管   B. 静态电流过大

C. 管压降过大   D. 供电电源大

(3) 乙类互补对称功率放大电路会产生(   )。

A. 饱和失真   B. 截止失真

C. 相频失真   D. 交越失真

(4) 与甲类功率放大器相比较,乙类互补推挽功放的主要优点是(   )。

A. 无输出变压器   B. 无输出电容

C. 能量效率高   D. 无交越失真

（5）在乙类互补推挽功率放大电路中,每只管子的最大管耗为（ ）

A. $0.5P_{om}$　　　　B. P_{om}　　　　C. $0.4P_{om}$　　　　D. $0.2P_{om}$

3. 互补对称功放电路如图 7.18 所示,设三极管 T_1、T_2 的饱和压降 $V_{CES}=2V$。（1）当 T_3 管的输出信号 $V_{o3}=10V$ 有效值时,求电路的输出功率、管耗、直流电源供给的功率和效率。（2）该电路不失真的最大输出功率和所需的 V_{o3} 有效值是多少?（3）说明二极管 D_1、D_2 在电路中的作用。

4. 在图 7.19 所示 OCL 电路中,已知三极管的饱和管压降和基极-发射极之间的动态电压均可忽略不计,输入电压 v_i 为正弦波,试问:（1）由电源电压所限,P_{om} 可能达到的最大值为多少? 此时电源提供的功率 P_V、两只三极管的总管耗以及效率 η 各为多少?（2）三极管的最大耗散功率 P_{CM} 以及所能承受的最大反向电压 $V_{(BR)CEO}$ 是多少?

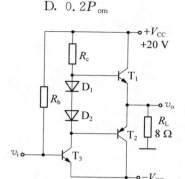

图 7.18　自测题 3 的电路

5. OCL 功率放大电路如图 7.20 所示,设 T_1、T_2 的特性完全对称。（1）T_1 与 T_2 管工作在何种方式?（甲类、乙类、甲乙类）（2）说明 D_1 与 D_2 在电路中的作用。（3）若输入为正弦信号,互补管 T_1、T_2 的饱和压降 $V_{CES}=2V$,计算负载上所能得到的最大不失真输出功率。（4）求输出最大时输入电压的幅值 V_{im}。

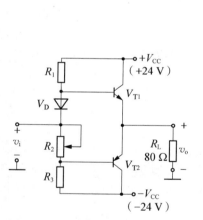

图 7.19　自测题 4 的电路

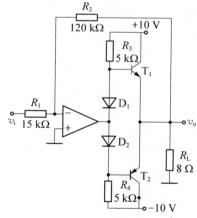

图 7.20　自测题 5 的电路

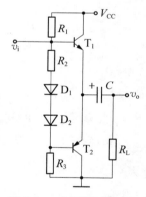

图 7.21　自测题 6 的电路

6. OCL 电路如图 7.21 所示。（1）调整电路静态工作点应调整电路中的哪个元件? 如何确定静态工作点是否调好?（2）动态时,若输出 v_o 出现正负半周衔接不上的现象,为何失真? 应调哪个元件,怎样调才能消除失真?（3）当 $V_{CC}=15V$,$R_L=8\Omega$,$V_{CES}=2V$ 时,求最大不失真输出功率 P_{om}。

7.6.2　答案解析

1. 填空题

（1）180°,40 V　（2）交越　（3）交越失真,甲乙　（4）4　（5）15,100,30　（6）360°,

大于180°小于360°　（7）乙　（8）克服交越失真　（9）大,低,交越,甲乙　（10）静态功耗

2. 选择题

（1）C　（2）B　（3）D　（4）C　（5）D

3. **解**　（1）根据电路,有

$$V_{om}=V_{o3m}=10\sqrt{2}\text{ V},\ P_o=\frac{1}{2}\cdot\frac{V_{om}^2}{R_L}=\frac{1}{2}\times\frac{(10\sqrt{2})^2}{8}\text{ W}=12.5\text{ W}$$

$$P_{T1}=P_{T2}=\frac{1}{R_L}\left(\frac{V_{CC}V_{om}}{\pi}-\frac{V_{om}^2}{4}\right)=\frac{1}{8}\left[\frac{20\times10\sqrt{2}}{\pi}-\frac{(10\sqrt{2})^2}{4}\right]\text{ W}\approx5\text{ W}$$

$$P_V=P_{om}+P_{T1}+P_{T2}=(12.5+5+5)\text{ W}=22.5\text{ W}$$

$$\eta=\frac{P_o}{P_V}=\frac{12.5}{22.5}\approx55.6\%$$

（2）电路不失真的最大输出电压峰值 $V_{om}=V_{CC}-V_{CES}=(20-2)\text{V}=18\text{ V}$。

电路不失真的最大输出功率 $P_{om}=\frac{1}{2}\cdot\frac{V_{om}^2}{R_L}=\frac{1}{2}\times\frac{18^2}{8}\text{ W}=20.25\text{ W}$。

V_{o3} 的有效值 $V_{o3}=\dfrac{V_{om}}{\sqrt{2}}=\dfrac{18}{\sqrt{2}}\text{ V}\approx12.73\text{ V}$。

（3）二极管 D_1、D_2 在电路中的作用:消除交越失真。

4. **解**　（1）　$P_{om}=\dfrac{V_{CC}^2}{2R_L}=\dfrac{24^2}{2\times80}\text{ W}=3.6\text{ W},\ P_V=\dfrac{2V_{CC}^2}{\pi R_L}=\dfrac{2\times24^2}{\pi\times80}\text{ W}=4.584\text{ W}$

$$P_T=P_V-P_o=\frac{2}{R_L}\left(\frac{V_{CC}^2}{\pi}-\frac{V_{CC}^2}{4}\right)=(4.584-3.6)\text{W}=0.984\text{ W}$$

$$\eta=\frac{P_o}{P_V}=\frac{3.6}{4.584}=78.5\%$$

（2）　$P_{CM}=0.2P_{om}=0.2\times3.6\text{ W}=0.72\text{ W},\ V_{(BR)CEO}=2V_{CC}=48\text{ V}$

5. **解**　（1）甲乙类。（2）防止交越失真。（3）4 W。（4）1 V。

6. **解**　（1）调 R_1 和 R_3;直流 V_o 是否为零。（2）交越失真;增加 R_2。（3）$P_{om}=10.6\text{ W}$。

第8章
信号处理与信号产生电路

8.1　教学要求

本章主要学习各种类型的信号产生电路。如产生正弦波的振荡电路,在通信系统、电视广播、工农业领域等方面都获得广泛的应用。一些电子系统需要的特殊信号,如方波、三角波等,就可通过非正弦波产生电路来产生。

通过本章的学习,学生应达到如下要求:

(1) 熟练掌握产生及维持正弦波振荡电路振荡的条件;

(2) 掌握 RC 桥式正弦波振荡电路的电路结构、工作原理及能否产生正弦波振荡的判别方法;

(3) 掌握正弦波振荡的稳幅措施及振荡频率的计算;

(4) 正确理解比较电路的基本特性;

(5) 简要了解石英晶体振荡电路、非正弦波发生电路。

8.2　内容精炼

本章主要讨论信号的处理(滤波)和信号的产生(振荡)。首先介绍了有源滤波器,主要讨论 R、C 和运放组成的有源滤波电路,接着简要介绍了开关电容滤波器,最后介绍了振荡电路,就其波形来说,分为正弦波振荡电路和非正弦波信号产生电路。

8.2.1　正弦波振荡电路的振荡条件

从结构上来看,正弦波振荡电路是一个没有输入信号的带选频网络的正反馈放大电路。如图 8.1 所示。

1. 产生正弦波振荡的平衡条件

$$\dot{A}\dot{F}=1 \begin{cases} 幅度条件:AF=1 \\ 相位平衡条件:\varphi_a+\varphi_f=2n\pi,\ n=0,\pm1,\pm2,\cdots \end{cases}$$

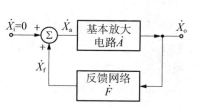

图 8.1　正弦波振荡电路

2. 起振条件

$$\dot{A}\dot{F} > 1 \begin{cases} 幅度条件 : AF > 1 \\ 相位条件 : \varphi_a + \varphi_f = 2n\pi, \; n = 0, \pm 1, \pm 2, \cdots \end{cases}$$

3. 选频特性

在振荡电路中,振荡频率 f_0 由相位平衡条件决定。当放大电路或正反馈网络具有选频特性时,电路才能输出所需频率 f_0 的正弦信号。即在电路的选频特性作用下,只有频率为 f_0 的正弦信号才能满足振荡条件。

4. 稳幅措施

稳幅的作用:当输出信号幅值增加到一定程度时,使振幅平衡条件从 $AF > 1$ 回到 $AF = 1$。采取的办法是在放大电路中设置非线性负反馈网络(如热敏电阻、二极管等),使放大电路未进入非线性区时,电路满足振幅平衡条件 $AF = 1$,维持等幅振荡输出。

5. 振荡电路的基本组成

(1) 放大电路(包括负反馈放大电路);

(2) 反馈网络(构成正反馈网络);

(3) 选频网络(选择满足相位平衡条件的一个频率,经常与反馈网络合二为一);

(4) 稳幅环节。

8.2.2 RC 正弦波振荡电路

1. 电路组成

RC 正弦波振荡电路如图 8.2 所示,由放大电路和选频网络组成。对选频网络(即反馈网络)的选频特性进行分析可知,在 $\omega = \omega_0$ 处,RC 串并联反馈网络的 $\dot{F}_v = 1/3$,$\varphi_f = 0°$。根据振荡平衡条件 $AF = 1$ 和 $\varphi_a + \varphi_f = 2n\pi$,可知放大电路的输出与输入之间的相位关系应是同相,放大电路的电压增益不能小于3,即用增益为3(起振时,为使振荡电路能自行建立振荡,$A_v = 1 + \dfrac{R_f}{R_1}$ 应大于3)的同相比例放大电路即可。由于 Z_1、Z_2 和 R_1、R_f 正好形成一个四臂电桥,电桥的对角线顶点接到放大电路的两个输入端,因此该振荡电路常称为 RC 桥式振荡电路。

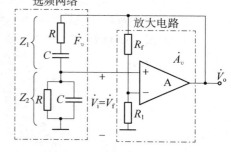

图 8.2 RC 正弦波振荡电路

2. 振荡的建立与稳定

在 $\omega = \omega_0 = \dfrac{1}{RC}$ 时,经 RC 反馈网络传输到运放同相端的电压 $\dot{V}_f$ 与 $\dot{V}_0$ 同相,即有 $\varphi_f = 0$ 和 $\varphi_a + \varphi_f = \pm 2n\pi$。这样,放大电路和由 Z_1、Z_2 组成的反馈网络刚好形成正反馈系统,满足相位平衡条件,因而有可能振荡。

振荡就是要使电路自激,从而产生持续的振荡。由于电路中存在噪声,它的频谱分布很广,其中一定包括有 $\omega = \omega_0 = \dfrac{1}{RC}$ 这样一个频率成分。这种微弱的信号,经过放大器和正反馈网络形成闭环。由于放大电路的 A_v 开始时略大于 3,反馈系数 $F_v = 1/3$,因此输出幅度越来越大,最后受电路中非线性元件的限制,振荡幅度自动地稳定下来,此时 $A_v = 3$,达到 $\dot{A}_v \dot{F}_v = 1$ 振幅平衡条件。

3. 振荡频率与振荡波形

振荡电路的振荡频率由 RC 串并联网络计算得到 $f_0 = \dfrac{1}{2\pi RC}$。 适当调整负反馈的强弱,使 A_v 的值略大于 3 时,其输出波形为正弦波,如 A_v 的值远大于 3,则因振幅的增长,波形产生严重的非线性失真。

4. 稳幅措施

温度、电源电压或者元件参数的变化,将会破坏 $\dot{A}_v \dot{F}_v = 1$ 的条件,使振幅发生变化。当 $\dot{A}_v \dot{F}_v$ 增加时,将使输出电压产生非线性失真;反之,当 $\dot{A}_v \dot{F}_v$ 减小时,将使输出波形消失(即停振)。因此,必须采取措施,使输出电压幅度达到稳定。

实现稳幅的方法是使电路的 R_f/R_1 值随输出电压幅度增大而减小。例如,R_f 用一个具有负温度系数的热敏电阻代替,当输出电压 $\dot{V}_o$ 增加使 R_f 的功耗增大时,热敏电阻 R_f 减小,放大器的增益 $A_v = 1 + \dfrac{R_f}{R_1}$ 下降,使 $\dot{V}_o$ 的幅值下降。如果参数选择合适,可使输出电压幅值基本恒定,且波形失真较小。同理,R_1 用一具有正温度系数的电阻代替,也可实现稳幅。

8.2.3 LC 正弦波振荡电路

LC 振荡电路主要用来产生 1 MHz 以上的高频正弦波信号,电路中的选频网络由电感和电容组成,选频网络采用 LC 并联谐振回路。下面以电感三点式振荡电路为例。

电感三点式振荡电路又称哈脱莱(Hartley)振荡电路,其电路简单,易于起振,但由于反馈信号取自电感,电感对高次谐波的感抗大,因此输出振荡电压的谐波分量增大,波形较差。常用于对波形要求不高的设备中,其振荡频率通常在几十兆赫以下。

1. 电感三点式振荡电路原理

原理电路图如图 8.3 所示,由三部分组成。

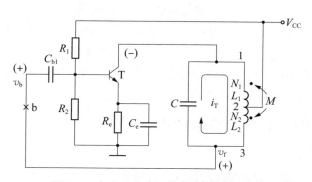

图 8.3　电感三点式振荡电路原理电路图

（1）放大电路：采用分压式偏置，C_{b1} 为基极旁路电容，由于容量足够大，对交流视为短路。因基极交流接地，故为共基极放大电路。

（2）选频网络：选频网络由 L_1、L_2 和 C 并联而成。

（3）反馈网络：反馈电压 $\dot{V}_f$ 经 C_{b1} 送至三极管的基极。

2. 谐振频率 f_0 估算

电感三点式振荡电路的振荡频率近似等于 LC 并联回路的谐振频率，即

$$f_0 \approx \frac{1}{2\pi\sqrt{LC}} = \frac{1}{2\pi\sqrt{(L_1 + L_2 + 2M)C}}$$

其中，M 是电感 L_1 与 L_2 间的互感。

8.3 难点释疑

8.3.1 正弦波振荡条件的判断

对于一个振荡电路，首先要判断它能否产生振荡。判断电路能否产生振荡，要从相位条件和振幅条件两个方面入手，只有两个条件同时满足，才能振荡。

判断电路能否产生振荡的步骤如下：

（1）检查电路的基本环节，一般振荡电路应具有放大电路、反馈网络、选频网络和稳幅电路等环节，缺一不可。

（2）检查放大电路的静态工作是否合适。

（3）检查电路是否引入正反馈，即是否满足相位平衡条件，如不满足，则不能产生振荡。

（4）判断电路是否满足振幅起振条件，具体方法是：分别求解电路 $\dot{A}$ 和 $\dot{F}$，然后判断 $|\dot{A}\dot{F}|$ 是否大于1。

其中的难点主要在于相位条件的判定，可以按照以下步骤来进行：

（1）在放大电路的输入端设想将反馈线断开。

（2）假设给放大电路输入一个频率可任意改变的正弦信号。

（3）沿着反馈环中信号传输的方向，依次推断电路各部分的信号相位关系。

（4）比较反馈信号与输入信号的相位，只要在某个频率上，这两个信号的相位相同，就可判定相位条件得到满足。在这个特定频率上，电路中各有关信号之间的相位关系，不是同相就是反相，可以用瞬时极性法进行判定。

8.3.2 RC 振荡器与 LC 振荡器的不同点

1. 工作频率范围

RC 振荡器适用于低频，LC 振荡器适用于高频。LC 振荡器频率低时要求 LC 值大，LC 值大时将导致选频网络体积大而且笨重；RC 振荡器频率低时要求 R 阻值大并不导致体积和重量的增大，但高质量的 RC 振荡器要求高增益的放大器，其原因是 RC 网络的选频特性

差。LC 振荡器 LC 网络选频特性好,不要求高增益放大器,而高频的高增益放大器造价高,故 RC 振荡器不适用高频。

2. 器件的工作状态

LC 振荡器中的器件工作于强非线性状态,以便采用自生反向偏压稳幅。在强非线性区工作所产生的谐波可以依靠 LC 选频网络滤除。RC 振荡器中的器件必须工作于线性区,以保证振荡波形良好,否则,由于 RC 选频网络的选频特性差,难以保证振荡波形良好。

3. 改善输出波形的措施

LC 振荡器中通过提高 LC 谐振回路的 Q 值来改善波形,RC 振荡器中采用深度负反馈减小谐波。利用选频网络接于反馈电路中,基波为正反馈,谐波为负反馈。

4. 放大器增益的要求

RC 振荡器中要求高增益的放大器,为加深度反馈创造条件。

5. 稳幅措施

LC 振荡器用自生反偏压稳幅。RC 振荡器基于前述原因,不允许器件工作于强非线性区而不能采用自生反偏压稳幅,于是采用非线性惰性反馈稳幅。

8.3.3 对三点式电路进行相位条件的判定

标准的三点式 LC 振荡电路由放大器、反馈网络、选频网络组成,广泛应用于通信和计算机领域。进行相位条件的判定,可以用上述的相位分析法进行,但更为简捷的方法是比较振荡管极间电抗性质。在判定前最好画出简化的交流通路,交流通路中,一般的旁路电容和耦合电容,由于它们电容量都比较大,振荡频率下的容抗极低,可以视为短路,而谐振回路中的电容,它们的容抗正是振荡分析的重要内容,不能做任何方式的等效。

8.3.4 电压比较器——集成电路的非线性应用

集成运放一般为开环或正反馈应用,处于非线性工作状态,输入与输出间不是线性关系。其输入量是模拟量,输出量一般是高电平和低电平两种稳定状态的电压,可用于把各种周期性信号转换成矩形波。要求掌握各种电压比较器的电路结构、传输特性及阈值电压的计算。

8.4 典型例题分析

例 8.1 电路如图 8.4 所示,回答下列问题。(1)将图中电路合理连接(用序号表示),设计一个文氏桥正弦波振荡电路;(2)要使振荡频率 $f_0 = 159\,\text{Hz}$,估算电容 C 的值;(3)为实现稳幅,当 $R_f = 100\,\text{k}\Omega$ 时,说明 R_1 应采取何种温度系数的热敏电阻,计算 R_1 的最大值。

解 (1) 1—5,6—5,7—4,2—3。

(2) $f_0 = \dfrac{1}{2\pi RC} = \dfrac{1}{2 \times 3.14 \times 50 \times 10^3 \times C} = 159\,\text{Hz}$,$C = 0.02\,\mu\text{F}$。

(3) 正温度系数热敏电阻,$R_1 = 50\,\text{k}\Omega$。

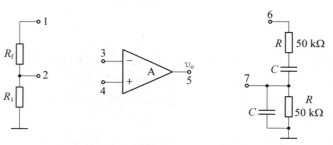

图 8.4 例 8.1 的电路

例 8.2 电路如图 8.5 所示,回答下列问题。(1)设计一个 RC 桥式正弦波振荡电路,完成电路连接(用序号表示)。(2)要使振荡频率 f_0 在 $145\,\text{Hz} \sim 1.59\,\text{kHz}$ 可调,$R_5 = 10\,\text{k}\Omega$,$C = 0.01\,\mu\text{F}$,求电阻 R 至少取多大范围。(3)为实现稳幅,可采取哪些措施(R_1 或 R_f)? R_1 与 R_f 的关系是什么?

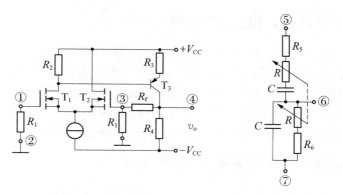

图 8.5 例 8.2 的电路

解 (1) ④—⑤,①—⑥,②—⑦。

(2) $f_0 = \dfrac{1}{2\pi(R_5 + R)C}$,$R = 0 \sim 100\,\text{k}\Omega$。

(3) R_f 负温度系数的热敏电阻或 R_1 正温度系数的热敏电阻;$R_f \geqslant 2R_1$,$R_1 \leqslant \dfrac{R_f}{2}$。

例 8.3 在图 8.6 所示电路中,集成运放 A_1 和 A_2 具有理想特性 $R = 10\,\text{k}\Omega$,$C = 0.01\,\mu\text{F}$,$R_1 = 30\,\text{k}\Omega$。(1)为使电路正常工作,请标出运放 A_1 两个输入端的正负号。(2)为使电路正常工作,$R_2 + R_3$ 的大小应满足什么条件? (3)二极管 D_1 和 D_2 在电路中起什么作用? (4)计算 V_{O1} 和 V_{O2} 的振荡周期。(5)A_2 组成的电路起什么作用? 若省去会出现什么情况?

解 (1) A_1 的输入极性为上正、下负。

(2) $1 + \dfrac{R_2 + R_3}{R} \geqslant 3$,$R_2 + R_3 \geqslant 2R = 60\,\text{k}\Omega$。

(3) 起限幅作用。

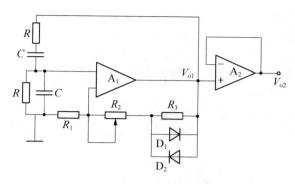

图 8.6 例 8.3 的电路

（4）$f = \dfrac{1}{2\pi RC} = \dfrac{1}{6.28 \times 10 \times 0.0001}\,\text{kHz} = 159.2\,\text{Hz}$，振荡周期 $T = \dfrac{1}{f} = \dfrac{1}{159.2}\,\text{ms}$ $= 6.28\,\text{ms}$。

（5）A_2 构成电压跟随器，起输出驱动缓冲作用，省略后会影响信号驱动能力。

例 8.4 在图 8.7 电路中，晶体管 T_1、T_2 特性对称，集成运放为理想。

（1）判断电路能否产生正弦波振荡。若能，请简述理由；若不能，$R = 2\,\text{k}\Omega$，$C = 0.02\,\mu\text{F}$，$R_1 = 2\,\text{k}\Omega$，在不增减元器件的情况下对原电路加以改进，使之有可能振荡起来。

（2）要使电路能可靠地起振，对电阻 R_2 应有何要求？

（3）要稳幅时，可采用加热敏电阻的方法，R_1 应选用＿＿＿＿温度系数电阻，R_2 应选用 ＿＿＿＿温度系数的电阻即可。

（4）试估算电路的振荡频率 f_0。

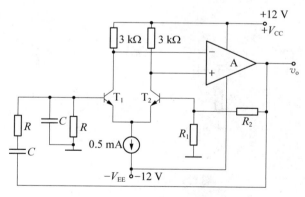

图 8.7 例 8.4 的电路

解 （1）不能产生振荡，将集成运放的同相端和反相端对调即可。

（2）为起振，整个电路的放大倍数应大于 3，即 $1 + R_2/R_1 > 3$，$R_2 > 2R_1 = 4\,\text{k}\Omega$。

（3）要稳幅时，可采用加热敏电阻的方法，R_1 选用正温度系数电阻，R_2 用负温度系数电阻即可。

（4）$f_0 = \dfrac{1}{2\pi RC} = 3.98\,\text{kHz} \approx 4\,\text{kHz}$。

例8.5 文氏电桥正弦振荡器如图8.8所示,已知 $R = 10\,\text{k}\Omega$, $R_\text{w} = 50\,\text{k}\Omega$, $C = 0.01\,\mu\text{F}$。A 为性能理想的集成运放。(1)在图中标出运放 A 的同相、反相端符号,使电路满足振荡条件,并简述原因;(2)计算振荡频率 f_0;(3)说明二极管 D_1、D_2 的作用。

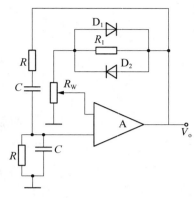

图8.8 例8.5的电路

解 (1) RC 串并联选频网络在反馈最大时,相移 φ_f 为 0,根据相位平衡条件 $\varphi_\text{a} + \varphi_\text{f} = 2n\pi$,所以 A 必须是同相放大器,故接 RC 并联支路一端应为"+",接 R_w 为"-"。

(2) $f_0 = \dfrac{1}{2\pi RC} = 1\,592\,\text{Hz}$。

(3) D_1、D_2 为稳幅且易于起振。

在刚起振时,$\dot{V}_\text{o}$ 幅度小,流过二极管(不管 $\dot{V}_\text{o}$ 是正还是负,总有一个二极管会导通)的电流小,相应的动态电阻 r_d 就大,与 R_1 并联后等效电阻也较大,引入的负反馈弱,使 A 组成的放大器的闭环增益 $\dot{A}_{vf} > 3$;随着 $\dot{V}_\text{o}$ 增加,二极管流过的 I_d 增大,r_d 减小。负反馈变强,使 $\dot{A}_{vf} = 3$,产生稳幅振荡。

8.5 同步训练及解析

1. 判断图8.9所示各电路是否可能产生正弦波振荡,简述理由。设图 8.9(b) 中 C_4 容量远大于其他三个电容的容量。

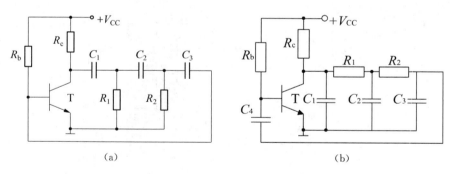

(a)   (b)

图8.9 习题1的电路

解 (a) 可能产生正弦波振荡。因为共射放大电路输出电压和输入电压反相($\varphi_\text{a} = -180°$),而三级移相电路为超前网络,最大相移为 $+270°$,因此必有使相移为 $+180°$($\varphi_\text{f} = +180°$),的频率,即存在满足正弦波振荡相位条件的频率 f_0(此时 $\varphi_\text{a} + \varphi_\text{f} = 0$)。故可能产生正弦波振荡。

(b) 可能产生正弦波振荡。因为共射放大电路输出电压和输入电压反相($\varphi_\text{a} = -180°$),而三级移相电路为滞后网络,最大相移为 $-270°$,因此必有使相移为 $-180°$($\varphi_\text{f} = +180°$) 的频率,即存在满足正弦波振荡相位条件的频率 f_0(此时 $\varphi_\text{a} + \varphi_\text{f} = -360°$)。故可能产生正弦波振荡。

2. 电路如图 8.10 所示。已知 $R = 68\,\mathrm{k\Omega}$，$C = 0.047\,\mu\mathrm{F}$。(1)试从相位平衡条件分析电路能否产生正弦波振荡。(2)若能振荡，R_f 和 R_{el} 的值应有何关系？振荡频率是多少？为了稳幅，电路中哪个电阻可采用热敏电阻，其温度系数如何？

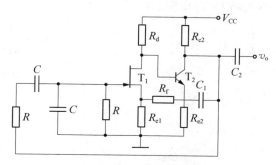

图 8.10 习题 2 的电路

解 (1) 从 T_1 栅极断开加一"(+)"信号，则经 T_2 集电极输出为"(+)"；因 $\omega = \omega_0 = 1/(RC)$ 时，$\varphi_f = 0°$，反馈到栅极的信号也为"(+)"，满足 $\varphi_a + \varphi_f = 360°$，可振荡。

(2) 当 $R_f > 2R_{el}$（但接近 $2R_{el}$）时可能振荡，其振荡频率 $f_0 = \dfrac{1}{2\pi RC} \approx 49.8\,\mathrm{Hz}$。

(3) R_{el} 采用正温度系数或 R_f 采用负温度系数热敏电阻。

3. 电路如图 8.11 所示，试求解：(1) R_W 的下限值；(2) 振荡频率的调节范围。

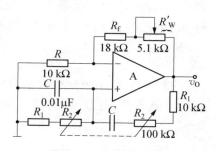

图 8.11 习题 3 的电路

解 (1) $\dot{F}_{\max} = \dfrac{1}{3}$，而 $A_f = 1 + \dfrac{R_f + R'_W}{R}$，由 $|\dot{A}\dot{F}| > 1$ 得 $R_f + R'_W > 2R$，故 $R'_{W\min} > 2\,\mathrm{k\Omega}$。

(2) $f_{0\max} = \dfrac{1}{2\pi R_1 C} \approx 1.59\,\mathrm{kHz}$

$$f_{0\min} = \dfrac{1}{2\pi(R_1 + R_2)C} \approx 145\,\mathrm{Hz}$$

4. 正弦波振荡电路如图 8.12 所示，已知 $R = 10\,\mathrm{k\Omega}$，$C = 0.1\,\mu\mathrm{F}$，$R_1 = 2\,\mathrm{k\Omega}$，$R_2 = 4.5\,\mathrm{k\Omega}$，$R_P$ 在 $0 \sim 5\,\mathrm{k\Omega}$ 范围内可调，设运放 A 是理想的，振荡稳定后二极管的动态电阻近似为 $r_d = 500\,\Omega$，求 R_P 的阻值。

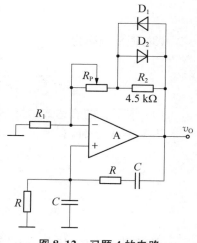

图 8.12 习题 4 的电路

解 由 $A_v = 1 + \dfrac{R_P + (r_d \,/\!/\, R_2)}{R_1} = 3$，可得

$$R_P = 2R_1 - (r_d \,/\!/\, R_2)$$

$$= \left(2 \times 2 - \dfrac{0.5 \times 4.5}{4.5 + 0.5}\right)\mathrm{k\Omega} \approx 3.55\,\mathrm{k\Omega}$$

5. 电路如图 8.13 所示,稳压管 D_Z 起稳幅作用,其稳定电压 $\pm V_Z = \pm 6\,V$。试估算:

(1) 输出电压不失真情况下的有效值;(2) 振荡频率。

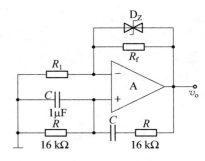

图 8.13　习题 5 的电路

解　(1) 稳定振荡时,忽略 D_Z 的电阻和电流,可得

$$A_f \approx 1 + \frac{R_f}{R_1},\ R_f \approx 2R_1$$

$$V_{om} = V_{Rf} + V_{R1} \approx 1.5V_Z$$

$$V_o = \frac{V_{om}}{\sqrt{2}} = 6.36\,V$$

(2)
$$f_0 = \frac{1}{2\pi RC} \approx 9.95\,Hz$$

6. 设运放 A 是理想的,已知 $R = 10\,k\Omega$,$C = 0.01\,\mu F$,$R_1 = 5.1\,k\Omega$,$\pm V_Z = \pm 6\,V$。试分析图 8.14 正弦波振荡电路:(1)为满足振荡条件,试在图中用 $+$、$-$ 标出运放 A 的同相端和反相端。(2)为能起振,R_P 和 R_2 两个电阻之和应大于何值?(3)此电路的振荡频率 f_0 等于多少?(4)试证明稳定振荡时输出电压的峰值为 $V_{om} = \dfrac{3R_1}{2R - R_P}V_Z$。

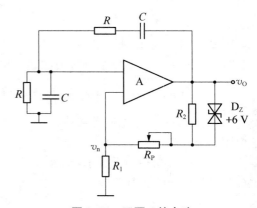

图 8.14　习题 6 的电路

解　(1) 利用瞬时极性法分析可知,为满足相位平衡条件,运放 A 的输入端应为上"$+$"下"$-$"。

(2) 为能起振,要求 $A_v = 1 + \dfrac{R_P + R_2}{R_1} > 3$, 即

$$R_P + R_2 > 2R_1 = 10.2\,k\Omega$$

(3) 振荡频率为

$$f_0 = \frac{1}{2\pi RC} = \frac{1}{2\pi \times 0.01\,F \times 10^{-6} \times 10 \times 10^3\,\Omega} \approx 1\,591.5\,Hz$$

(4) 求 V_{om} 的表达式。

当 $V_0 = V_{om}$ 时,有

$$v_n = v_P = \frac{1}{3}V_{om}$$

$$V_Z + v_{R_P} = \frac{2}{3}V_{om}$$

考虑到通过 R_1 与 R_P 的电流相等,有

$$v_{R_P} = \frac{v_N}{R_1} R_P$$

$$v_{R_P} = \frac{V_{om}}{3R_1} R_P$$

$$V_Z + \frac{V_{om}}{3R_1} R_P = \frac{2}{3} V_{om}$$

整理后得

$$V_{om} = \frac{3R_1}{2R_1 - R_P} \cdot V_Z$$

7. 在图 8.15 中：(1) 判断电路是否满足正弦波振荡的相应平衡条件。如不满足，修改电路接线使之满足（画在图上）。(2) 在图示参数下能否保证起振条件？如不能，应调节哪个参数，调到什么值？(3) 起振以后，振荡频率 f_0 为多少？(4) 如果希望提高振荡频率 f_0，可以改变哪些参数，增大还是减小？(5) 如果要求改善输出波形，减小非线性失真，应调节哪个参数，增大还是减小？

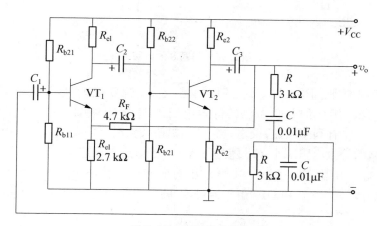

图 8.15　习题 7 的电路

解 (1) 根据瞬时极性法可判断 $\varphi_a = 0°$；振荡电路的选频网络为 RC 串并联电路。当 $f = f_0$ 时，$\varphi_f = 0°$，故此电路满足相位平衡条件。

(2) 起振条件 $R_F > 2R_{e1}$，而此电路中：

$$R_F = 4.7\,\text{k}\Omega < 2R_{e1} = 5.4\,\text{k}\Omega$$

故不能满足起振条件，应调节 R_F 一直调到 $R_F > 2R_{e1} = 5.4\,\text{k}\Omega$。

(3) 振荡频率

$$f_0 = \frac{1}{2\pi RC} = \frac{1}{2\pi \times 3 \times 10^3 \times 0.01 \times 10^{-6}}\,\text{Hz} \approx 5\,300\,\text{Hz} = 5.3\,\text{kHz}$$

(4) 由 $f_0 = \frac{1}{2\pi RC}$ 可见若希望提高 f_0，则可以减小 R 的值，也可以减小 C 的值。

(5) 为了改善输出波形,减小非线性失真,可适当减小 R 的值。

8. 图 8.16(a)所示为 RC 桥式正弦波振荡电路,已知 A 为运放 741,其最大输出电压为 $\pm14\,\text{V}$, $R=10\,\text{k}\Omega$, $R_1=5.1\,\text{k}\Omega$, $R_2=9.1\,\text{k}\Omega$, $R_3=2.7\,\text{k}\Omega$, $C=0.015\,\mu\text{F}$。(1)图中用二极管 D_1、D_2 作为自动稳幅元件,试分析它的稳幅原理;(2)设电路已产生稳幅正弦波振荡,当输出电压达到正弦波峰值时,二极管的正向压降约为 $0.6\,\text{V}$,试初略估算输出电压的峰值 V_{om};(3)试定性说明因不慎使 R_2 短路时,输出电压 v_O 的波形;(4)试定性画出当 R_2 不慎开路时,输出电压 v_O 的波形(并说明振幅)。

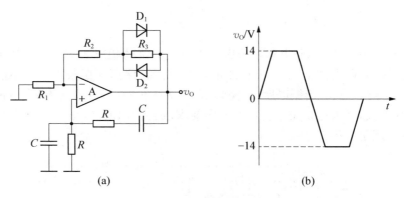

图 8.16 习题 8 的电路

解 (1) 稳幅原理。图中 D_1、D_2 的作用是:当 v_o 幅度很小时,二极管 D_1、D_2 接近开路,由 D_1、D_2 和 R_3 组成的并联支路的等效电阻近似为 $R_3=2.7\,\text{k}\Omega$, $A_v=(R_2+R_3+R_1)/R_1\approx3.3>3$,有利于起振;反之,当 v_o 的幅值较大时,D_1 或 D_2 导通,由 R_3、D_1 和 D_2 组成的并联支路的等效电阻减小,A_v 随之下降,v_o 幅值趋于稳定。

(2) 估算 V_{om}。由稳态时 $A_v\approx3$,可求出对应输出正弦波 V_{om} 一点相应的 D_1、D_2 和 R_3 并联的等效电阻 $R_3'\approx1.1\,\text{k}\Omega$。由于流过 R_3' 的电流等于流过 R_1、R_2 的电流,故有

$$\frac{0.6}{1.1}=\frac{V_{om}}{1.1+5.1+9.1}$$

即

$$V_{om}=\frac{15.3\times0.6}{1.1}\text{V}\approx8.35\,\text{V}$$

(3) 当 $R_2=0$ 时,$A_v<3$,电路停振,v_O 为一条与时间线重合的直线。

(4) 当 $R_2\to\infty$ 时,$A_v\to\infty$,理想情况下,v_O 为方波,由于受到实际运放转换速率 A_{vO}、开环电压增益等因素的限制,输出电压 v_O 的波形将近似如图 8.16(b)所示。

9. 在图 8.17 中:(1) 要组成一个文氏电桥 RC 振荡器,图中的电路应如何连接(在图中画出接线)? (2) 当 $R=10\,\text{k}\Omega$, $C=0.1\,\mu\text{F}$ 时,估算振荡频率 f_0 为多少? (忽略负载效应)。(3) 为了提高带负载能力,改善输出电压波形,在电路中引入一个适当的负反馈。请画在图上。

解 (1) 根据正弦振荡电路产生振荡的相位条件 $\varphi_a+\varphi_f=\pm2n\pi(n=0,1,2,\cdots)$,可知满足此条件的接法有多种,下面给出其中的一种接法,见图 8.18。

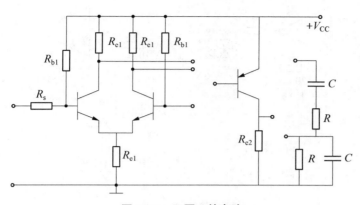

图 8.17　习题 9 的电路

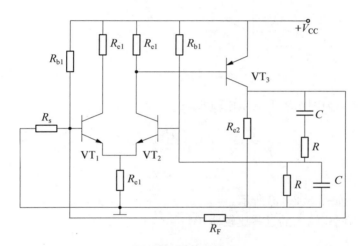

图 8.18　电路的接法

（2）由（1）中的接法可见，此电路是文氏电桥 RC 振荡电路，其振荡频率为

$$f_0 = \frac{1}{2\pi RC} = \frac{1}{2\pi \times 10 \times 10^3 \times 0.1 \times 10^{-6}} \text{ Hz} \approx 159 \text{ Hz}$$

（3）根据题意，为了提高带负载能力，改善输出电压的波形应引入电压负反馈。可从 VT_3 集电极通过一个反馈电阻 R_F 引回到 b_1，如图 8.18 所示。

10. 试分别求解图 8.19 所示各电路的电压传输特性。

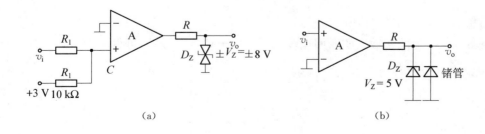

　　　　　　　　（a）　　　　　　　　　　　　　　　　　　　（b）

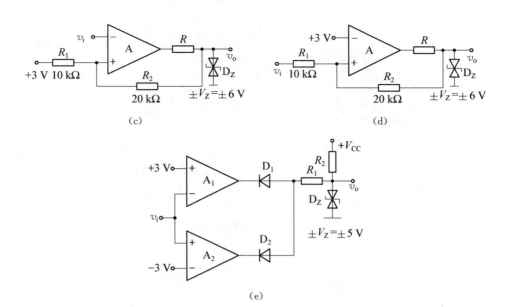

(e)

图 8.19

解 图 8.19(a)为同相输入电压比较器，$v_o = \pm 8\,\mathrm{V}$，可得

$$V_+ = \frac{R_1}{R_1 + R_1} v_i + \frac{R_1}{R_1 + R_1} \times 3 = V_- = 0$$

$$V_T = -3\,\mathrm{V}$$

电压传输特性如图 8.20(a)所示。

图 8.19(b)为同相输入的过零比较器，$V_T = 0$，

$$v_i > V_T, \quad V_o = V_Z = 5\,\mathrm{V}$$

$$v_i < V_T, \quad V_o = -0.2\,\mathrm{V}$$

电压传输特性如图 8.20(b)所示。

图 8.19(c)为反相输入的滞回比较器，$V_o = \pm v_Z = \pm 6\,\mathrm{V}$，可得

$$v_i = v_o \frac{R_1}{R_1 + R_2} + 3 \times \frac{R_2}{R_1 + R_2} = \frac{1}{3} v_o + \frac{2}{3} \times 3 = \pm 2 + 2$$

故
$$V_{TH} = 4\,\mathrm{V}$$

$$V_{TL} = 0\,\mathrm{V}$$

传输特性如图 8.20(c)所示。

图 8.19(d)为同相输入的滞回比较器，$V_o = \pm V_Z = \pm 6\,\mathrm{V}$，可得

$$v_i \frac{R_2}{R_1 + R_2} + v_o \frac{R_1}{R_1 + R_2} = 3$$

$$v_i \times \frac{2}{3} + v_o \times \frac{1}{3} = 3$$

$$v_i = 4.5 - \frac{1}{2}v_o = 4.5 \pm 3$$

故

$$V_{TH} = 7.5\,V$$
$$V_{TL} = 1.5\,V$$

传输特性如图 8.20(d)所示。

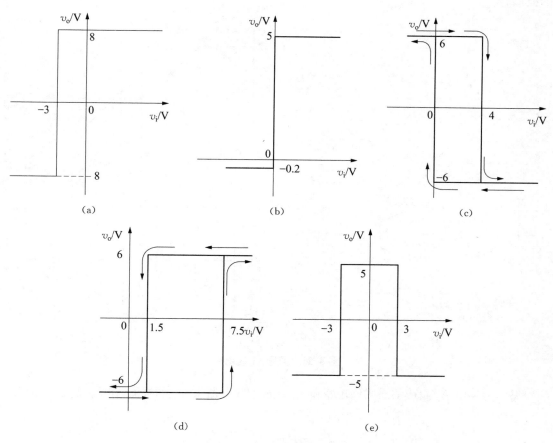

图 8.20   电路的电压传输特性

图 8.19(e)为窗口比较器,$v_o = \pm V_Z = \pm 5\,V$。

由图知,

$$V_{TH} = 3\,V$$
$$V_{TL} = -3\,V$$

设运放 A_1,A_2 的输出端为 v_{o1} 和 v_{o2},

当 $v_i \geqslant V_{TH}$ 时,v_{o1} 为负,D_1 导通,$v_o = -5\,V$。

v_{o2} 为正,D_2 截止。

当 $v_i \leqslant V_{TL}$ 时,v_{o1} 为正,D_1 截止,

v_{o2} 为负,D_2 导通,$v_o = -5\,V$。

当 $V_{TL} < v_i < V_{TH}$ 时, v_{o1} 和 v_{o2} 输出均为正, 只要 V_{CC} 的数值和 R_2 的值保证稳压管击穿处于正常稳压状态, D_1 和 D_2 均截止, $v_o = 5\,V$。

电压传输特性如图 8.20(e) 所示。

11. 电路如图 8.21(a), 已知集成运放的最大输出电压幅值为 $\pm 12\,V$, v_i 的数值在 v_{o1} 的峰-峰值之间。(1) 求解 v_{o3} 的占空比与 v_i 的关系式;(2) 设 $v_i = 2.5\,V$, 画出 v_{o1}, v_{o2} 和 v_{o3} 的波形。

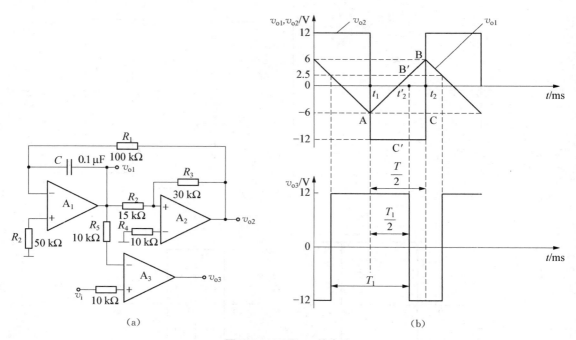

图 8.21 习题 11 的电路

解 (1) 由 A_2 组成的滞回比较器和 A_1 组成的积分器求 v_{o1} 的峰值, 在 v_{o2} 发生转折时,

$$\frac{R_3}{R_2 + R_3} v_{o1} + \frac{R_2}{R_2 + R_3} v_{o2} = 0, \quad v_{o1} = -\frac{R_2}{R_3} v_{o2}$$

因为 $v_{o2} = \pm 12\,V$, 所以 $v_{o1} = \mp \frac{R_2}{R_3} \times 12 = \mp 6\,V$。

在 A_1 组成的积分运算器中, $v_{o1} = -\dfrac{v_{o2}}{R_1 C}(t_1 - t_0) + v_{o1}(t_0)$

$$-6 = \frac{-12}{100 \times 10^3 \times 0.1 \times 10^{-6}} \cdot \frac{T}{2} + 6$$

$$T = 20\,ms$$

求解 v_{o3} 的 T_1:

在 v_{o3} 发生转折时, $V_{p3} \equiv V_{n3}$, 即 $v_i = v_{o1}$,

$$v_i = v_{o1} = -\frac{v_{o2}}{R_1 C}(t_2' - t_1) + v_{o1}(t_1) = -\frac{-12}{100 \times 10^3 \times 0.1 \times 10^{-6}} \cdot \frac{T_1}{2} - 6$$

$$T_1 = \frac{6 + v_i}{600} = \frac{6 + v_i}{0.6} \text{ ms}$$

占空比 $\delta = \dfrac{T_1}{T} = \dfrac{6 + v_i}{12}$。

(2) v_{o1} 为三角波,v_{o2} 为方波,$v_i = 2.5\,\text{V}$ 时,v_{o3} 矩形波,波形图如图 8.21(b)所示。

12. 波形发生电路如图 8.22 所示,设振荡周期为 T,在一周期内 $v_{o1} = V_Z$ 的时间为 T_1,则占空比为 T_1/T;在电路某一参数变化时,其余参数不变,选择①增大、②不变或③减小填入空内:

当 R 增大时,v_{o1} 的占空比将_____,振荡频率将_____,v_{o2} 的幅值将_____;若 R_{W1} 的滑动端向上移动,则 v_{o1} 的占空比将_____,振荡频率将_____;v_{o2} 的幅值将_____;若 R_{W2} 的滑动端向上移动,则 v_{o1} 的占空比将_____,振荡频率将_____;v_{o2} 的幅值将_____。

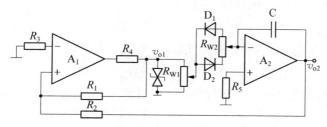

图 8.22 习题 12 的电路

解 设 R_{W1} 和 R_{W2} 在调整前均处于中间位置,则各空应填:②,①,③;②,①,②;③,②;②。

13. 电路如图 8.23 所示,设 A_1、A_2 均为理想运放,电容 C 上的初始电压 $v_C(0) = 0\,\text{V}$。若 v_i 为 0.11 V 的阶跃信号,求信号加上后一秒钟,v_{o1}、v_{o2}、v_{o3} 所达到的数值。已知 $R_1 = 20\,\text{k}\Omega$,$R_2 = 25\,\text{k}\Omega$,$R_3 = 100\,\text{k}\Omega$,$R_4 = 10\,\text{k}\Omega$,$R_5 = 100\,\text{k}\Omega$,$R_6 = 100\,\text{k}\Omega$,$R_7 = 2\,\text{k}\Omega$,$R_8 = 10\,\text{k}\Omega$,$R_9 = 1\,\text{k}\Omega$,$C = 1\,\mu\text{F}$,$V_Z = \pm 6\,\text{V}$,$V_{REF} = 0.1\,\text{V}$。

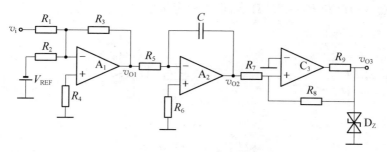

图 8.23 习题 13 的电路

解 $v_{O1} = -\dfrac{R_3}{R_1} v_i - \dfrac{R_3}{R_2} V_{REF} = \left(-\dfrac{100}{20} \times 0.11 + \dfrac{100}{25} \times 0.1 \right) \text{V} = -0.15\,\text{V}$

当 $t = 1\,\text{s}$ 时,有

$$v_{O2} = -\frac{1}{R_5 C}v_{O1}t = -\frac{1}{100 \times 10^3 \times 1 \times 10^{-6}} \times (-0.15) \times 1\,\mathrm{V} = 1.5\,\mathrm{V}$$

C_3 为同相输入迟滞比较器,其门限电压 $V_T = \pm\frac{R_7}{R_8}V_Z = \pm\frac{2 \times 10^3}{10 \times 10^3} \times 6\,\mathrm{V} = \pm 1.2\,\mathrm{V}$。因在 $t = 1\,\mathrm{s}$ 时,$v_{O2} = 1.5\,\mathrm{V} > 1.2\,\mathrm{V}$,故 $v_{O3} = 6\,\mathrm{V}$。

8.6 自测题及答案解析

8.6.1 自测题

1. 选择题

(1) 反馈放大器产生自激振荡时,其(　　)为零。

A. $|\dot{A}|$ 　　　　B. $|\dot{F}|$ 　　　　C. $|\dot{A}\dot{F}|$ 　　　　D. $1 + |\dot{A}\dot{F}|$

(2) 为使正弦波振荡电路起振,必须使(　　)。

A. $|\dot{A}| > 1$ 　　B. $|\dot{A}\dot{F}| > 1$ 　　C. $|1 + \dot{A}\dot{F}| < 1$ 　　D. $|\dot{A}\dot{F}| < 1$

(3) 如果希望正弦波的频率稳定性好,应该选用(　　)振荡电路。

A. RC 　　　　　　　　　　B. LC 变压器反馈式
C. 石英晶体 　　　　　　　　D. LC 三点式

(4) 在 RC 桥式正弦波振荡电路中,当满足相位起振条件时,其中电压放大电路的放大倍数要略大于(　　)才能起振。

A. 1 　　　　　B. 2 　　　　　C. 3 　　　　　D. 1/3

(5) 正弦波振荡器的振荡频率由(　　)而定。

A. 基本放大器 　　B. 负反馈网络 　　C. 选频网络 　　D. 稳幅环节

2. 电路如图 8.24 所示。(1)该电路振荡频率 f_0 为多少? 为使振荡频率增大,应如何调节电路参数?(2)已知 $R_1 = 10\,\mathrm{k}\Omega$,若产生稳定振荡,则 R_f 约为多少?(3)如何实现稳幅?

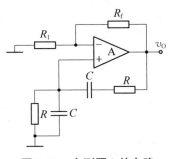

图 8.24 自测题 2 的电路

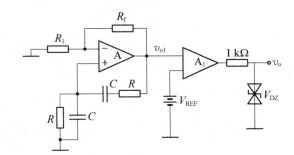

图 8.25 自测题 3 的电路

3. RC 桥式正弦振荡电路如图 8.25 所示,R_f 为热敏电阻,各运放供电电压均为 $\pm 12\,\mathrm{V}$,$R = 10\,\mathrm{k}\Omega$, $R_1 = 10\,\mathrm{k}\Omega$, $C = 0.1\,\mu\mathrm{F}$, $V_{REF} = 3\,\mathrm{V}$, $V_{DZ} = \pm 5\,\mathrm{V}$。(1)为使电路中 v_{o1} 能输出

正弦振荡信号,请在图中标出运算放大器 A 的同相端与反相端,并结合相位平衡条件说明能振荡的理由。(2)若电路能起振并实现自动稳幅振荡,R_f 应采用何种温度系数的热敏电阻?对 R_f 取值有何要求?(3)若 v_{o1} 输出幅度为 10 V 的正弦振荡信号,求 v_o 输出电压的频率和幅度。

4. 设运放是理想的,试分析设计图 8.26 所示正弦波振荡电路;其中,$R_1 = 820\,\text{k}\Omega$, $C = 0.02\,\mu\text{F}$。(1)正确连接 A、B、P、N 四点,并标出运算放大器同相端与反相端,使之成为 RC 桥式振荡电路;(2)求出该电路的振荡频率;(3)若 $R_1 = 2\,\text{k}\Omega$,试分析 R_f 的阻值应大于多少。

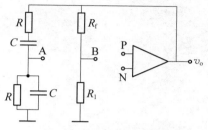

图 8.26 自测题 4 的电路

8.6.2 答案解析

1. 选择题

(1) D (2) B (3) C (4) C (5) C

2. 解 (1) $f = \dfrac{1}{2\pi RC}$,应减少 R 或者 C。

(2) R_f 约为 20 kΩ。

(3) R_f 选为负温度系数的热敏电阻或 R_1 选为正温度系数的热敏电阻。

3. 解 (1)下正上负;$\varphi_a + \varphi_f = 2n\pi$,能振荡。

(2) R_f 可采用负温度系数的热敏电阻,$R_f > 2R_1 = 20\,\text{k}\Omega$。

(3) $f_0 = \dfrac{1}{2\pi RC} = \dfrac{1}{2\pi \times 10\,\text{k}\Omega \times 0.1\,\mu\text{F}} = 159\,\text{Hz}$,幅度 $V_m = 5\,\text{V}$。

4. 解 (1)将 A 和 P 相连,将 B 和 N 相连,P"+",N"−",或者将 A 和 N 相连,将 B 和 P 相连,P"−",N"+"。

(2) $f_0 = \dfrac{1}{2\pi RC} = \dfrac{1}{2\pi \times 820 \times 10^3 \times 0.02 \times 10^{-6}}\,\text{Hz} = 9.7\,\text{Hz}$

(3) 由 $A_v = 1 + \dfrac{R_f}{R_1} > 3$,所以 $R_f > 2R_1 = 4\,\text{k}\Omega$。

第 9 章

直流稳压电源

9.1 教学要求

许多电子线路通常需要电压稳定的直流电源来供电,它们可以采用干电池、蓄电池或其他直流能源供电。但是这些电源成本高、容量有限。目前在有交流电网的地方,一般采用将交流电变为直流电的直流稳压电源。

学完本章后希望能达到以下要求:

(1) 了解直流稳压电源的组成;

(2) 掌握单相桥式整流、电容滤波电路的工作原理及各项指标的计算;

(3) 熟练掌握带放大器的串联反馈式稳压电路的稳压原理及输出电压的计算;

(4) 掌握三端集成稳压器的使用方法和应用;

(5) 了解开关型稳压电路和直流变换型电源。

9.2 内容精炼

本章首先讨论小功率整流、滤波电路和线性串联型稳压电路,然后介绍三端集成线性稳压器和开关电源的工作原理。

9.2.1 直流稳压电源的组成

直流稳压电源由电源变压器、整流电路、滤波电路和稳压电路组成,如图 9.1 所示。

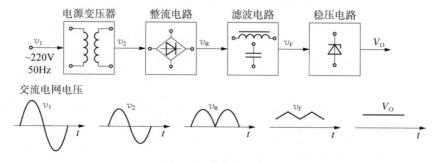

图 9.1 直流稳压电源

工作过程一般为:电源变压器将交流电网 220 V 的电压变换为所需要的电压值,然后利用二极管构成的整流电路将交流电压整流为单向脉动的直流电压。再通过电容或电感等储能元件组成的滤波电路减小其脉动成分,从而得到比较平滑的直流电压。经过整流、滤波后得到的直流电压易受电网电压波动(一般有 ±10% 左右的波动)、负载和温度变化而变化,因此,还需接稳压电路,利用负反馈等措施维持输出直流电压稳定。

9.2.2 小功率整流滤波电路

1. 单相桥式整流电路

单相桥式整流电路如图 9.2(a)所示,图 9.2(b)是它的简化画法。

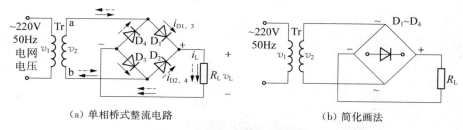

(a) 单相桥式整流电路 (b) 简化画法

图 9.2 单相桥式整流电路

在图 9.2 中,电源变压器输入 220 V、50 Hz 电网电压,变压器次级电压为 V_2,R_L 为负载电阻,整流电路输出电压的瞬时值为 v_L。在电源电压的正、负半周(设 a 端为正,b 端为负时为正半周)内电流通路用图 9.2 中的实线和虚线箭头表示。

通过负载 R_L 的电流 i_L 以及电压 v_L 的波形如图 9.3 所示。它们都是单方向的全波脉动波形。

用傅里叶级数对 v_L 进行分解后得

$$v_L = \sqrt{2}V_2\left(\frac{2}{\pi} - \frac{4}{3\pi}\cos 2\omega t - \frac{4}{15\pi}\cos 4\omega t - \frac{4}{35\pi}\cos 6\omega t - \cdots\right)$$

则负载电压 v_L 的平均值为

$$V_L = \frac{2\sqrt{2}V_2}{\pi} = 0.9V_2$$

直流电流为

$$I_L = \frac{0.9V_2}{R_L}$$

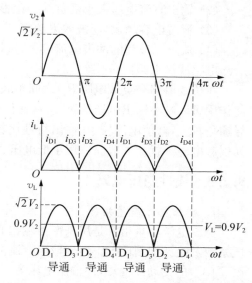

图 9.3 通过 R_L 的电流 i_L 以及电压 v_L 的波形

在桥式整流电路中,流经每个二极管的平均电流为

$$I_D = \frac{1}{2}I_L = \frac{0.45V_2}{R_L}$$

每个二极管承受的最高反向电压为

$$V_{RM} = \sqrt{2}V_2$$

桥式整流电路的优点是输出电压高,纹波电压较小,管子所承受的最大反向电压较低,同时因电源变压器在正、负半周内都有电源供给负载,电源变压器得到了充分的利用,效率较高。因此,这种电路在半导体整流电路中得到了很广泛的应用。该电路的缺点是二极管用得较多。

2. 滤波电路

滤波电路用于滤去整流输出电路中的纹波,一般由电抗元件组成,常用的结构如图 9.4 所示。

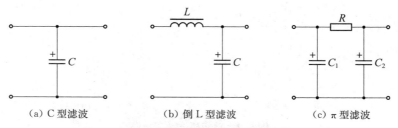

(a) C 型滤波   (b) 倒 L 型滤波   (c) π 型滤波

图 9.4　滤波电路的基本形式

电容滤波电路:

(1) 输出电压的平均值 $V_{O(AV)}$ 大于变压器次级电压的有效值 V_2。当电容器 C 的放电时间常数满足一定条件时,输出电压平均值由 $V_{O(AV)} \approx 1.2V_2$ 估算。

(2) 输出直流电压大小受负载变化影响较大,适合负载不变或者输出电压不大的场合。

(3) 滤波电容越大,滤波效果越好。

(4) 流过二极管的冲击电流较大,选择二极管电流参数时应保留 2～3 倍的裕量。

电感滤波电路:

在桥式电路和负载电阻 R_L 之间串联一个电感器,就组成电感滤波电路。利用电感的储能作用可以减小输出电压的纹波,从而得到比较光滑的直流。电感滤波的特点是:整流管的导通角较大,峰值电流较小,输出特性比较平坦。其缺点是由于铁芯的存在,笨重、体积大,易引起电磁干扰。一般只适用于低电压、大电流的场合。

9.2.3　线性稳压电路

1. 稳压电源质量指标

稳压电源质量指标是用来衡量输出直流电压的稳定程度,包括稳压系数、输出电阻、温度系数及纹波抑制比等。由于输出直流电压 V_O 随输入直流电压 V_I、输出电流 I_O 和环境温度 $T(℃)$ 的变动而变动,即输出电压为

$$V_O = f(V_I, I_O, T)$$

(1) 稳压系数

$$\gamma = \frac{\Delta V_O / V_O}{\Delta V_I / V_I}\bigg|_{\substack{\Delta I_o = 0 \\ \Delta T = 0}}$$

（2）输出电阻

$$R_{\mathrm{O}} = \frac{\Delta V_{\mathrm{O}}}{\Delta I_{\mathrm{O}}} \bigg|_{\substack{\Delta V_{\mathrm{I}}=0 \\ \Delta T=0}} (\Omega)$$

（3）温度系数

$$S_{\mathrm{T}} = \frac{\Delta V_{\mathrm{O}}}{\Delta T} \bigg|_{\substack{\Delta V_{\mathrm{I}}=0 \\ \Delta I_{\mathrm{O}}=0}} (\mathrm{mV}/℃)$$

（4）纹波抑制比

$$RR = 20\lg \frac{\widetilde{V}_{\mathrm{IrP\text{-}P}}}{\widetilde{V}_{\mathrm{OrP\text{-}P}}} \mathrm{dB}$$

2. 线性串联反馈式稳压电路的工作原理

串联反馈式稳压电路的一般原理结构图如图 9.5 所示。图中,取样环节由电阻 R_1、R_2 和 R_{P} 分压器组成。对输出电压 V_{O} 的变化进行取样,并将输出变化量的一部分传送给放大环节。

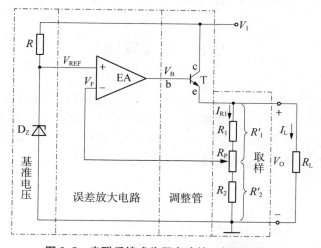

图 9.5 串联反馈式稳压电路的一般原理结构

取样电路:取出输出电压的一部分,送至误差放大电路。一般由滑动变阻器和一些电阻组成,通过调节滑动变阻器,可以改变取样电压的大小。

基准电压:通过稳压管提供一个稳定度很高的基准电压送至误差放大电路。

误差放大电路:一个高增益的直流放大器,输入信号为取样信号与基准信号的差值(即比较信号)。

调整管:在误差放大电路输出信号的控制下,自动调整调整管的 V_{CE},进而调整输出电压。在任何情况下调整管都工作在放大区域,其集电极功耗比较大。

输出电压 V_{O} 的计算:

$$V_{\mathrm{O}} = V_{\mathrm{REF}} \left(1 + \frac{R'_1}{R'_2}\right) = \frac{V_{\mathrm{REF}}}{F_v}$$

输出电压 V_O 的调节范围：

R_P 动端在最上端时，输出电压最小，

$$V_{omin} = \frac{R_1 + R_P + R_2}{R_2 + R_P} V_{REF}$$

R_P 动端在最下端时，输出电压最大，

$$V_{omax} = \frac{R_1 + R_P + R_2}{R_2} V_{REF}$$

3. 三端线性集成稳压器

三端线性集成稳压器包括固定式和可调式两种。固定式三端集成稳压器有正压系列和负压系列两大类。78××系列、78L××系列和78M××系列是三端固定正压集成稳压器，它们的输出电压分别是 5 V、6 V、9 V、12 V、15 V、18 V 和 24 V 等 7 挡。79××系列、79L××系列和 79M××系列是三端固定负电压集成稳压器。固定式三端集成稳压器使用十分方便，但在有些场合要求扩大输出电压的调节范围，因此具有一定的局限性。可调式三端集成稳压器就解决了这一问题，常见的有 LM117、LM317 等。

9.3 难点释疑

滤波电路中，利用储能元件电容器 C 两端电压或电感器 L 电流不能突变的性质，把电容 C 或 L 与电路的负载 R_L 并联或串联，就可以滤掉整流电路输出的交流成分，提高直流成分，减小电流的脉动，改善电路的性能。在小功率整流电路中，经常使用的是电容滤波。

以单相桥式整流电路采用电容滤波的情况为例，如图 9.6 所示。

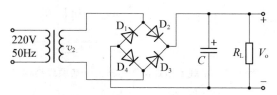

图9.6 采用电容滤波的单相桥式整流电路

在桥式整流电路中，为了减小输出电压的脉动，可以在负载电阻 R_L 两端并联一个滤波电容 C。

电容是一个存储电荷的元件。有了电荷，电容两端就出现一定的电压。要改变电容两端的电压，就必须改变其中的电荷，而电荷的改变速度决定于电容充放电的时间常数。充放电时间常数越大，电荷改变的速度就越慢，电容上的电压变化也越慢，即交流分量就越小。这就是采用电容滤波的基本思想。

为简化讨论，假定滤波电路接通交流电源时，恰恰在交流电压 v_2 过零的时刻。v_2 从零升起之后，就通过 D_2、D_4 开始向电容 C 充电，由于二极管的正向电阻很小（理想情况可视为零），因此充电时间常数很小，电容端电压的上升速度完全跟得上电源电压的上升速度，所以

电容 C 的端电压就随着电源电压按正弦规律上升。这就是图 9.7 中的 Oa 段,在点 a 处 v_2 达到最大值。此后电源电压开始下降,这时电容 C 开始向负载电阻 R_L 放电。由于放电时间常数很大,因此电容电压下降的速度比电源电压 v_2 下降的速度慢得多,在这个过程中,电容上的电压 v_C 大于对应的电源电压 v_2。当电容放电到图 9.7 中所示的点 b 时,v_2 的负半周又使 D_1、D_3 导通,电容又被充电,充到 v_2 的最大值后,又进行放电。如此反复进行,就得到图 9.7 所示的电容端电压波形。由于负载电阻和滤波电容是并联的,因此电容端电压波形当然也就是输出电压 v_o 的波形。由图可见,这个输出波形比没有滤波电容时平滑得多。

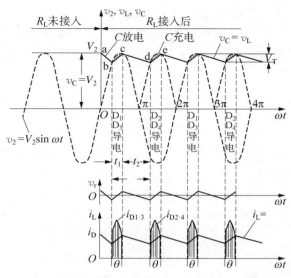

图 9.7 电容端电压波形

整流电路加了滤波电路之后,电路的工作特点是:

(1) 二极管的导通角减小,导通角就是在一个周期中,二极管导通时间所对应的角度。在没有加滤波电路时,二极管的导通角是 $180°$。加了滤波电路之后,在稳定情况下二极管重新导通,不是 v_2 在重新过零时开始,而是在 v_2 大于 v_C 时才开始导通。因此,二极管的导通角总是小于 $180°$。

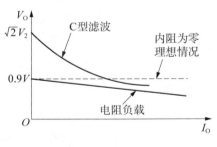

图 9.8 外特性曲线

(2) 电容滤波整流电路的外特性差:输出直流电压与输出直流电流的关系称为外特性。它是整流滤波电路的一项指标。图 9.8 画出了电阻负载和有电容滤波时的两条外特性曲线。由图可见,加上电容滤波后,负载上直流电压要升高。负载开路时($I_O = 0$),直流电 $V_O = V_C = \sqrt{2} V_2$,要高于无电容滤波时的直流输出电压($V_O = 0.9 V$)。而在负载电流很大(即 R_L 很小)时,其直流输出电压 V_O 又与无电容滤波时的直流输出电压 V_O 数值接近相等。输出直流电压受负载变化的影响比较大,即外特性差,是电容滤波电路的一个主要缺点。

在电容 C 选定之后,负载变化,输出直流电阻减小时,相当于滤波电容的放电时间常数减小,电容 C 放电变快,因而使负载电压波形的平直性电压降低。所以电容滤波只适用于负载电压比较小或者负载电流基本不变的场合。在有电容滤波整流电路中,要对其输出直流电压进行准确计算是很困难的,工程上按经验公式进行估算,一般取 $V_O = 1.1 \sim 1.4 \, V$。

(3) 在二极管导通时出现较大的电流冲击:在有电容滤波的整流电路中,流过负载的电流平均值即直流电流,通过每个二极管的平均电流是这个电流的一半,与没有滤波电容时的情况比较,二极管中的平均电流增加了,而导电时间又缩短了不少。这样一来,在二极管导通时会出现一个比较大的电流冲击。二极管导通角越小,冲击电流越大。因此,在选用二极管时,应选最大整流电流较大的管子,一般选平均电流的 2 倍左右。滤波电容的容量选得越大,则纹波电压就越小,但流过二极管的峰值电流也很大,考虑了上述两个因素,电容容量一般选在几十微法至几百微法;其耐压应大于负载开路时的输出电压最大值,采用电解电容。

9.4 典型例题分析

例 9.1 串联型稳压电路如图 9.9 所示。已知稳压管 D_Z 的稳压电压 $V_Z = 6$ V,$R_1 = 200 \ \Omega$,$R_W = 100 \ \Omega$,$R_2 = 200 \ \Omega$,负载 $R_L = 20 \ \Omega$。(1)标出运算放大器 A 的同相和反相输入端。(2)试求输出电压 V_O 的调整范围。(3)为使在 V_O 的调整范围内均有调整管的 $V_{CE1} \geqslant 3$ V,试求输入电压 V_I 的值。

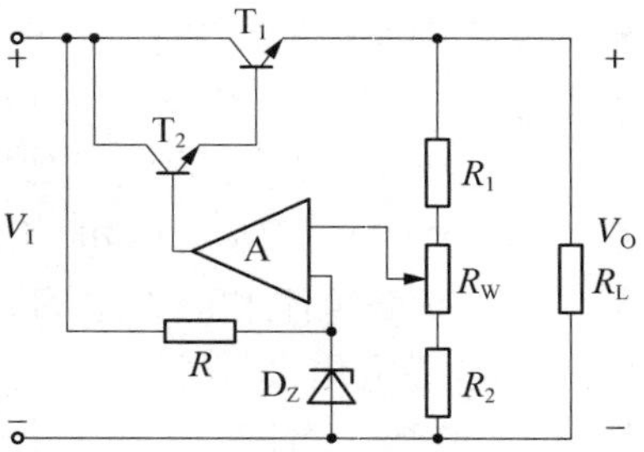

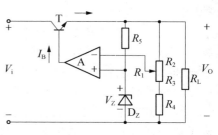

图 9.9 例 9.1 的电路

解 (1)运放 A 的上端为反相输入端(−),下端为同相端(+)。

(2)根据串联型稳压电路的稳压原理,由图可知

$$V_O = \frac{R_1 + R_W + R_2}{R_2 + R''_W} V_Z$$

式中,R''_W 为可变电阻 R_W 滑动触头以下部分的电阻,$0 \leqslant R''_W \leqslant R_W$。

当 $R''_W = R_W$ 时,V_O 最小。

$$V_{Omin} = \frac{R_1 + R_W + R_2}{R_W + R_2} V_Z = 10 \ \text{V}$$

当 $R''_W = 0$ 时,V_O 最大。

$$V_{Omax} = \frac{R_1 + R_W + R_2}{R_2} V_Z = 15 \ \text{V}$$

因此,输出电压 V_O 的可调范围为 $10 \sim 15$ V。

(3)由于 $V_{CE1} = V_I - V_O$,当 $V_O = V_{Omax} = 15$ V 时,为保证 $V_{CE1} \geqslant 3$ V,输入电压 $V_I \geqslant V_O + 3 \geqslant 18$ V。

例 9.2 电路如图 9.10 所示。已知:$V_Z = 6$ V,$R_1 = 2 \ \text{k}\Omega$,$R_4 = 2 \ \text{k}\Omega$,$R_5 = 2 \ \text{k}\Omega$,$V_i = 15$ V,调整管 T 的电流放大系数 $\beta = 50$。 试求:(1)输出电压 V_O 的变化范围。(2)当 $V_O = 10$ V,$R_L = 100 \ \Omega$ 时,调整管 T 的功耗和运算放大器 A 的输出电流。

解 (1)根据串联型稳压电路的稳压原理,由图可知输出电压为

$$V_O = \frac{R_1 + R_4}{R_3 + R_4} V_Z$$

图 9.10 例 9.2 的电路

式中，$0 \leqslant R_3 \leqslant R_1$。

当 $R_3 = R_1$ 时，$\qquad V_O = V_Z = 6\,\text{V}$

当 $R_3 = 0$ 时，$\qquad V_O = 12\,\text{V}$

故输出电压 V_O 的范围为 6～12 V。

（2）由于电路的输出电流为 $\qquad I_O = \dfrac{V_O}{R_L} = 0.1\,\text{A}$

故运放的输出电流为 $\qquad I_{AO} = I_B = \dfrac{I_E}{1+\beta} = \dfrac{1}{1+\beta}\left(\dfrac{V_O - V_Z}{R_5} + \dfrac{V_O}{R_1 + R_4} + I_O\right) \approx 2\,\text{mA}$

调整管的管压降为 $\qquad V_{CE} = V_I - V_O = 5\,\text{V}$

调整管的功耗为 $\qquad P_C = V_{CE} I_C = V_{CE} \beta I_B = 0.5\,\text{W}$

例 9.3　一串联型稳压电路如图 9.11 所示。已知放大器 A 的 $A_v \gg 1$，稳压管的 $V_Z = 6\,\text{V}$，$R_1 = R_2 = 200\,\Omega$，$R_W = 100\,\Omega$，负载 $R_L = 20\,\Omega$。（1）试标出运算放大器的同相、反相端；（2）说明电路由哪几部分组成及构成元件；（3）求 V_o 的调整范围。

解　（1）运算放大器的同相在下方、反相端在上方。

（2）电路由四个部分构成：① 由 R_1、R_2 和 R_W 构成取样电路；② 由运放构成负反馈运算放大器；③ 由 R 和 D_W 构成基准电压电路；④ 由 T_1 和 T_2 复合管构成调整管。

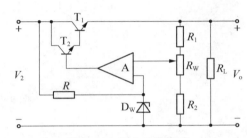

图 9.11　例 9.3 的电路

$$(3)\ V_o = \dfrac{R_1 + R_2 + R_W}{R_W'' + R_2} V_Z,\ \dfrac{R_1 + R_2 + R_W}{R_2} V_Z \sim \dfrac{R_1 + R_2 + R_W}{R_W + R_2} V_Z = 15 \sim 10\,\text{V}$$

例 9.4　图 9.12 为串联型稳压电源。

（1）将各部分由哪些元器件组成填入空内。

调整管由_____，_____组成；

基准电压部分由_____，_____组成；

比较放大部分由_____组成；

输出电压采样电阻由_____，_____，_____组成。

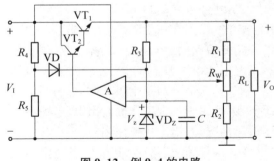

图 9.12　例 9.4 的电路

（2）标出运算放大器 A 的同相端和反相端。

（3）求输出电压的调整范围。

解　（1）VT_1，VT_2；R_3，VD_Z；A；R_1，R_W，R_2

（2）上"－"　下"＋"。

$$(3)\ \dfrac{R_1 + R_W + R_2}{R_W + R_2} V_Z \leqslant V_o \leqslant \dfrac{R_1 + R_W + R_2}{R_2} V_Z.$$

9.5   同步训练及解析

1. 在图 9.13 所示的单相桥式整流电路中,已知变压器副边电压 $v_2 = 10\,\text{V}$(有效值):(1)工作时,直流输出电压 $V_{O(AV)}$ 为多少?(2)如果二极管 VD_1 虚焊,将会出现什么现象?(3)如果 VD_1 极性接反,又可能出现什么问题?(4)如果四个二极管全部接反,则直流输出电压 $V_{O(AV)}$ 为多少?

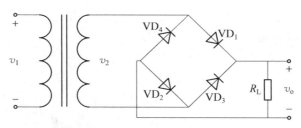

图 9.13   习题 1 的电路

解 (1) 正常工作时,直流输出电压为:$V_{O(AV)} = 0.9$,$V_2 = 0.9 \times 10\,\text{V} = 9\,\text{V}$。

(2) 如果三极管 VD_1 虚焊,则电路成为单相半波整流电路,此时直流输出电压为:$V_{O(AV)} = 0.45$,$V_2 = 0.45 \times 10\,\text{V} = 4.5\,\text{V}$。

(3) 如果 VD_1 极性接反,在 V_2 的负半周将有很大的短路电流通过 VD_3 和 VD_1,可能将整流管和变压器烧毁。

(4) 如果四个二极管全接反,则 $V_{O(AV)} = 0.9 \times (-V_2) = -0.9 \times 10\,\text{V} = -9\,\text{V}$。

2. 电路如图 9.14 所示,已知 $V_2 = 20\,\text{V}$,$R_L = 50\,\Omega$,$C = 1000\,\mu\text{F}$。(1)当电路中电容 C 开路或短路时,电路会产生什么后果?两种情况下 V_L 各等于多少?(2)当输出电压 $V_L = 28\,\text{V}$,$18\,\text{V}$,$24\,\text{V}$ 和 $9\,\text{V}$ 时,试分析诸情况下,哪些属于正常工作的输出电压,哪些属于故障情况,并指出故障原因。

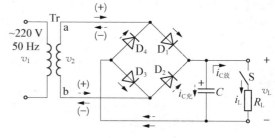

图 9.14   习题 2 的电路

解 (1) C 开路时,电路相当纯阻负载的全波整流电路。

$$V_L = 0.9\,V_2 = 18\,\text{V}$$

C 短路时,$V_L = 0$,此时负载相当于短路,$D_1 \sim D_4$ 整流管会因电流过大而损坏。

(2) 当 $V_L = 28\,\text{V}$,$18\,\text{V}$,$24\,\text{V}$,$9\,\text{V}$ 时几种电路的工作情况:

$V_L = 28\,\text{V}$,此时 $R_L = \infty$,$V_L = \sqrt{2}\,V_2 = 28\,\text{V}$。

$V_L = 18\,\text{V}$,此时无电容,$V_L = 0.9\,V_2 = 18\,\text{V}$。

$V_L = 24\,\text{V}$,此时 $V_L = 1.2\,V_2$,电路正常工作。

$V_L = 9\,\text{V}$,此时 $V_L = 0.45\,V_2$,电容开路,同时有一个整流管烧断或未接入。

3. 图 9.15 是能输出两种整流电压的桥式整流电路。试分析各个二极管的导电情况，在图上标出直流输出电压 $V_{O(AV)1}$ 和 $V_{O(AV)2}$ 对地的极性，并计算当 $V_{21}=V_{22}=20\,\text{V}$（有效值）时，$V_{O(AV)1}$ 和 $V_{O(AV)2}$ 各为多少？如果 $V_{21}=22\,\text{V}$，$V_{22}=18\,\text{V}$，则 $V_{O(AV)1}$ 和 $V_{O(AV)2}$ 各为多少？在后一种情况下，画出 v_{o1} 和 v_{o2} 的波形并估算各个二极管的最大反向峰值电压将各为多少？

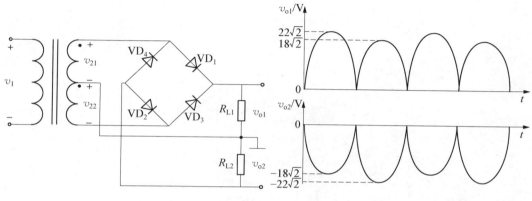

图 9.15　习题 3 的电路

解　通过对 R_{L1}、R_{L2} 上电流方向的判断可知：

$V_{O(AV)1}$ 对地为正；$V_{O(AV)2}$ 对地为负。

当 $V_{21}=V_{22}=20\,\text{V}$ 时，

$$V_{O(AV)1}=0.45v_{21}+0.45v_{22}=0.45\times(20+20)\,\text{V}=18\,\text{V}$$

$$V_{O(AV)2}=-0.45v_{21}-0.45v_{22}=-0.45\times(20+20)\,\text{V}=-18\,\text{V}$$

当 $V_{21}=22\,\text{V}$，$V_{22}=18\,\text{V}$ 时，

$$V_{O(AV)1}=0.45\times(v_{21}+v_{22})=0.45\times(22+18)\,\text{V}=18\,\text{V}$$

$$V_{O(AV)2}=-0.45\times(v_{21}+v_{22})=-0.45\times(22+18)\,\text{V}=-18\,\text{V}$$

4. 电路如图 9.16 所示，变压器副边电压有效值 $V_1=50\,\text{V}$，$V_2=20\,\text{V}$，试问：(1)输出电压平均值 $V_{o1(AV)}$ 和 $V_{o2(AV)}$ 各为多少？(2)各二极管承受的最大反向电压为多少？

解　(1) 两路输出电压分别为

$$V_{o1}\approx0.45(V_{21}+V_{22})=31.5\,\text{V},$$

$$V_{o2}\approx0.9V_{22}=18\,\text{V}$$

(2) D_1 的最大反向电压 $V_R>\sqrt{2}\,(V_{21}+V_{22})$ $\approx99\,\text{V}$，

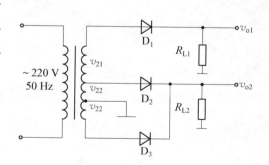

图 9.16　习题 4 的电路

D_2、D_3 的最大反向电压 $V_R>2\sqrt{2}V_{22}\approx57\,\text{V}$。

5. 直流稳压电路如图 9.17 所示，已知三极管 T_1 的 $\beta_1=20$，T_2 的 $\beta_2=20$，$V_{BE}=0.7\,\text{V}$，

$R_2 = 1\,\text{k}\Omega$, $R_3 = 10\,\text{k}\Omega$, $R_4 = 1\,\text{k}\Omega$, $R_5 = 1.5\,\text{k}\Omega$, $R_6 = 10\,\text{k}\Omega$, $R_P = 0.5\,\text{k}\Omega$, $C_1 = 500\,\mu\text{F}$, $C_2 = 1000\,\mu\text{F}$, $C_3 = 0.047\,\mu\text{F}$, $C_4 = 1000\,\mu\text{F}$, $D_{Z1} = 11.4\,\text{V}$, $D_{Z2} = 10\,\text{V}$。（1）试说明电路的组成有什么特点。（2）电路中电阻 R_3 开路或短路时会出现什么故障？（3）求电路正常工作时输出电压的调节范围。（4）若电网电压波动 10%,问电位器 R_P 的滑动端在什么位置时, T_1 管的 V_{CE1} 最大？ 其值为多少？（5）当 $V_O = 15\,\text{V}$, $R_L = 15\,\Omega$ 时, T_1 的功耗 P_{C1} 等于多少？

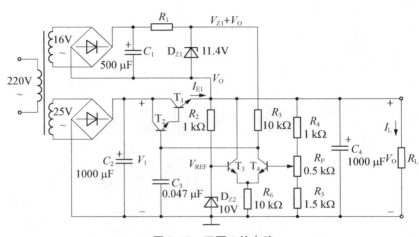

图 9.17 习题 5 的电路

解 （1）电路特点：T_3、T_4 差放组成比较（误差）放大器,它的直流电源电压 $V_{CC} = V_{Z1} + V_O$ 较高,可提高放大电路的线性工作范围,同时具有较高的温度稳定性；基准电压电路（R_2、D_{Z2}）的电源由 V_O 供给,使 V_{REF} 的稳定性增加。

（2）当 R_3 开路时,调整管 T_2、T_1 的基极电流 $I_{B2} = 0$, $I_{B1} = 0$,使 T_1、T_2 截止,输出电压 $V_O = 0$；当 R_3 短路时,辅助电源 V_{Z1} 直接接到 T_1、T_2 的发射结上,产生过大的基极电流,使调整管损坏。

（3）输出电压的可调范围为

$$V_{Omin} = \frac{R_5 + R_P + R_4}{R_5 + R_P} V_{Z2} = \frac{1.5 + 0.5 + 1}{1.5 + 0.5} \times 10\,\text{V} = 15\,\text{V}$$

$$V_{Omax} = \frac{R_5 + R_P + R_4}{R_5} V_{Z2} = \frac{1.5 + 0.5 + 1}{1.5 + 0.5} \times 10\,\text{V} = 20\,\text{V}$$

V_O 可调范围为 $15 \sim 20\,\text{V}$。

（4）电网电压波动 10%,输出电压也波动 10%,故

$$V_{1max} = V_1(1 + 10\%) = 25 \times 1.2 \times 1.1\,\text{V} = 33\,\text{V}$$

$$V_{CE1max} = V_{1max} - V_{Omin} = (33 - 15)\,\text{V} = 18\,\text{V}$$

（5）当 $V_O = 15\,\text{V}$, $R_L = 50\,\Omega$ 时,求 T_1 的功耗 P_{C1}。

T_1 的 I_{E1} 只考虑负载电流 $I_{E1} \approx I_L = \dfrac{15}{50}\,\text{A} = 300\,\text{mA}$,所以

$$P_{C1} = V_{CEmax} \times I_{E1} = 18 \times 300 \times 10^{-3}\,\text{W} = 5.4\,\text{W}$$

6. 电路如图 9.18 所示,稳压管的稳定电压 $V_Z = 4.3\,\text{V}$,晶体管的 $V_{BE} = 0.7\,\text{V}$,$R_1 = R_2 = R_3 = 300\,\Omega$,$R_0 = 5\,\Omega$。试估算:(1)输出电压的可调范围;(2)调整管发射极允许的最大电流;(3)若 $V_I = 25\,\text{V}$,波动范围 $\pm 100\%$,则调整管的最大功耗为多少。

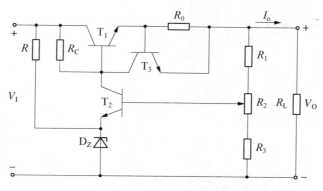

图 9.18 习题 6 的电路

解 (1) R_2 的滑动端滑到最下端时,输出电压 V_O 获得最大值,而 R_2 的滑动端滑到最上端时,输出电压 V_O 获得最小值。

$$V_{Omin} = \frac{R_1 + R_2 + R_3}{R_2 + R_3}(V_2 + V_{bE}) = 7.5\,\text{V}$$

$$V_{Omax} = \frac{R_1 + R_2 + R_3}{R_3}(V_2 + V_{bE}) = 15\,\text{V}$$

(2) $$I_{Emax} = \frac{V_{ligs}}{R_o} = 140\,\text{mA}$$

(3) $$V_{CElmax} = (1 + 10\%)V_1 - V_{omin} = 20\,\text{V}$$

$$P_{max} = V_{CElmax} I_{Elmax} = 2.8\,\text{W}$$

7. 电路如图 9.19 所示,已知稳压管的稳定电压 $V_z = 6\,\text{V}$,晶体管的 $V_{BE} = 0.7\,\text{V}$,$R_1 = R_2 = R_3 = 300\,\Omega$,$V_1 = 24\,\text{V}$。判断出现下列现象时,分别因为电路产生什么故障(即哪个元件开路或短路)。(1) $V_o \approx 24\,\text{V}$。(2) $V_o \approx 23.3\,\text{V}$。(3) $V_o \approx 12\,\text{V}$,且不可调。(4) $V_o \approx 6\,\text{V}$,且不可调。(5) V_o 可调范围变为 $6 \sim 12\,\text{V}$。

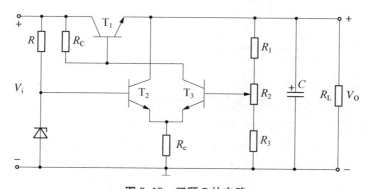

图 9.19 习题 7 的电路

解 （1）T_1 管的集电极和发射极之间短路。

（2）$V_{CE1} = (24 - 23.3)V = 0.7 V = V_{BE}$，$R_C$ 短路。

（3）因为 $R_1 = R_2 = R_3$，$V_Z = 6 V$，$V_O = 12 V$ 不可调，说明 R_2 短路，忽略 T_3 管的基极电流得

$$v_o \approx \frac{R_1 + R_3}{R_3} V_Z \approx 12 V，为固定值$$

（4）T_2 管的基极和集电极短路，使 V_O 恒等于 V_Z。

（5）R_1 短路。

8. 图 9.20 为由 LM317 组成的输出电压可调的典型电路，$R_1 = 210 \text{ k}\Omega$，$R_2 = 6.2 \text{ k}\Omega$，$C_1 = 0.1 \mu\text{F}$，$C_3 = 1 \mu\text{F}$，当 $V_{31} = V_{REF} = 1.2 V$ 时，流过 R_1 的最小电流 I_{Rmin} 为 $5 \sim 10 \text{ mA}$，调整端1输出的电流 $I_{adj} \ll I_{Rmin}$，$V_I - V_O = 2 V$。(1)求 R_1 的值。(2)当 $R_1 = 210 \Omega$，$R_2 = 3 \text{ k}\Omega$ 时，求输出电压 V_O。(3)当 $V_O = 37 V$，$R_1 = 210 \Omega$ 时，R_2 等于多少？(4)当调节 R_2 从 0 变化到 $6.2 \text{ k}\Omega$ 时，求输出电压的调节范围。

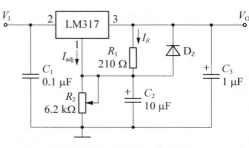

图 9.20 习题 8 的电路

解 （1）已知流过 R_1 的最小电流 $I_{R1min} = 5 \sim 10 \text{ mA}$，$V_{31} = V_{REF} = 1.2 V$，所以

$$R = \frac{V_{REF}}{I_{R1min}} = \left(\frac{1.2}{10 \times 10^{-3}} \sim \frac{1.2}{5 \times 10^{-3}} \right) \Omega = 120 \sim 240 \Omega$$

（2）$R_1 = 210 \Omega$，$R_2 = 3 \text{ k}\Omega$ 时的输出电压

$$V_O = V_{REF} \left(1 + \frac{R_2}{R_1} \right) = 1.2 \times \left(1 + \frac{3 \times 10^3}{210} \right) V = 18.3 V$$

（3）$V_O = 37 V$，$R_1 = 210 \Omega$ 时，

$$37 = 1.2 \left(1 + \frac{R_2}{210} \right)$$

$$R_2 = \left(\frac{37}{1.2} - 1 \right) \times 210 \Omega = 6\,265 \Omega \approx 6.3 \text{ k}\Omega$$

$V_I - V_O = 2 V$，此时的最小输入电压为

$$V_{Imin} = V_O + 2 = (37 + 2)V = 39 V$$

（4）R_2 从 0 至 $6.2 \text{ k}\Omega$ 时，输出电压的调节范围为 $1.2 \sim 36.6 V$。

9. 试分别求出图 9.21 所示各电路输出电压的表达式。

解 对图 9.21(a)，设 R_4 的滑动端上面为 R_4'，下面为 R_4''，运放 A 为理想元件，W7812 的基准电压为 V_{REF}，则运放 A 反相端和同相端的电位 V_- 和 V_+ 分别为

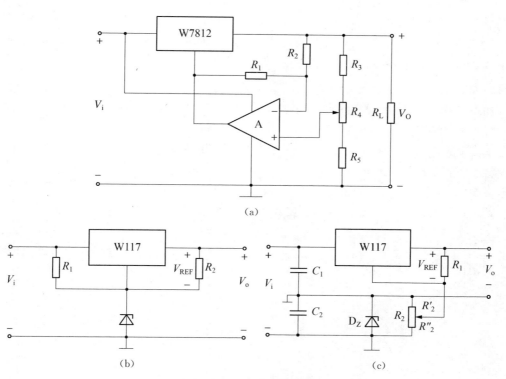

图 9.21　习题 9 的电路

$$V_- = V_O - \frac{R_2}{R_1 + R_2} V_{REF}$$

$$V_+ = \frac{R_4'' + R_5}{R_3 + R_4 + R_5} V_O$$

因为 $V_- = V_+$，所以

$$V_O - \frac{R_2}{R_1 + R_2} V_{REF} = \frac{R_4'' + R_5}{R_3 + R_4 + R_5} V_O$$

$$V_O = \frac{R_3 + R_4 + R_5}{R_3 + R_4'} \cdot \frac{R_2}{R_1 + R_2} V_{REF} = \frac{R_3 + R_4 + R_5}{R_3 + R_4'} \cdot \frac{R_2}{R_1 + R_2} \times 12 \text{ V}$$

对图 9.21(b)，设 D_Z 的稳压值为 V_Z，则

$$V_o = V_{REF} + V_Z = (1.25 + V_Z) \text{V}$$

对图 9.21(c)，设 W117 调整端的电流可以忽略不计，D_Z 的稳压值为 V_Z，R' 和 R'' 上的电压和电流分别为 R_{R2}' 和 R_{R2}''，I_{R2}' 和 I_{R2}''，电压方向均为上正下负，电流均自上而下，R_1 上的电流为 I_{R1}，方向自上而下，则

$$I_{R2}'' \approx I_{R2}' + I_{R1}, \quad \frac{V_2 - V_{R2}'}{R_2''} = \frac{V_{R2}'}{R_2'} + \frac{V_{REF}}{R_1}$$

$$V_{R_2}' = \frac{R_2'}{R_2} V_2 - \frac{R_2' R_2''}{R_1 R_2} V_{REF}$$

$$V_O = V_{REF} - V'_{R2} = \left(1 + \frac{R'_2 R''_2}{R_1 R_2}\right) V_{REF} - \frac{R'_2}{R_2} V_Z$$

当 $R'_2 = 0$，即滑动端滑到最上面，$V_O = V_{REF}$。

当 $R'_2 = R_2$，即滑动端滑到最下面，$V_O = V_{REF} - V_Z$。

10. 可调恒流源电路如图 9.22 所示，$V_I = 12\,V$，$R =$ 120 Ω。（1）当 $V_{31} = V_{REF} = 1.2\,V$，$R$ 在 0.8～120 Ω 变化时，恒流电流 I_O 的变化范围如何？（假设 $I_{adj} \approx 0$）（2）当 R_L 用待充电电池代替时，若 50 mA 恒流充电，充电电压 $V_E = 1.5\,V$，问电阻 R_L 等于多少？

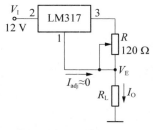

图 9.22　习题 10 的电路

解　（1）因为 $I_{adj} \approx 0$，所以恒流电流为 $I_O = V_{REF}/R$。

当 R 在 0.8～120 Ω 变化时，I_O 的变化范围为 $\frac{1.2}{120} \sim \frac{1.2}{0.8}\,A$，即变化范围为 0.01～1.5 A。

（2）当 $V_E = 1.5\,V$，$I_O = 50\,mA$ 时，R_L 为

$$R_L = \frac{V_E}{I_O} = \frac{1.5}{50 \times 10^{-3}}\,\Omega = 30\,\Omega$$

9.6　自测题及答案解析

9.6.1　自测题

1. 填空题

（1）小功率直流稳压电源由电源变压器、整流电路、（　　　）电路及稳压电路组成。

（2）在图 9.23 所示的电路中，$R_1 = R_2 = 200\,\Omega$，稳压二极管的稳压值为 $V_Z = 6\,V$。要求当 R_W 的滑动端在最下端时 $V_O = 15\,V$，电位器 R_W 的阻值应是（　　　）。在选定的 R_W 值之下，当 R_W 的滑动端在最上端时，$V_o = （　　　）$。

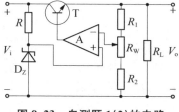

图 9.23　自测题 1(2) 的电路

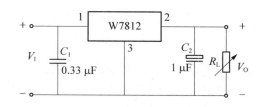

图 9.24　自测题 1(3) 的电路

（3）图 9.24 的输出电压 $V_O = （　　　）$。

2. 选择题

（1）整流的目的是（　　　）。

A. 将交流变为直流　　　　　　　　　　B. 将高频变为低频

C. 将正弦波变为方波　　　　　　　　　D. 输出波形波动更大

（2）在单相桥式整流电路中,若有一只整流管接反,则（　　　）。

A. 输出电压约为 $2V_D$　　　　　　　　　B. 变为半波直流

C. 整流管将因电流过大而烧坏　　　　　D. 不受影响

（3）直流稳压电源中滤波电路的目的是（　　　）。

A. 将交流变为直流　　　　　　　　　　B. 将高频变为低频

C. 将交、直流混合量中的交流成分滤掉　D. 将直流变为交流

（4）滤波电路应选用（　　　）。

A. 高通滤波电路　　　　　　　　　　　B. 低通滤波电路

C. 带通滤波电路　　　　　　　　　　　D. 带阻滤波器

（5）若要组成输出电压可调、最大输出电流为 3 A 的直流稳压电源,则应采用（　　　）。

A. 电容滤波稳压管稳压电路　　　　　　B. 电感滤波稳压管稳压电路

C. 电容滤波串联型稳压电路　　　　　　D. 电感滤波串联型稳压电路

（6）串联型稳压电路中的放大环节所放大的对象是（　　　）。

A. 基准电压　　　　　　　　　　　　　B. 采样电压

C. 基准电压与采样电压之差　　　　　　D. 输出电压

3. 小功率直流稳压电源如图 9.25 所示,已知变压器副边电压有效值 $V_2 = 20$ V,$R_3 = R_4 = R_P = 200\,\Omega$；稳压管 D_{Z1} 稳压值 $V_{Z1} = 6$ V；T_1、T_2 的 $V_{BE} = 0.7$ V。（1）计算当 R_P 滑动端置于中间位置时 A、B、C 对地电位及 T_2 的 V_{CE} 电压。（2）求输出电压 V_O 的调节范围。

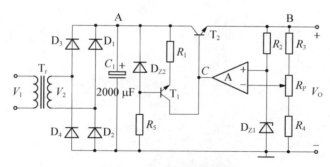

图 9.25　自测题 3 的电路

4. 分别判断图 9.26 所示各电路能否作为滤波电路,简述理由。

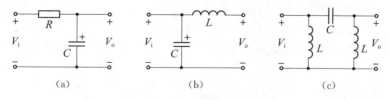

图 9.26　自测题 4 的电路

5. 如图 9.27 所示电路。(1)指出这是由哪几部分组成的什么类型稳压电路;(2)在图中标出集成运放的同相输入端和反相输入端;(3)已知电阻 $R_3 = 200\,\Omega$, $V_{Z2} = 8\,V$,输出电压的调整范围为 $10 \sim 20\,V$,计算电阻 R_1 和 R_2 的值。

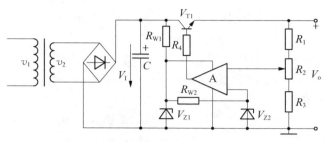

图 9.27 自测题 5 的电路

9.6.2 答案解析

1. 填空题

(1) 滤波 (2) $100\,\Omega$,$9\,V$ (3) 12

2. 选择题

(1) A (2) C (3) C (4) B (5) D (6) C

3. 解 (1) $V_A = 1.2 \times V_2 = 1.2 \times 20\,V = 24\,V$

$$V_B = V_O = \frac{R_3 + R_P + R_4}{R_4 + \dfrac{R_P}{2}} \times V_{Z1} = 2 \times 6\,V = 12\,V$$

$$V_C = V_B + 0.7\,V = 12\,V + 0.7\,V = 12.7\,V$$

$$V_{CE} = V_A - V_O = 24\,V - 12\,V = 12\,V$$

(2)
$$V_{Omax} = \frac{R_3 + R_P + R_4}{R_4} \times V_{Z1} = 3 \times 6\,V = 18\,V$$

$$V_{Omin} = \frac{R_3 + R_P + R_4}{R_4 + R_P} \times V_{Z1} = \frac{3}{2} \times 6\,V = 9\,V$$

$$9\,V \leqslant V_O \leqslant 18\,V$$

4. 解 图 9.26(a)(b)所示电路可用于滤波,图 9.26(c)所示电路不能用于滤波。

因为电感对直流分量的电抗很小、对交流分量的电抗很大,所以在滤波电路中应将电感串联在整流电路的输出和负载之间。因为电容对直流分量的电抗很大、对交流分量的电抗很小,所以在滤波电路中应将电容并联在整流电路的输出或负载上。

5. 解 (1)组成:变压器、桥式整流、电容滤波、稳压电路。类型:串联反馈型稳压电路。

(2) 上"＋",下"－"。

(3) $R_1 = 1\,200\,\Omega$, $R_2 = 200\,\Omega$。

附录 1
模拟电子技术基础模拟试题（一）

一、**填空**(共 8 分,每空 1 分)

1. P 型半导体中的多数载流子是＿＿＿＿＿＿＿。

2. 在三极管放大电路中,测得三极管三个电极 A、B、C 对地电位 $V_A = 6$ V, $V_B = 3.7$ V, $V_C = 3$ V,则可判断 C 为三极管的＿＿＿＿极。

3. 甲、乙、丙三个直接耦合放大电路,甲电路的放大倍数为 1 000,乙电路的放大倍数为 50,丙电路的放大倍数是 20,当温度从 20℃升到 25℃时,甲电路的输出电压漂移了 10 V,乙电路的输出电压漂移了 1 V,丙电路的输出电压漂移了 0.5 V,＿＿＿＿＿电路的温漂参数最小。

4. 电流负反馈能够稳定输出＿＿＿＿＿＿＿。

5. 设计一个输出功率为 15 W 的扩音机电路,若用乙类推挽功率放大,则应选至少为＿＿＿＿W 的功率管两个。

6. 串联反馈式稳压电路由基准电压、＿＿＿＿＿＿、＿＿＿＿＿＿、取样电路组成。

7. 集成三端稳压器 CW7812 输出的电压是＿＿＿＿＿＿＿＿伏。

二、**选择**(共 10 分,每题 2 分)

1. 电路如图附 1.1 所示,设 D_1、D_2 为理想二极管,则输出电压 V_o 为＿＿＿＿＿＿。

   A. -2 V   B. 0 V

   C. 6 V   D. 12 V

2. 场效应管起放大作用时应工作在输出特性的＿＿＿＿＿＿。

   A. 非饱和区   B. 饱和区

   C. 截止区   D. 击穿区

图附 1.1

3. 为使正弦波振荡电路起振,必须使＿＿＿＿＿＿。

   A. $|\dot{A}| > 1$ B. $|\dot{A}\dot{F}| > 1$

   C. $|1 + \dot{A}\dot{F}| > 1$ D. $|1 + \dot{A}\dot{F}| = 1$

4. 乙类功率放大电路,在工作时会产生＿＿＿＿＿＿。

   A. 顶部失真   B. 底部失真   C. 交越失真   D. 频率失真

5. 共模抑制比 K_{CMR} 是指＿＿＿＿＿＿。

A. 差模输入信号与共模输入信号之比　　B. 输出量中差模成分与共模成分之比
C. 差模放大倍数与共模放大倍数之比　　D. 交流放大倍数与直流放大倍数之比

三、（共 6 分）一个 MOSFET 的转移特性如图附 1.2 所示（其中漏极电流 i_D 的方向是它的实际方向）。试问：(1)该管是耗尽型还是增强型？(2)是 N 沟道还是 P 沟道 FET？(3)从这个转移特性上可求出该 FET 的夹断电压 V_P，还是开启电压 V_T？其值等于多少？

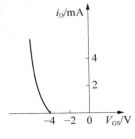

图附 1.2

四、（共 16 分）电路如图附 1.3 所示。设 $V_{DD}=5\,V$，场效应管的参数为 $V_{TN}=1\,V$，$K_n=0.8\,mA/V^2$，$\lambda=0.02\,V^{-1}$，当 MOS 管工作于饱和区时：(1)试确定电路的静态值；(2)画出小信号等效电路，并求 A_v、R_i 和 R_o。

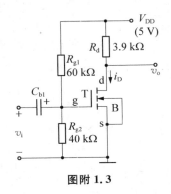

图附 1.3

五、（共 8 分）仪表放大器电路如图附 1.4 所示，输入信号为 v_{i1}、v_{i2}。R_P 用来调节电压放大倍数，写出 v_{o3}、v_o 的表达式，并求该电路电压放大倍数 $A_v=\dfrac{v_o}{v_{i1}-v_{i2}}$ 的变化范围。

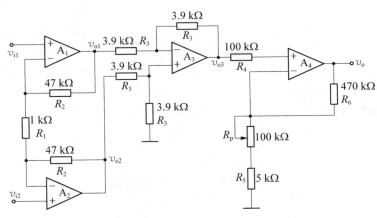

图附 1.4

六、(共 10 分)电路如图附 1.5 所示。(1)画出该电路的微变等效电路,写出 r_{be} 的表达式。(2)写出 A_v、R_i 和 R_o 的表达式。

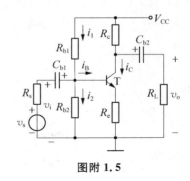

图附 1.5

七、(共 14 分)在图附 1.6 所示 OCL 电路中,已知三极管的饱和管压降和基极-发射极之间的动态电压均可忽略不计,输入电压 v_i 为正弦波,试问:(1)由电源电压所限,P_{om} 可能达到的最大值为多少? 此时电源提供的功率 P_V、两只三极管的总管耗以及效率 η 各为多少? (2)三极管的最大耗散功率 P_{CM} 以及所能承受的最大反向电压 $V_{BR(CEO)}$ 是多少?

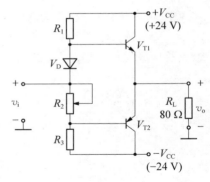

图附 1.6

八、(共 10 分)电路如图附 1.7 所示。(1)R_4 和 R_1 引入何种类型的反馈? (2)说明引入该反馈对放大电路性能的影响。(3)试计算在深度负反馈条件下的电压增益。

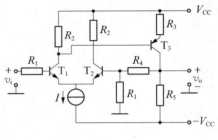

图附 1.7

九、（共 10 分）电路如图附 1.8 所示，晶体管 T_1、T_2 的特性对称，集成运放 A 具有几乎理想的特性。（1）判断此电路能否产生正弦波振荡。若能，简述理由；若不能，则在不增减元器件的情况下对原图加以改正，使之有可能振荡起来。（2）若要使电路起振，对电阻 R_2 应有何要求？（3）试估算振荡频率 f_0。

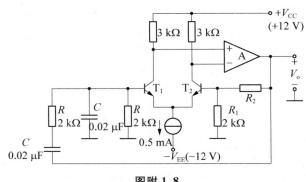

图附 1.8

十、（共 8 分）一串联型稳压电路如图附 1.9 所示。已知放大器 A 的 $A_v \gg 1$，稳压管的 $V_Z = 6\,\text{V}$，负载 $R_L = 20\,\Omega$。（1）试标出运算放大器的同相、反相端；（2）说明电路由哪几部分组成及构成元件；（3）求 V_o 的调整范围。

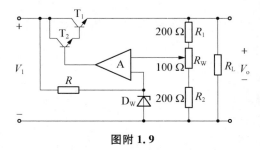

图附 1.9

附录2
模拟电子技术基础模拟试题（二）

一、填空（共 8 分，每空 1 分）

1. 半导体二极管中 PN 结具有＿＿＿＿＿＿＿＿性，因此二极管广泛应用于各种整流和信号检波电路。

2. N 沟道增强型 MOSFET 要实现放大功能，需保证电路中 MOSFET 的静态栅源电压 V_{GS} ＿＿＿＿＿＿开启电压 V_T。

3. 某放大电路中 BJT 的三个电极 A、B、C 的对地电位分别为 $V_A = -9\,V$，$V_B = -6\,V$，$V_C = -6.2\,V$，则 C 为＿＿＿＿＿＿极。

4. 在双端输入、双端输出差分放大电路中，若 $v_{i1} = 2.5\,mV$，$v_{i2} = 1.5\,mV$，差模增益 $A_{vD} = -100$，则输出电压 $|v_o| = $ ＿＿＿＿＿＿mV。

5. 桥式 RC 正弦振荡电路能够起振的条件为 $\dot{A}\dot{F}$ ＿＿＿＿＿＿＿＿。

6. 乙类双电源互补对称功率放大电路中，由于功率管无静态偏置电压，会出现＿＿＿＿＿＿失真；可采用二极管偏置方法消除该失真，此时电路工作状态变为＿＿＿类功率放大电路。

7. 集成三端稳压器 CW7905 的稳定输出电压为＿＿＿＿＿＿V。

二、选择（共 10 分，每题 2 分）

1. 杂质半导体中，多数载流子的浓度主要取决于＿＿＿＿＿＿。

A. 杂质浓度　　　　B. 温度　　　　C. 输入　　　　D. 电压

2. 集成运放 A 构成同相比例放大器电路时，其电路引入的反馈类型为＿＿＿＿＿＿。

A. 电压串联负反馈　　　　　　　　B. 电流并联负反馈

C. 电压并联负反馈　　　　　　　　D. 电流串联负反馈

3. 为保证 JFET 场效应管能够起放大作用，应保证其栅源电压 VGS 处于＿＿＿＿＿＿。

A. 反向偏置　　　B. 正向偏置　　　C. 零偏置　　　D. 无法确定

4. 共模抑制比是差分放大电路的一个主要技术指标，它反映放大电路＿＿＿＿＿＿的能力。

A. 放大差模抑制共模　　　　　　　B. 输入电阻高

C. 输出电阻低　　　　　　　　　　D. 输出电阻高

5. 在单相桥式整流电路中，若有一只整流管接反，则＿＿＿＿＿＿。

A. 输出电压约为 $2V_D$　　　　　　B. 输出电压约为 $V_D/2$

C. 整流管将因电流过大而烧坏　　　D. 变为半波整流

三、(共 10 分)二极管电路如图附 2.1 所示,设各二极管均具有理想特性,试判断图中各二极管是导通还是截止,并求出 V_{AO}。

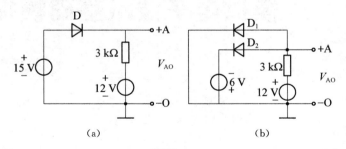

图附 2.1

四、(共 12 分)如图附 2.2 所示电路,已知:$V_{i1}=4\,V$ 和 $V_{i2}=1\,V$。(1)当开关 S 打开时,写出 V_{o3} 和 V_{o1} 之间的关系式;(2)写出 V_{o4} 与 V_{o2} 和 V_{o3} 之间的关系式;(3)当开关 S 闭合时,分别求 V_{o1}、V_{o2}、V_{o3}、V_{o4} 的值(对地的电位);(4)设 $t=0$ 时将 S 打开,问经过多长时间 $V_{o4}=0$?

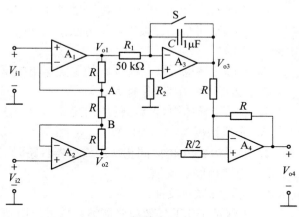

图附 2.2

五、(共 16 分)三极管放大电路如图附 2.3 所示,已知 $\beta = 100$, $R_s = 500\,\Omega$, $V_{BE} = 0.7\,V$。试求:(1)静态工作点;(2)电压增益 $\dot{A}_{v1} = \dfrac{\dot{V}_{o1}}{\dot{V}_s}$ 和 $\dot{A}_{v2} = \dfrac{\dot{V}_{o2}}{\dot{V}_s}$;(3)输入电阻 R_i;(4)输出电阻 R_{o1} 和 R_{o2}。

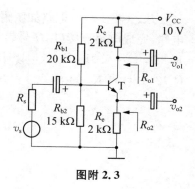

图附 2.3

六、(10 分)电路如图附 2.4 所示,试回答下列问题。(1)要使电路具有稳定的输出电压和高的输入电阻,应接入何种负反馈? R_f 应如何接入?(在图中连接)(2)根据前一问的反馈组态确定运放输入端的极性(在图中"□"处标出),并根据已给定的电路输入端极性在图中各"○"处标注极性。(3)要使 $A_{vF} = 20$, R_f 应如何选取?

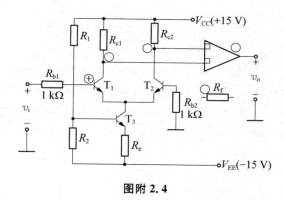

图附 2.4

七、(共 14 分)互补对称功放电路如图附 2.5 所示,设三极管 T_1、T_2 的饱和压降 $V_{CES} = 2\,V$。(1)当 T_3 管的输出信号 $V_{o3} = 10\,V$ 有效值时,求电路的输出功率、管耗、直流电源供给的功率和效率。(2)该电路不失真的最大输出功率和所需的 V_{o3} 有效值是多少?(3)说明二极管 D_1、D_2 在电路中的作用。

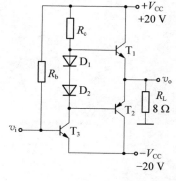

图附 2.5

八、(共 10 分)电路如图附 2.6 所示,回答下列问题。(1)设计一个 RC 桥式正弦波振荡电路,完成电路连接(用序号表示)。(2)要使振荡频率 f_o 在 145 Hz~1.59 kHz 可调,$R_5 = 10\,\text{k}\Omega$,$C = 0.01\,\mu\text{F}$,求电阻 R 至少取多大范围。(3)为实现稳幅,可采取哪些措施(R_1 或 R_f)? 并计算 R_1 的值。

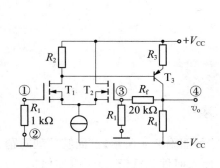
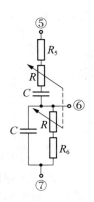

图附 2.6

九、(10 分)电路如图附 2.7 所示。已知:$V_Z = 6\,\text{V}$,$R_1 = 2\,\text{k}\Omega$,$R_4 = 2\,\text{k}\Omega$,$R_5 = 2\,\text{k}\Omega$,$V_I = 15\,\text{V}$,调整管 T 的电流放大系数 $\beta = 50$。 试求:(1)输出电压 V_o 的变化范围。(2)当 $V_o = 10\,\text{V}$,$R_L = 100\,\Omega$ 时,运算放大器 A 的输出电流和调整管 T 的功耗。

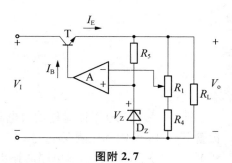

图附 2.7

附录3

辽宁工业大学模拟电子技术基础考试题（2022年）

一、填空（共 8 分，每空 1 分）

1. 对于稳压二极管，它正常工作时是处于_____状态。

2. 在 JFET 放大电路的偏置电路中，应保证栅源之间加入_____向偏置电压。

3. 温度升高时，晶体管的电流放大系数 β 和反向饱和电流 I_{CBO} 将变_____。

4. 在两边完全对称的理想差分放大电路中，共模抑制比 K_{CMR} =_____；若 v_{i1} = 2.5 mV，v_{i2} = 1.5 mV，则差分放大电路的差模输入电压 v_{id} =_____mV。

5. 负反馈放大电路产生自激振荡的条件为_____。

6. 设计一个输出功率为 25 W 的扩音机电路，若用乙类推挽功率放大，则应选至少为_____W 的功率管两个。

7. 集成三端稳压器 CW7915 输出的电压是_____伏。

二、选择（共 10 分，每题 2 分）

1. 晶体管放大电路如图附 3.1(a)所示，输入及输出波形见图附 3.1(b)，为使输出波形不失真，可采用的方法为_____。

  A. 增大 R_c 值　　　　B. 减小 R_b 值　　　　C. 减小输入信号　　　　D. 增大 R_b 值

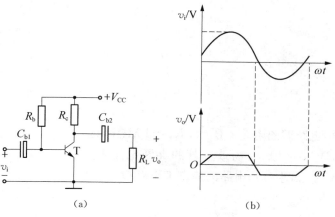

图附 3.1

2. 场效应管起放大作用时应工作在输出特性的_____。

  A. 非饱和区　　　　B. 饱和区　　　　C. 截止区　　　　D. 击穿区

3. 电流源电路具有交流电阻＿＿＿＿＿的特点,常作为放大电路的有源负载和各级 Q 点的偏置电路。

　　A. 很大　　　　　B. 很小　　　　　C. 恒定　　　　　D. 为零

4. 为了消除交越失真且有较高的效率,应当使功率放大电路工作在＿＿＿＿＿状态。

　　A. 甲类　　　　　B. 甲乙类　　　　　C. 乙类　　　　　D. 丙类

5. 在 RC 桥式正弦波振荡电路中,当相位平衡条件满足时,放大电路的电压放大倍数＿＿＿＿＿时电路可以起振。

　　A. 等于 1/3　　　B. 等于 1　　　　C. 等于 3　　　　D. 略大于 3

三、(共 6 分)二极管电路如图附 3.2 所示,已知输入电压 $v_i = 6\sin\omega t$(V),若二极管的正向导通压降为 0.7 V,写出输出电压 v_o 的表达式,并画出 v_o 相应的波形,说明电路中电阻 R 的作用。

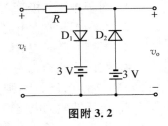

图附 3.2

四、(共 12 分)电路如图附 3.3 所示,晶体管的 $\beta = 100$, $r_{bb'} = 100\,\Omega$。 (1)求电路的静态工作点 Q。(2)画出小信号等效电路。 (3)若电容 C_e 开路,则将引起电路的哪些动态参数发生变化？ 如何变化？ (求出参数值)

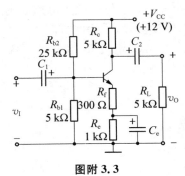

图附 3.3

五、(共 14 分)电路如图附 3.4 所示,$R_g = 1\,\text{M}\Omega$, $R_d = 5\,\text{k}\Omega$, $R_s = 2\,\text{k}\Omega$, $V_{DD} = 10\,\text{V}$,场效应管的夹断电压 $V_P = -4\,\text{V}$, $I_{DSS} = 4\,\text{mA}$。 试求:(1)电路的静态工作点 Q;(2)跨导 g_m;(3)A_v、R_i 和 R_o。

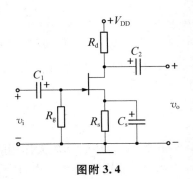

图附 3.4

六、(共 12 分)电路如图附 3.5(a)所示。设运放 A 是理想的,电容器 C 上的初始电压为 $v_c(0)=0$。 (1)说明 A_1、A_2、A_3 分别构成何种运算放大电路,并求出 v_{o1}、v_{o2}、v_o 的表达式;(2)当输入电压 v_{s1}、v_{s2} 如图附 3.5(b)所示时,试画出 v_o 的波形。

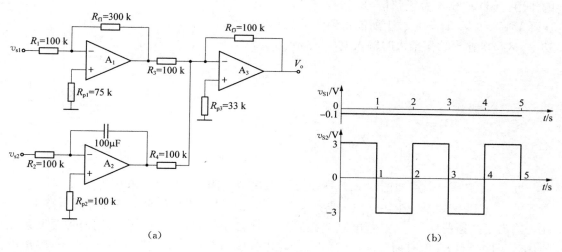

图附 3.5

七、(共 10 分)电路如图附 3.6 所示,元件参数如图,解答以下问题:(1)如果使电路的输入电阻增大,输出电阻减小,应该引入何种负反馈? 怎样合理连线? (2)如果 $R_f=200\,\mathrm{k}\Omega$,估算放大增益 $A_v=\dfrac{v_o}{v_i}$。

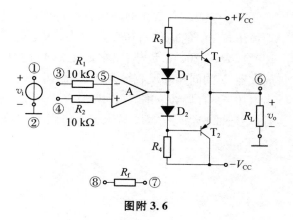

图附 3.6

八、(共 10 分)OCL 功率放大电路如图附 3.7 所示,
设 T_1、T_2 的特性完全对称。(1)T_1 与 T_2 管工作在何种
方式?(甲类、乙类、甲乙类)(2)说明 D_1 与 D_2 在电路中
的作用。(3)若输入为正弦信号,互补管 T_1、T_2 的饱和
压降 $V_{CES} = 1\,V$,计算负载上所能得到的最大不失真输出
功率。(4)求输出功率最大时输入电压的幅值 V_{im}。

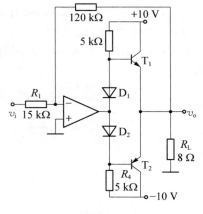

图附 3.7

九、(共 10 分)电路如图附 3.8 所示,R_f 为热敏电阻,运放供电电压为 $\pm 12\,V$,$V_{DZ} = \pm 5\,V$。(1)请标记第一个运算放大器的同相端与反相端并用相位平衡条件分析电路中 V_{o1} 能否输出正弦振荡信号。(2)若电路能起振并实现自动稳幅振荡,R_f 应采用何种温度系数的热敏元件?对 R_f 值有何要求?(3)若 v_{o1} 输出幅度为 5 V 的正弦振荡信号,求 v_o 输出电压的频率和幅度。

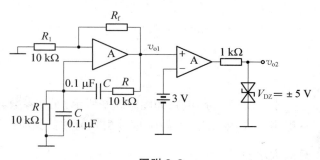

图附 3.8

十、(共 8 分)串联型稳压电路如图附 3.9 所示。已
知稳压管 D_Z 的稳压电压 $V_Z = 6\,V$,$R_1 = 200\,\Omega$,$R_W = 100\,\Omega$,$R_2 = 200\,\Omega$,负载 $R_L = 30\,\Omega$。(1)在图中标出运算
放大器 A 的同相和反相输入端,并简述原因。(2)试求输
出电压 V_o 的调整范围。(3)为使在 V_o 的调整范围内均
有调整管的 $V_{CE} \geqslant 2\,V$,试求输入电压 V_I 的值。

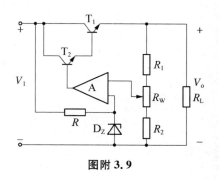

图附 3.9

附录 4
辽宁工业大学模拟电子技术基础考试题（2023 年）

一、填空题（共 10 分，每空 1 分）

1. 当 PN 结外加反向电压时，PN 结的空间电荷区变_____。

2. 某放大电路中 BJT 的三个电极 A、B、C 的对地电位分别为 $V_A = -9\,V$，$V_B = -6\,V$，$V_C = -6.2\,V$，则 B 为_____极。

3. 从结构上分，场效应管 FET 分为 MOSFET 和 JFET 两大类，其中_____均为耗尽型的 FET。

4. 差分放大电路能够抑制_____信号，放大_____信号。

5. 电压跟随器具有输入电阻_____和输出电阻_____的特点，常用作缓冲器。

6. 双电源 ±20 V 供电的乙类功率放大器中，每个晶体管的导通角是_____，每个管子所承受的最大电压为_____。

7. 直流稳压电路中，要求输出电压为 +15 V，则可选用的三端集成稳压器型号是 W_____。

二、（共 6 分）图附 4.1 分别为两种 MOSFET 的转移特性，分析两种 MOS 管的管型，说明它们的开启电压 $V_T = ?$ 或夹断电压 $V_P = ?$（图中 i_D 的假定正方向为流进漏极）

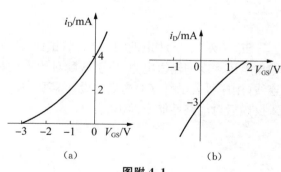

(a)　　　　　　　　　(b)

图附 4.1

三、(共 9 分)电路如图附 4.2 所示,设各运放均为理想运放,电容器 C 上的初始电压 $v_c(0)=0$。 求出 v_{o1}、v_{o2} 和 v_o 的表达式。

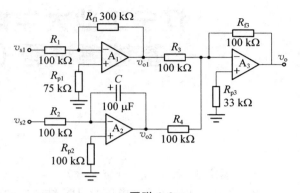

图附 4.2

四、(共 16 分)如图所示电路,设电容 C_1、C_2、C_3 对交流信号可视为短路。(1)写出静态电流 I_B、I_C 及电压 V_{CE} 的表达式。(2)画出 H 参数小信号等效电路。(3)写出电压增益、输入电阻和输出电阻的表达式。(4)若将 C_3 开路,对电路会产生什么影响?

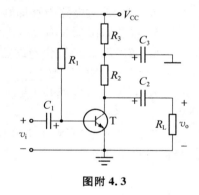

图附 4.3

五、(共 10 分)如图附 4.4 所示,试回答下列问题。(1)设计一个反馈放大器,具有稳定输出电压和高的输入电阻,应引入哪种组态的反馈?(2)根据前一问的反馈组态,完成电路连线(用序号表示)。(3)为满足设计需要,$R_{g2}=1\text{k}\Omega$,要使 $A_{vf}=11$,R_f 应如何选取?(4)引入反馈后对电路性能有何影响?

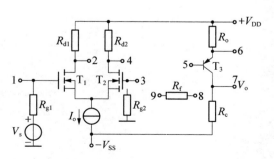

图附 4.4

六、(共 14 分)场效应管放大电路如图附 4.5 所示,设 MOS 管参数为 $V_{TN}=1\,V$, $K_n=0.6\,mA/V^2$, $\lambda=0$。电路参数为 $V_{DD}=V_{SS}=5\,V$, $R_d=10\,k\Omega$, $R_s=1\,k\Omega$, $R_{g1}=300\,k\Omega$, $R_{g2}=100\,k\Omega$, 确定静态工作点, 画小信号等效电路,求动态指标 A_v, R_i 和 R_o。

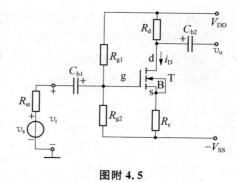

图附 4.5

七、(共 12 分)一单电源互补对称电路如图附 4.6 所示,设 T_1、T_2 的特性完全对称,v_i 为正弦波, $V_{CC}=12\,V$, $R_L=8\,\Omega$。 试回答下列问题:(1)静态时,电容 C_2 两端电压应是多少? 调整哪个电阻能满足这一要求? (2)动态时,若输出电压 v_o 出现交越失真,应调整哪个电阻? 如何调整? (3)若 $R_1=R_2=1.1\,k\Omega$, T_1 和 T_2 的 $\beta=40$, $V_{BE}=0.7\,V$, $P_{CM}=400\,mW$, 假设 D_1、D_2、R_2 中的任意一个开路,将会产生什么后果?

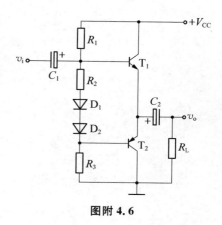

图附 4.6

八、(共 10 分)电路如图附 4.7 所示。(1)图中 j, k, m, n 四点应如何连接,使之成为正弦波振荡电路? (2)写出所得电路的振荡频率表达式? (3)若要使电路能正常工作,电阻 R_f 的大小应满足什么样的关系? (4)放大电路的电压放大倍数为多少?

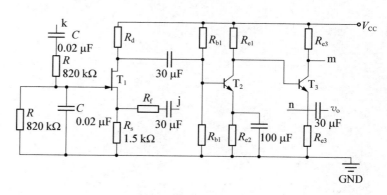

图附 4.7

九、（共 13 分）小功率直流稳压电源如图附 4.8 所示,已知变压器副边电压有效值 $V_2 =$ 20 V;稳压管 D_{Z1} 稳压值 $V_{Z1} = 6$ V;T_1、T_2 的 $V_{BE} = 0.7$ V。（1）计算当 R_P 滑动端置于中间位置时 A、B、C 对地电位及 T_2 的 V_{CE} 电压。（2）求输出电压 V_o 的调节范围。（3）若其中一个整流二极管 D_3 被反向击穿,将导致什么后果?

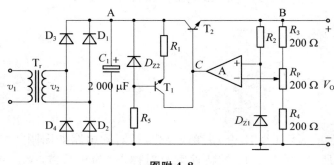

图附 4.8

主要参考文献

［1］康华光,华中科技大学电子技术课程组.电子技术基础·模拟部分［M］.6 版.北京:高等教育出版社,2013.

［2］华中科技大学电子技术课程组,陈大钦.电子技术基础·模拟部分(第六版):学习辅导与习题解答［M］.北京:高等教育出版社,2014.

［3］毕满清,高文华.模拟电子技术基础学习指导与习题详解［M］.北京:电子工业出版社,2010.

［4］西安交通大学电子学教研组,杨拴科,赵进全.《模拟电子技术基础》学习指导与解题指南［M］.北京:高等教育出版社,2004.

［5］王鲁杨.模拟电子技术学习方法与解题指导［M］.3 版.上海:同济大学出版社,2019.

［6］汤光华,黄新民.模拟电子技术［M］.长沙:中南大学出版社,2007.

［7］李建军,齐怀琴,丁龙.电子技术知识要点与习题解析［M］.哈尔滨:哈尔滨工程大学出版社,2006.

［8］许杰.电子技术基础(模拟部分)导教·导学·导考［M］.西安:西北工业大学出版社,2014.

图书在版编目(CIP)数据

模拟电子技术同步训练与学习指南/王亚君主编.
上海：复旦大学出版社,2024.10. -- ISBN 978-7-309-
17652-0

Ⅰ. TN710.4

中国国家版本馆 CIP 数据核字第 20244D5N32 号

模拟电子技术同步训练与学习指南

王亚君　主编

责任编辑/李小敏

复旦大学出版社有限公司出版发行

上海市国权路 579 号　邮编：200433

网址：fupnet@ fudanpress.com　http://www.fudanpress.com

门市零售：86-21-65102580　　团体订购：86-21-65104505

出版部电话：86-21-65642845

浙江临安曙光印务有限公司

开本 787 毫米×1092 毫米　1/16　印张 14　字数 341 千字

2024 年 10 月第 1 版第 1 次印刷

ISBN 978-7-309-17652-0/T · 765

定价：46.00 元